高等职业教育教材

树脂基复合材料
成型技术

王经逸 主编

杭祖圣 肖晖 副主编

U0194363

Molding Technology
of Resin Matrix Composites

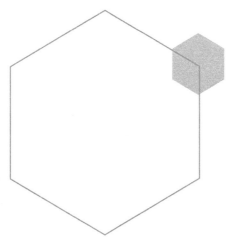

化学工业出版社

·北京·

内 容 简 介

本书以"原材料—工艺过程—质量控制"为主线，介绍了复合材料的原材料、半成品及其制备工艺，包括低压成型、模压成型、树脂灌注成型、拉挤成型、连续板成型、缠绕成型、注射成型，并介绍了复合材料的连接技术和先进复合材料的成型技术，同时结合复合材料的应用实例，分析了常见的工艺缺陷和应对措施，并附加线上资源巩固相关知识，提高专业能力。

本书可作为高等学校高分子材料、复合材料及相关专业的教材，也可供从事树脂基复合材料研究和生产的技术人员、科研人员和管理人员阅读参考。

图书在版编目（CIP）数据

树脂基复合材料成型技术/王经逸主编；杭祖圣，肖晖副主编．—北京：化学工业出版社，2023.8
ISBN 978-7-122-43388-6

Ⅰ.①树…　Ⅱ.①王…　②杭…　③肖…　Ⅲ.①树脂基复合材料-成型　Ⅳ.①TB333.2

中国国家版本馆 CIP 数据核字（2023）第 074235 号

责任编辑：卢萌萌　陆雄鹰　刘兴春
文字编辑：王玉丽　王云霞
责任校对：李露洁
装帧设计：史利平

出版发行：化学工业出版社
　　　　　（北京市东城区青年湖南街 13 号　邮政编码 100011）
印　　装：北京天宇星印刷厂
787mm×1092mm　1/16　印张 16¾　字数 430 千字
2024 年 3 月北京第 1 版第 1 次印刷

购书咨询：010-64518888
售后服务：010-64518899
网　　址：http://www.cip.com.cn
凡购买本书，如有缺损质量问题，本社销售中心负责调换。

定　价：78.00 元

《树脂基复合材料成型技术》
编委会

前 言

　　新材料产业是我国战略性新兴产业的重要组成部分，高性能复合材料是引领新材料技术与产业变革的排头兵。纤维增强树脂基复合材料是以有机高分子材料为基体、以连续纤维为增强材料、性能明显优于原组分的一类新型材料，是复合材料领域中的重要分支。近年来，树脂基复合材料发展迅速，广泛应用于航空航天、轨道交通、舰船、车辆、体育用品和基础设施建设等重要领域，是各国军事发展和经济竞争的焦点之一。复合材料的成型技术很大程度上决定了复合材料构件的成本和性能，需要合理选用合适的成型方法及其对应的原材料。

　　本书以"原材料—工艺过程—质量控制"为主线，介绍了复合材料的原材料、半成品及其制备方法、成型工艺原理及设备、工艺过程和质量控制，并介绍了部分先进复合材料成型技术。在编写过程中，紧扣国家对先进复合材料的重大专项需求，聚焦复合材料国际学术前沿发展动态，将复合材料的新理念、新技术融入本书中。本书可作为高等院校高分子材料、复合材料及相关专业的教材，也可供从事树脂基复合材料研究和生产的技术人员参考。

　　本书共分为十二个模块，由黎明职业大学王经逸教授任主编，南京工程学院杭祖圣教授、黎明职业大学肖晖任副主编，黎明职业大学林鸿裕、王华欣参编，具体分工如下：模块一、模块六、模块八由王经逸编写，模块二、模块三由王华欣编写，模块四、模块十、模块十一、全书拓展知识和思考题由肖晖编写，模块五、模块九由杭祖圣编写，模块七、模块十二由林鸿裕编写，全书由王经逸统稿。

　　本书为黎明职业大学"十四五"校企共建项目。在编写过程中，编者参阅了大量的国内外有关论文、专著和教材等资料，并得到了福建永聚兴新材料科技有限公司、南京诺尔泰复合材料设备制造有限公司、南京斯贝尔复合材料有限责任公司和南京强云复合材料造型艺术有限公司等单位专家的热情支持和指导，编者的学生孟宇、白昌龙和茹阳雯等为本书的资料收集和文字誊录付出了大量精力，在此一并致以诚挚的谢意！

　　限于编者水平有限，书中难免有不妥之处，恳请读者多加批评指正，以便于我们进行修改、补充和不断完善。

编者

目 录

模块五 模压成型工艺 127

模块一

前导知识

航空工业是国家战略性产业，体现了一个国家的工业发展程度。先进复合材料是航空工业创新的主要推力。2021年3月，我国自主研发的大型客机C919开始迈入商业运营时代，该飞机采用了30%的复合材料，包括碳纤维复合材料、玻璃纤维复合材料和铝合金基复合材料。

项目一　复合材料的定义及分类

　　由两个或两个以上独立的物理相，包括黏结材料（基体）和粒料、纤维或片状材料（增强材料）所组成的性能优于单一材料的固体产物，称为复合材料。根据定义，复合材料主要由两大部分组成——基体材料和增强材料。基体材料和增强材料的不同，决定了复合材料种类和性能的千变万化。复合材料的分类方法很多，常见的分类方法有以下几种。

　　1. 按增强材料的几何形态分类

　　① 连续纤维增强复合材料　包括单向纤维（一维）材料、无维布叠层材料、二维织物层合材料、多向编织复合材料和混杂复合材料。

　　② 短纤维增强复合材料　晶须、短切纤维无规则地分散在基体材料中制成的复合材料。

　　③ 颗粒增强复合材料　可分为弥散增强复合材料（颗粒等效直径为 $0.01\sim0.1\mu m$，粒子间距为 $0.01\sim0.3\mu m$）和粒子增强复合材料（颗粒等效直径为 $0.01\sim0.1\mu m$，粒子间距为 $1\sim25\mu m$）。

　　④ 薄片增强复合材料　增强材料是长与宽尺寸相近的薄片，与基体材料复合而成。

　　2. 按增强纤维的种类分类

　　包括玻璃纤维复合材料、碳纤维复合材料、有机纤维（芳香族聚酰胺纤维、芳香族聚酯纤维、高强度聚烯烃纤维等）复合材料、金属纤维（如钨纤维、不锈钢丝等）复合材料和陶瓷纤维（如氧化铝纤维、碳化硅纤维和硼纤维等）复合材料。

　　3. 按材料的使用性能分类

　　① 结构复合材料　主要是作为支撑结构使用的复合材料，是由能承受载荷的增强材料与能连接增强材料成为整体载荷、同时又能分配与传递载荷的基体材料构成。

　　② 功能复合材料　具有某种特殊的物理或化学特性，如声、光、电、热、磁、耐腐蚀、零膨胀、阻尼、耐摩擦或换能等的复合材料。

　　此外，还有同质复合材料和异质复合材料。增强材料和基体材料属于同种物质的复合材料称为同质复合材料，如碳/碳复合材料。异质复合材料，前文和后文提及的复合材料多属此类，增强材料和基体材料分属不同物质。

　　4. 按基体材料分类

　　① 树脂基复合材料　以有机聚合物（主要为热固性树脂、热塑性树脂及橡胶）为基体制成的复合材料。

　　② 金属基复合材料　以金属为基体制成的复合材料，如铝基复合材料、钛基复合材料和铜基复合材料等。

　　③ 无机非金属基复合材料　以陶瓷材料（包括玻璃、水泥和碳）为基体制成的复合材料。

　　复合材料的分类及其优点如图 1-1 所示。

　　三种复合材料中，树脂基复合材料用量最大，占所有复合材料用量的 90％以上。树脂基复合材料中，又以玻璃纤维增强塑料（glass fiber reinforced plastics，GFRP，俗称"玻璃钢"）用量最大，占树脂基复合材料用量的 90％以上。近年来，碳纤维增强复合材料、芳纶增强复合材料也得到了广泛应用。为便于阅读和理解，本书将由纤维增强的树脂基复合材料统称为纤维增强塑料（fiber reinforced plastics，FRP）。

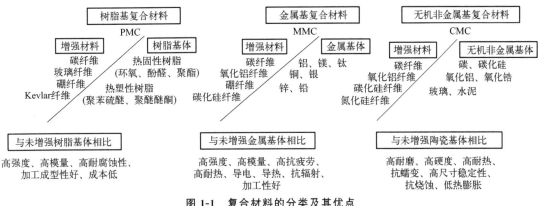

图 1-1 复合材料的分类及其优点

项目二　复合材料的基本特征

任务一　FRP 的分类

　　FRP 的品种有很多，其命名是由所采用的树脂基体来决定。例如，采用的树脂为不饱和聚酯树脂的，称作聚酯 FRP；用环氧树脂的，称作环氧 FRP。同样的，还有酚醛 FRP、脲醛 FRP、三聚氰胺甲醛 FRP、聚氨酯 FRP 和有机硅 FRP 等。我国目前 FRP 的常用树脂以聚酯树脂、环氧树脂和酚醛树脂为主，其中尤以聚酯树脂用量最大。

任务二　FRP 的优点

　　FRP 的最大特点是复合后的材料特性优于组成该复合材料的各单一材料，具体优点如下：

1. 轻质高强

　　比强度、比模量是材料的强度、模量分别除以材料的密度之值，是衡量材料承重能力的指标之一。表 1-1 为 FRP 和金属材料的力学性能。从表中可以看出，玻璃钢的比强度可达钢材的 4 倍，比模量几近钢材的 80％；Ⅱ 碳纤维/环氧树脂复合材料的比强度可达金属钛的 4.9 倍，Ⅰ 碳纤维/环氧树脂复合材料的比模量可达金属铝的 5.7 倍多，这对要求自重轻的产品意义颇大，如空中客运飞机的尾翼、起落架、舱门、机翼与机舱过渡段外缘等。

表 1-1　FRP 和金属材料的力学性能

材料名称	密度 /(g/cm³)	拉伸强度 /(×10⁴MPa)	弹性模量 /(×10⁶MPa)	比强度 /(×10⁶cm)	比模量 /(×10⁹cm)
钢	7.8	10.10	20.59	0.13	0.27
铝	2.8	4.61	7.35	0.17	0.26
钛	4.5	9.41	11.18	0.21	0.25
玻璃钢	2.0	10.40	3.92	0.53	0.21
Ⅰ 碳纤维/环氧树脂	1.60	10.49	23.54	0.66	1.50
Ⅱ 碳纤维/环氧树脂	1.45	14.71	13.73	1.01	0.21
芳纶纤维/环氧树脂	1.40	13.37	20.59	0.96	0.57

续表

材料名称	密度 /(g/cm³)	拉伸强度 /(×10⁴MPa)	弹性模量 /(×10⁶MPa)	比强度 /(×10⁶cm)	比模量 /(×10⁹cm)
硼纤维/环氧树脂	2.10	13.53	20.59	0.64	1.00
硼纤维/铝	2.65	9.81	19.61	0.37	0.75

2. 可设计性好

可根据所需的要求，对 FRP 结构及材料本身进行设计，包括力学设计（强度、刚度）和功能设计（除力学强度、刚度外其他性能），这是 FRP 区别于传统材料的根本特点。例如，手糊聚酯玻璃钢的密度可在 $1.4\sim2.2g/cm^3$ 范围变化，拉伸强度可在 $70\sim350MPa$ 范围变化，可设计性好。

3. 工艺性能好

FRP 的成型方法多种多样，机动灵活，可根据产品的结构与使用要求及生产数量，合理、灵活地选择原辅材料及成型工艺。比如手糊、模压、拉挤、缠绕和层压等，也可多种工艺方法复合使用。

任务三　FRP 的缺陷

与金属材料相比，FRP 存在以下缺陷：

1. 强度低，应用受限

除部分 FRP 外（如碳纤维复合材料的弹性模量可超过钢），大部分 FRP 的强度较低，例如，玻璃钢的弹性模量较低，比钢低 1 个数量级，冲击、剪切强度低，表面硬度低，易划痕，耐磨性差。

2. 易老化，使用寿命短

FRP 以树脂为基体材料，会存在老化问题，在日晒、雨淋、机械应力以及介质侵蚀下，尤其在湿热条件下，会导致外观及性能恶化；耐热性远低于金属，目前高性能 FRP 长期使用温度在 250℃以下（一般玻璃钢在 60～100℃以下）；遇火可燃，虽可做到阻燃或自熄，但燃烧时冒黑烟、有臭味。

3. 离散大，影响因素多

FRP 采用多种原辅材料，通过不同工艺复合而成，因此影响因素多，较难达到理想的性能，至今尚未建立完善的设计公式与数据库，产品质量离散系数大，如手糊成型产品（采用玻璃布）的强度离散系数达 0.06～0.1。

4. 环境复杂，危险源多

FRP 生产上采用大量不同种类的原辅材料，工作环境复杂，危险源较多。例如，玻璃纤维会刺激皮肤、化工原料有气味有毒、固化剂与催化剂直接接触可导致火灾、有些材料会灼伤皮肤且溅到眼内会失明等。

项目三　复合材料的发展及应用

我国现代复合材料工业起步于 1956 年，在当时特定的历史背景下，主要围绕着为国防军工配套开始发展起来。20世纪80年代初，玻璃钢材料开始为人们所认识，应用开始扩展到民用领域。随着我国FRP产业链的不断发展，行业迅速壮大，尤其是民营复合材料生产企业如雨后春笋般快速成长，每年都有新的FRP产品研制成功，并在交通运输、建筑工程、电子电气、水处理、化工防腐、能源环保和体育休闲等领域得到广泛应用，形成了庞大的新材料行业。FRP行业市场结构大致如下：

① 电子电器行业　包括电力设备、电网建设、仪表控制以及家用电器等，尤其是家电用工程塑料制品需求量较大，约占市场总规模的27.3%。

② 交通运输业　包括各类汽车部件、玻璃钢渔船及游艇部件、轨道车辆部件和飞机部件等，约占市场规模的26.0%。

③ 建筑工程业　包括轻质住房、工业厂房、景观建筑、建筑与桥道铺装等，约占市场总规模的11.5%。

④ 市政工程业　包括输水管网、城市给排水、化粪池、检查井等，约占市场总规模的11.9%。

⑤ 能源环保业　包括风电、农村清洁能源、烟气处理等，约占市场总规模的11.5%。

⑥ 石化行业　包括高压油气管道、化工储罐等，约占市场总规模的3.5%。

⑦ 其他行业　包括体育休闲、现代农牧养殖、食品酿造、高端装备、海洋工程等，约占市场总规模的8.4%。

任务一　复合材料的发展

1940年，世界上第一次用玻璃纤维增强不饱和聚酯树脂，通过手工糊制和抽真空固化的方法制造了军用飞机的雷达罩。

1942年手糊制造了第一艘玻璃钢渔船。

1944年美国空军用玻璃钢层板做上下蒙皮，中间放置密度小的夹芯材料，利用胶接技术制作了玻璃钢夹芯结构的飞机机翼，并试飞成功。图1-2为飞机雷达罩。

1946年美国发明了用连续玻璃纤维缠绕压力容器的工艺方法。

1949年半成品专业厂用玻璃纤维无捻粗纱、不饱和聚酯树脂、填料、颜料和固化剂等混合制成一种面团状的模塑料，呈半干态，称为"团状模塑料"（DMC）。

1950年生产出环氧树脂，它与玻璃纤维复合手糊制造了直升机的旋翼。同年出现了真空袋和压力袋加压成型固化制品的方法，手糊制品经过加压固化大大降低了复合材料制品的空隙率。从此，复合材料制品可以作为承载零件使用。

1951—1960年发展了石棉、高硅氧/酚醛烧蚀型复合材料，用手糊或布带缠绕工艺成型。

1956年开始用石棉纤维增强酚醛树脂制造了导弹的头锥，1957年和1958年又采用高硅氧布带和尼龙带浸渍酚醛树脂缠绕成型并加压固化的方法，制造了导弹头部大面积的防热层。

1958年，我国开始出现玻璃钢制品，手糊制造了第一艘玻璃钢游艇。图1-3为玻璃钢游艇。

20世纪60年代复合材料迅速发展，推动了复合材料成型工艺的发展，出现多种工艺方法。1965年后开始研究碳纤维、芳纶纤维等先进复合材料及其成型工艺方法。

图1-2 飞机雷达罩

图1-3 玻璃钢游艇

1968年我国设计制造了直径为44m的玻璃钢蜂窝夹层结构的地面雷达罩。1962—1963年总结出纤维螺旋缠绕规律，依据规律设计了可以绕制各种压力容器的链条式缠绕机，采用酚醛或酚醛环氧树脂浸渍玻璃布，用层压或卷制的方法制造了各种尺寸规格的板材和管材，大量投放市场。

为提高手糊工艺的效率，出现了用短切玻璃纤维和树脂胶液混合后喷洒在模具型面上的喷射工艺以及各种型号的喷射设备，可以批量生产中小型玻璃钢制品。

1965年在西德、美、日等国相继发展了一种片状形式的模压料SMC（片状模塑料）以及相应的压制技术。借鉴导弹头部烧蚀部件的成型技术，采用高硅氧纤维和织物或碳纤维和织物、酚醛树脂为原料，通过层压、模压或缠绕等工艺成功解决了固体火箭发动机尾喷管的烧蚀防热问题。

1966年我国建立了生产不饱和聚酯树脂的生产基地，扩大了国内手糊制品的市场，自行设计生产储罐、槽和防腐衬里、建筑用波纹瓦、浴缸、整体卫生间、野外作业活动房和空调机冷却塔等大型手糊制品。

1971—1980年，发展形成了先进复合材料和混杂复合材料。

1981年以后，研究复合材料新工艺、新技术，不断扩大复合材料的应用领域。为了节省能源，出现了聚合物的合成与高聚物的固化反应同时在模具内完成的成型工艺，称为反应注射成型和增强反应注射成型。近年来，国内外开始致力于提高复合材料制品的成型技术水平，研发各种先进设备，完善工艺流程，不断降低复合材料制品的价格、提高制品质量、改善劳动条件等。

任务二 复合材料的工艺特点

复合材料在性能方面有许多独到之处，其成型工艺与其他材料加工工艺相比也有其特点，具体如下：

1. 材料形成与制品成型同时完成

复合材料的生产过程，也就是复合材料制品的生产过程。这是因为复合材料生产过程一般都需要在模具的赋型下进行，模具的形状一般就是制品的形状，或者是制品的部分形状，复合材料成型后，经过简单的加工或组装，即可得到复合材料制品。例如，在拉挤成型中，浸渍树脂的连续纤维经过模具赋型固化后，经由定长切割，即可得到设计的复合材料制品，如棒材、工字梁等。

2. 成型方便

因为树脂在固化前具有一定的流动性，纤维很柔软，依靠模具容易形成要求的形状和尺寸。有的复合材料可以使用廉价简易设备和模具，不用加热和加压，由原材料直接成型出大尺寸的制品。这对单件或小批量产物尤为方便，这是金属制品成型工艺无法比拟的。一种复合材料制品可以用多种方法成型，选择余地大，在选择成型方法时应根据制品结构、用途、生产量、成本以及生产条件综合考虑，选择最经济、最简便的成型工艺。尽管成型复合材料制品的工艺比较简单，但具体工艺操作要求比较严格，如果材料组分、配比、纤维排布不按要求设计，操作中形成皱褶、气泡或其他缺陷，都将影响制品的质量。特别是热固性树脂基复合材料制品在成型过程中出现缺陷，多数情况下会因为不可修复而报废，材料也无法再回收利用。

任务三　复合材料生产工艺分类

FRP 生产工艺可分为三大类。

1. 对模成型

在成型中用到了成对的凹凸模具。

① 模压成型　适用于 SMC（片状模塑料）、BMC（团状模塑料）或预成型件等在一定温度和压力下成型。

② 树脂灌注成型　将混有固化组分的树脂在一定压力下注入已覆盖增强材料的模具内，经固化后脱模。此法制品两面光，尺寸和树脂含量比较稳定，工艺装备投资少，劳动环境好。

③ 注射成型　与热塑性塑料注塑相似，可以将长纤维或短纤维等增强粒料用注射的方式来成型。这些增强粒料可以是热固性塑料，如 BMC、ZMC（注射-压缩模塑料）、TMC（厚片状模塑料）等，也可以是热塑性塑料，如纤维增强 PA（聚酰胺）、PP（聚丙烯）、PC（聚碳酸酯）、PBT（聚对苯二甲酸丁二酯）等。注射成型法的生产效率高，劳动成本低，产品力学性能好。

④ 冷压成型　不采用外加热设备，仅依赖复合材料在室温下自身放热实现固化。

⑤ 结构反应注射成型　此法与 RTM（树脂灌注成型）相似，但树脂基体多采用聚氨酯。产品两面光，但不好制作成 A 型表面。此法适用于中到大量生产，要求韧性或弹性较好的高强度制品。

2. 接触成型

在成型中，成型压力较小，模具一般采用单模，或者配合压力袋来实现。

① 手糊成型

② 喷射成型

③ 袋压成型

3. 其他重要成型方法

① 缠绕成型

② 拉挤成型

③ 连续板材成型

不同的生产工艺，适用于不同性能制品与生产规模，各工艺的特点如表 1-2。近年来，在成型方法上出现了复合，即用几种成型方法同时完成一件制品，例如成型一种特殊用途的管子，在采用纤维缠绕的同时，还采用布带缠绕或者喷射方法复合成型。随着科技的发展，复合材料生产工艺朝着省力、节能、机械化和自动化的方向努力。

表1-2 各种纤维增强树脂基复合材料工艺的特点比较

特点	手糊	喷射	冷模压	各种袋压	SMC/BMC模压	纤维缠绕	连续成型	RTM
所用模具	木模、树脂模、石膏模，经抛光后的钢模等	木模、树脂模、石膏模，经抛光后的钢模等	木模，用混凝土作衬里的树脂模	橡胶袋、聚乙烯醇袋，木模、树脂模、铸造模	铸钢模、钢模	铝模、低熔点合金模、蜡模、木模、石膏模	铸钢模、铜模	铸铝模、树脂模等
工艺方法	在模具上用树脂和玻璃纤维铺糊	一边切断玻璃纤维，同时和树脂一起喷到模具上	靠成型模自重或稍微加压压制成型	在模具内铺层，用较厚的袋加热或抽真空的方式施加压力	用金属模具和压机，加热、加压成型	使粗纱通过树脂槽浸渍，然后缠绕在芯模上	使粗纱模浸渍树脂，然后通过模具加热固化	在装入玻璃纤维的封闭模具中，压入树脂，常温固化
成型温度/℃	25~50	25~50	35~70	25~40	100~150	25~120	80~130	20~100
成型周期	0.5~24h	0.5~24h	10min~2h	0.5~24h	1~10min	0.5~30kg/h	2~5m²/min	20~90min
成型压力/MPa	0	0	<0.5	0.1~0.5	SMC 3~20 BMC 1.8~14	取决于缠绕张力	0.03~0.2	0.1~2
优点	①无尺寸限制 ②模具材料便宜	①比手糊生产效率高 ②可实现现场施工 ③成型机比压机便宜	①可获得两面光制品 ②适于中批量生产 ③模具费用便宜 ④效率高	①单面光，但外光良好 ②气泡少，制品性能良好	①适用于大批量生产 ②质量均一性好 ③复杂形状可成型 ④制品两面光 ⑤不需要很高的操作技术	①玻璃纤维强度得以充分体现 ②能实现机械化操作	①生产效率高 ②制品质量均一 ③可获得无限长制品	①比手糊生产性好 ②模具寿命长 ③制品两面光
缺点	①需要熟练的操作技术，成型技术对制品有很大影响 ②只有单面光 ③操作人员多	与手糊成型相似	①模具消耗量大 ②模具重，操作不便	①必须经常换袋子，降低生产效率 ②为获得良好制品，需要熟练技术 ③操作人员多	①设备昂贵 ②立面滚动的大型制品需要大容量昂贵压机 ③需要注意材质保管 ④BMC制作强度低	①设备十分昂贵 ②制品对象限于回转体	①设备昂贵 ②需要使用特殊类型树脂 ③复杂制件成型困难	①必须修理 ②比金属对模的生产性差

任务四 复合材料生产工艺的选择

由以上叙述可见，在复合材料工艺过程中，要保证：

① 基体材料从原料状态到生产状态转化的条件合适，并实现与增强材料的界面结合，不产生气泡，或能将所产生的气泡顺利排出，不至于在复合材料中形成空隙。

② 增强材料表面应能实现与基体的界面结合，并能按预定方向和层次排列，均匀分布在基体材料中，形成致密的整体；在工艺过程中，对增强材料的机械损伤和热温影响（如搅拌、牵伸、弯曲、压缩和加热等）要减少至最低限度。

③ 为制品提供要求的尺寸、形状及表面质量。

④ 复合材料工艺在完成上述主要任务时，要考虑成本及劳动生产率，并注意生产人员的劳动卫生。

⑤ 生产批量大小及供应时间（允许的生产周期）要求，企业可能提供的设备条件及资金。

因此，一般来说，生产批量大、数量多及外型复杂的小产品，多采用模压成型，如机械零件、电工器材等。对于造型简单的大尺寸制品，如浴盆、汽车部件等，适宜采用 SMC 大台面模压机成型，亦可用手糊工艺生产小批量零件；对于压力管道和容器，宜采用缠绕成型工艺；对于批量小的大尺寸制品，如船体外壳、大型储槽等，常采用手糊、喷射成型工艺；对于板材和线型制品，可采用连续成型工艺。

 拓展知识

我国复合材料发展历程

复合材料既是一种新型材料，也是一种古老材料。早期人类从实践中认识到，可以根据使用需要，组合两种或多种材料，利用性能优势互补，制成最原始的复合材料。在西安东郊半坡村仰韶文化遗址，发现早在公元前 2000 年以前，古代人已经用草茎增强土坯作住房墙体材料。

20 世纪 80 年代初期，我国复合材料工业进入快速发展阶段：1983 年 5 月，中国玻璃钢工业协会正式成立；1986 年，随着部分设备的引进，建立了我国复合材料管道与储罐工业，并以此为契机带动了我国复合材料的规模化发展；而后 15 年我国引进了多种复合材料工业相关设备和技术，比如不饱和聚酯生产技术和环氧树脂生产技术，与此同时，我国自主开发的玻璃纤维池窑拉丝技术落地，确保了直接无捻粗纱与多种毡材的供货。

近 20 年来我国复合材料更是获得了蓬勃发展，尤其以国产碳纤维、芳纶纤维等重要材料的自主开发为代表的复合材料，逐渐成为航天、航空、装备、通信等核心领域不可或缺的材料之一。

 思考题

1. 复合材料的定义是什么？

2. 按照基体的不同，复合材料怎么分类？
3. 影响复合材料性能的主要因素有哪些？
4. 复合材料的主要性能特点有哪些？
5. 何谓复合材料工艺，它有什么特点？
6. 复合材料的原材料、成型工艺和制品性能之间存在什么关系？

模块二

树脂基复合材料的原材料

树脂基复合材料，是以有机聚合物（主要为热固性树脂、热塑性树脂及橡胶）为基体，粒子、纤维（包括长纤维、短纤维）和片状材料为增强材料以及各种其他组分，如脱模剂、填充剂、增稠剂和着色剂等组成的复合材料。每一组分都起着重要作用，例如，树脂主要使增强材料定向、定位、黏结成一体，并在产品受力过程中传递应力；增强材料主要赋予复合材料优异的力学性能。不同的原材料具有不同的性能，也会影响着复合材料的成型工艺。

项目一 树脂及固化体系

复合材料中，常用的树脂体系主要包括含双键的不饱和树脂体系、环氧树脂体系、酚醛树脂体系、聚氨酯体系及热塑性树脂体系。本书主要介绍热固性树脂，包括不饱和树脂、环氧树脂和酚醛树脂体系。

任务一 含双键的不饱和树脂

含双键的不饱和树脂，指含有双键的热固性树脂，它们的共同点是树脂分子链上含有不饱和双键，主要有不饱和聚酯树脂、乙烯基酯树脂、苯二甲酸二烯丙基酯树脂和聚丁二烯树脂等。这类树脂通常以乙烯类单体作交联剂，以过氧化物作引发剂，反应形成交联网状结构的目标材料。其中，不饱和聚酯树脂具有优良的力学性能、电绝缘性能和耐腐蚀性能，既可以单独使用，也可以和纤维及其他树脂或填料共混加工，可广泛用于工业、农业、交通、建筑以及国防工业等领域，是树脂基复合材料中应用最广泛的热固性树脂之一，因此这里主要介绍不饱和聚酯树脂。

一、不饱和聚酯的结构

不饱和聚酯是由饱和的二元醇与饱和的及不饱和的二元酸（或酸酐）缩聚而成的聚合物，缩写代号 UP（unsaturated polyester resins）。不饱和聚酯在液体乙烯类单体中的溶液称作不饱和聚酯树脂。

典型的不饱和聚酯结构式：

$$H\text{-}\!\!\left[O\text{-}G\text{-}O\text{-}\overset{\displaystyle O}{\overset{\|}{C}}\text{-}P\text{-}\overset{\displaystyle O}{\overset{\|}{C}}\right]_{\!x}\!\!\left[O\text{-}G\text{-}O\text{-}\overset{\displaystyle O}{\overset{\|}{C}}\text{-}CH\!=\!CH\text{-}\overset{\displaystyle O}{\overset{\|}{C}}\right]_{\!y}\!\!OH$$

式中，G 和 P 分别代表二元醇及饱和二元酸中的二价烷基或芳香烃基；x 和 y 表示聚合度。

二、不饱和聚酯的分类及特性

常用不饱和聚酯树脂品种很多，按其化学结构，可分为顺酐型、丙烯酸型、环氧酯型和丙烯酯型等，按其功能特性，可分为通用型、耐腐型、耐热型、阻燃型和低收缩型等。随着复合材料的生产需要，各种新型树脂不断出现。下面介绍不饱和聚酯的分类及相应的特性。

1. 结构分类

（1）邻苯型和间苯型不饱和聚酯树脂

邻苯二甲酸和间苯二甲酸互为异构体，由它们合成的不饱和聚酯树脂分别为邻苯型和间苯型不饱和聚酯，虽然它们分子链的化学结构相似，但树脂性能还是有一定的差异：邻苯二甲酸聚酯分子链上的酯键易受到水或其他各种腐蚀介质的侵蚀，而间苯二甲酸聚酯分子链上的酯键受到间苯二甲酸立体位阻效应的保护，其耐腐蚀性较强，由间苯二甲酸型不饱和聚酯树脂制得的玻璃纤维增强复合材料在 71℃ 的饱和氯化钠溶液中浸泡一年后仍具有相当好的性能。

（2）对苯型不饱和聚酯树脂

对苯型不饱和聚酯树脂具有耐腐蚀、耐热和耐溶剂等特点，其综合性能已超过间苯型不饱和聚酯树脂。在中低浓度酸的环境下，对苯型不饱和聚酯树脂还可以替代双酚 A 型不饱和聚酯树脂和乙烯基酯树脂，价格更低。

（3）双酚 A 型不饱和聚酯树脂

双酚 A 型不饱和聚酯树脂具有更好的耐酸、耐碱及耐水解性能。与邻苯型及间苯型的化学结构相比，双酚 A 型不饱和聚酯树脂分子链中易被水解而遭受破坏的酯键间的间距较大，酯键密度降低，且双酚 A 型不饱和聚酯树脂与苯乙烯等交联剂共聚固化后的空间位阻效应大，对酯键起保护作用，阻碍了酯键的水解。此外，分子结构中的异丙基，连接着两个苯环，也可以保持化学键的稳定性。

（4）乙烯基酯树脂

乙烯基酯树脂又称为环氧丙烯酸酯树脂，是 20 世纪 60 年代发展起来的一类新型树脂，其特点是聚合物中具有端基不饱和双键。乙烯基酯树脂具有较好的综合性能，它的品种和性能可随着所用原料的不同而变化（表 2-1），可按复合材料对树脂性能的要求设计分子结构。

表 2-1 乙烯基酯树脂的典型物化性能

性能	牌号								
	411-45	441-400	470-36(s)	510a-40	8080	901	905	907	980
环氧基体	双酚 A	双酚 A	酚醛类	溴化双酚 A	弹性体改性	双酚 A	溴化双酚 A	酚醛类	弹性体改性
黏度/(mPa·s)	450	400	200	350	350	350～550	250～450	250～450	400～600
固体含量/%	55	67	64	60	58	55	60	63	55

2. 功能分类

（1）阻燃型树脂

卤代不饱和聚酯树脂是指由氯茵酸酐（HET 酸酐）作为饱和二元酸（酐）合成得到的一种不饱和聚酯树脂，具有优良自熄性能。近年来的研究表明，氯代不饱和聚酯树脂还具有相当好的耐腐蚀性能，它在某些介质中的耐腐蚀性能与双酚 A 型不饱和聚酯树脂和乙烯基酯树脂基本相当，而在某些介质（例如湿氯）中的耐腐蚀性能则优于乙烯基酯树脂和双酚 A 型不饱和聚酯树脂。此外，通过改变原料组成或添加阻燃剂可制得具有难燃、自熄和燃烧无烟等性能的阻燃型树脂。常用的添加型阻燃剂有 $Al(OH)_3$、Sb_2O_3、磷酸酐和 $Mg(OH)_2$ 等。这种树脂主要用于制造具有较高安全性要求的建筑、装潢、船舶、车辆和家具以及需要防火或防腐的不饱和聚酯树脂基复合材料制品，如建筑用波形板及门窗等。

（2）耐热型树脂

耐热型树脂可用于制造在高于 100℃时使用的不饱和聚酯树脂基复合材料制品，其高温下抵抗变形能力较强，可用于制造要求耐热的电器部件和汽车部件等。

（3）耐腐蚀型树脂

耐腐蚀型树脂有双酚 A 型不饱和聚酯树脂、间苯二甲酸型不饱和聚酯树脂和松香改性不饱和聚酯树脂等，能够抵抗酸、碱和盐等的腐蚀，主要用于工业厂房等耐腐蚀地面及制造管道、化工容器和储罐等耐腐蚀产品。具体地说，通用型树脂只能满足于一般性防腐要求，间苯二甲酸型树脂可满足中级耐腐蚀要求，双酚 A 型不饱和聚酯树脂和 HET 酸酐型树脂的耐化学性最好。

（4）低收缩型树脂

低收缩型树脂是通过加入热塑性树脂来降低不饱和聚酯树脂的固化收缩，在制造 SMC 中得到广泛应用。常用的低收缩剂有聚苯乙烯和聚甲基丙烯酸甲酯等。目前国外除采用聚苯乙烯及其共聚物外，还开发了聚己内酯、改性聚氨酯和醋酸纤维素丁酯等。

（5）低挥发型树脂

不饱和聚酯树脂采用苯乙烯作为溶剂和交联剂，苯乙烯容易挥发。在我国，职业卫生标准《工作场所有害因素职业接触限值　第1部分：化学有害因素》（GBZ 2.1—2019）中要求苯乙烯的时间加权平均容许浓度 PC-TWA $50mg/m^3$，短时间接触容许浓度 PC-SETL $100mg/m^3$；在国外，要求工作车间的空气中苯乙烯的含量必须低于 $50\mu g/g$。降低苯乙烯挥发的方法一般有三种：加入表膜形成剂，降低苯乙烯挥发；加入高沸点交联剂，代替苯乙烯；用双环戊二烯及其衍生物与不饱和聚酯树脂相结合，使其低分子量化，降低苯乙烯的用量。

（6）光稳定型树脂

光稳定型树脂是指在户外使用中能够抵抗气候等诸因素的侵蚀而保持物化性能（特别是光学性能）长期不变的树脂。光稳定型树脂与一定玻璃纤维匹配，即可制得透光复合材料。透光复合材料板材和波形瓦性能优异，作为第二代采光材料已广泛用于大型民用建筑采光、工业厂房采光、农业温室和水产养殖等领域。

（7）光敏性树脂

光敏性不饱和聚酯树脂主要用于涂料，具有固化速度快、有光泽、较好的力学性能和耐腐蚀性能。

（8）原子灰专用树脂

原子灰是以不饱和聚酯树脂为主料，配以其他助剂和填料，经过混合、研磨而成，是一种新型的嵌填材料，俗称腻子。它与桐油石膏腻子、过氯乙烯腻子和醇酸腻子等传统腻子相比，具有干燥快、附着力强、涂层强度高、不开裂、耐热、易打磨和施工周期短等优点，因此广泛用于汽车、轮船、机车、机械等行业的修理、制造以及铝板、镀锌板和钢板等金属表面的底基嵌填。随着我国汽车市场的不断扩大和汽车拥有量的不断增加，其用量日益增大。

（9）气干型树脂

气干型不饱和聚酯树脂表面光滑美观，可用于制造人造大理石、人造玛瑙、地面瓷砖和纽扣等。

（10）含水树脂

含水不饱和聚酯树脂是20世纪50年代问世的、以水做填料的新型树脂。该树脂除了具有显著的低成本特点外，还有诸多优异的性能，如固化时放热量小、阻燃和易加工成型等，可用于制作人造木材、装饰材料、泡沫制品、多孔材料、建筑材料、不饱和聚酯混凝土、浸润剂和涂料等。

（11）透明型树脂

透明型不饱和聚酯树脂的透光性较好，加入引发剂和催化剂后，可以固化成不溶性、透光性高聚物。用该树脂成型的复合材料，可作为温室、工厂天窗、体育馆等的采光罩。

（12）柔性树脂

柔性树脂固化后呈高弹橡胶状，其断裂伸长率可达到10%～60%。由于柔性增大，其耐化学性降低，吸水性增大，一般柔性树脂很少单独使用，而是与硬质树脂混合，用以改善制品的抗冲击强度和耐开裂性。

（13）强韧性树脂

目前国外主要采用加入饱和树脂或橡胶的方法来提高韧性，如添加饱和聚酯树脂、丁苯橡胶和端羧基丁腈橡胶等。韧性不饱和聚酯树脂主要用于SMC中。

（14）胶衣树脂

胶衣树脂是不饱和聚酯树脂基复合材料制品胶衣层的专用树脂。胶衣树脂在品种和性能上不断提升（表2-2），应用领域在不断扩大。目前它在卫生洁具、造船业、交通运输业、建筑业、娱乐业、医疗仪器行业等许多领域都得到了广泛应用。

表 2-2　部分胶衣树脂性能指标

类别	固体含量/%	黏度(25℃)/(mPa·s)	酸值 (以 KOH 计)/(mg/g)	凝胶时间/min	触变度
乙烯基 （模具）	62～68	350～650	5～13	6.3～11.7	4～6
乙烯基	60～70	280～1630	9～17	4.9～10.4	3～6
乙烯基 （食品级）	58.5～64.5	380～720	7～15	4.20～7.80	4～6

3. 工艺分类

（1）手糊成型用树脂

手糊成型树脂，黏度一般为200～750mPa·s，容易浸透纤维增强材料，易于排除气泡，与纤维黏结力强；在室温条件下，全年四季树脂的凝胶、固化特性变化小，收缩率小，挥发物少；对于施工有斜面的制品，树脂要有触变度，不能产生流胶现象。部分手糊树脂性能指标列于表2-3。

表 2-3　部分手糊成型不饱和聚酯树脂的性能指标

类别	黏度 /(mPa·s)	凝胶时间 /min	载荷变形温度 /℃	拉伸强度 /MPa	断裂伸长率 /%	冲击强度 /(kJ/m²)
邻苯型	250～750	6～20	68～70	50～60	2.5～3.0	4～7
间苯型	500～700	6～16	72～75	65	3.0	7～8
双环戊二烯型	300～750	6～12	75	50～55	2.5～3.0	6

（2）喷射成型用树脂

喷射成型用树脂适用于喷射工艺，为预促进型不饱和聚酯树脂。该树脂中已加入催化剂，使用时只需加一种引发剂就可以在室温下开始固化反应，使用方便，但树脂存放期较短。

喷射成型树脂易于喷射，亦易于雾化，树脂容易浸透纤维增强材料，容易排除气泡，与纤维黏结力强；全年四季在室温条件下，树脂的黏度、凝胶时间及固化特性都不会变化太大；树脂收缩率小，挥发物少；黏度一般为300～480mPa·s。一般喷射成型的树脂性能指标如表2-4。当树脂黏度大，则需要调整空气压力，表2-5为树脂黏度与空气压力之间的关系。对于施工有斜面的制品，树脂要有触变度，不能产生流胶现象，一般树脂的触变度为1.5～3.5。

表 2-4　喷射成型树脂性能指标

固体含量 /%	黏度 /(mPa·s)	酸值(以 KOH 计) /(mg/g)	凝胶时间 /min	触变度	固化时间 /min	放热峰温度 /℃
48.0～62.5	300～480	14～30	4～25	1.0～3.5	10～50	120～200

表 2-5　树脂黏度与空气压力之间的关系

黏度/(mPa·s)	输送树脂所需空气压力/kPa	雾化树脂所需空气压力/kPa
300～800	49.5～147	98
800～2000	147～343	294
＞2000	＞490	＞490

（3）拉挤成型用树脂

用作拉挤的不饱和聚酯树脂基本上是邻苯型和间苯型不饱和聚酯树脂。间苯型不饱和聚酯树脂有较好的力学性能、耐热性和耐腐蚀性能。不过，间苯型不饱和聚酯树脂的质量因生产厂家不同差距较大，使用时要根据不同的产品慎重选择。拉挤用树脂的凝胶时间短、固化速度快，树脂的黏度偏低，可以在短时间内迅速渗透玻璃纤维。常见的拉挤成型用树脂的物化性能列于表 2-6。

表 2-6　常见的拉挤成型用树脂物化性能

固体含量/%	黏度/(mPa·s)	酸值(以 KOH 计)/(mg/g)	凝胶时间①/min	固化时间/min	放热峰温度/℃
60～65	350～600	17～27	3～8	6～12	200～240

① 凝胶时间测定是用过氧化二苯甲酰（BPO）作引发剂，用量为树脂质量的 1%，水浴温度 80℃。

拉挤成型时，树脂在模具内凝胶和放热峰的位置对产品的质量影响很大，这与树脂的反应活性、与之配合的固化剂体系以及阻聚剂的含量等有关。在实验室中，可以采用工艺过程中的真实树脂含量，根据模具内实际温度设定油浴温度，通过测定树脂和固化剂体系混合后的放热曲线来选择树脂及其匹配的固化剂体系。表 2-7 列举了若干配方实例。

表 2-7　配方实例

成分或性能		配方 1	配方 2	配方 3
间苯型拉挤用树脂(质量份)		100	100	100
高岭土填料(质量份)		0	20	50
内脱模剂(质量份)		1	1	1
P-16 (有效成分≥94%)(质量份)		0.75	0.75	0.75
TBPO (有效成分 97%)(质量份)		0.5	0.5	0.5
TBPB (有效成分≥98%)(质量份)		0.25	0.25	0.25
黏度/(mPa·s)	21℃	800	1600	7040
	38℃	280	680	4000
	63℃	110	370	2630
反应活性(82.2℃)	凝胶时间/min	1.6	1.3	2.6
	固化时间/min	3.0	2.0	4.22
	放热峰温度/℃	200	196	190

注：TBPO—过氧化-2-乙基己酸叔丁酯；TBPB—过氧化苯甲酸叔丁酯。

（4）模压成型用树脂

在模压成型中，树脂一般先与增强材料、填料、引发剂和催化剂等进行混合，并进行黏度增稠后，形成固体状的、便于模压装填的预混料，如 SMC 和 BMC。因此对于 SMC、BMC 模压成型专用树脂，要求黏度低，便于与增强材料和各类助剂混合，易于与增稠剂反应，混合后黏度迅速增大。用于化学增稠的增稠剂一般有四种：氧化镁、氢氧化镁、氧化钙和氢氧化钙。增稠剂的用量一般为树脂质量的 0.3%～3%，这取决于增稠剂的类型和树脂的活性。部分 SMC/BMC 树脂物化性能指标列于表 2-8。表 2-9 为几种典型的 SMC 配方。

表 2-8 部分 SMC/BMC 树脂物化性能指标

类型	黏度/(mPa·s)	凝胶时间/min	酸值 (以 KOH 计)/(mg/g)	固体含量/%
邻苯型	1000～2400	5～10	16～22	65～71
间苯型	1200～2500	5～10	15～21	64～69
对苯型	1000～2300	1.5～6.5	—	—

表 2-9 几种典型的 SMC 配方

配方	一般型	耐腐蚀型	低收缩型
聚酯树脂(质量份)	邻苯型 100	间苯型 100	间苯型 100
过氧化苯甲酰叔丁基(质量份)	1	1	1
低收缩添加剂(质量份)	1～10	—	25～40
填料(质量份)	CaCO₃,70～120	BaSO₄,60～80	CaCO₃,120～180
硬脂酸锌(质量份)	1～2	1～2	3～4
增稠剂(质量份)	1～2	1～2	1～2
安定剂(质量份)	适量	适量	适量

（5）树脂灌注成型用不饱和聚酯树脂

树脂灌注成型（RTM）是先将增强材料铺放在模具里，合模后，通过模具上的注射口将树脂与固化剂的混合物注入模具中，固化后脱模成制品。因此，树脂黏度不大于 500mPa·s，超过此黏度需要较大泵压力，这容易冲刷移动模腔内的玻璃纤维，还要增加模具壁厚。常温凝胶时间为 5～30min，比压注时间长为宜。固化时间宜为凝胶时间的 2 倍，可缩短固化周期，以提高生产效率。固化放热峰温度为 80～140℃。RTM 树脂性能指标见表 2-10。

表 2-10 RTM 树脂性能指标

固体含量/%	黏度 /(mPa·s)	酸值(以 KOH 计) /(mg/g)	凝胶时间/min	固化时间/min	放热峰温度/℃
55～65	220～280	17～27	17～25	27～40	80～140

（6）缠绕成型用树脂

缠绕成型树脂为邻苯型不饱和聚酯树脂，具有中等反应活性，树脂的凝胶时间长（>4h）；黏度低，树脂黏度在 250～750mPa·s 范围内；树脂浇注体的拉伸断裂伸长率应和增强材料相匹配，不能太小。部分缠绕成型用树脂物化性能指标列于表 2-11。

表 2-11 部分缠绕成型用树脂物化性能指标

类型	黏度/(mPa·s)	凝胶时间/min	酸值(以 KOH 计) /(mg/g)	固体含量/%
邻苯型	260～650	8～16	21～27	63～69
间苯型	320～750	6～16	9～15	55～61
双酚 A 型	350～550	12～20	11～17	58～64
双环戊二烯型	250～720	8～18	21～27	67～73

市面上常用的各种牌号的聚酯树脂性能如表 2-12。

表 2-12　各种牌号聚酯树脂性能

牌号	主要成分	酸值(以KOH计)/(mg/g)	黏度(20℃)/(mPa·s)	固体含量/%	凝胶时间(25℃)/min	用途及特点	树脂浇铸体				
							巴氏硬度/HBa	吸水率/%	热变形温度/℃	密度(20℃)/(g/cm³)	断裂伸长率(20℃)/%
180	乙二酸、苯酐、顺酐、醋酐	20~28	250~450	59~65	8~25	刚性、耐水、延伸率好、用于造船等	45	0.11	60	1.72	3
182	一缩乙二醇、苯酐、顺酐	17~25	650~1150	73~79	11~21	柔性、做环氧树脂增韧	—	—	—	—	—
195	丙二醇、苯酐、顺酐、甲基丙烯酸甲酯(MMA)	27~35	170	5.9~65	30~55	透明80%以上、用于透明FRP	—	—	60	—	—
196	丙二醇、一缩乙二醇、顺酐、苯酐	17~35	900	64~70	8~20	半刚性、有弹性、用于车身、船、表面光滑	45	0.15	72	1.23	2.0
197	乙二醇、双酚A、环氧丙烷加成物、顺酐	9~17	400~1050	47~53	10~30	耐化学腐蚀	44	0.14	110~120	1.14	1.5
198	丙二醇、苯酐、顺酐	20~28	650	61~67	8~20	刚性、中等耐热	50	0.23	110	1.23	1.4
199	丙二醇、间苯二甲酸、反丁烯二酸	21~29	600	58~64	11~21	刚性、中等耐热、电性能好、板材在120℃长期使用、耐腐蚀	50	0.25	120~130	1.2	1.1
272	间苯二甲酸	12~20	350	56~62	8	纤维缠绕用、耐腐蚀	—	—	75	—	—
302	乙二醇、顺酐、HET酸酐	20~28	1050	70~76	17	自熄性好(10min内)	—	—	65	—	—
7901	顺酐、苯酐、含卤素二元醇	—	—	—	—	自熄性好、耐热性高	—	—	—	—	—

续表

牌号	主要成分	酸值(以KOH计)/(mg/g)	黏度(20℃)/(mPa·s)	固体含量/%	凝胶时间(25℃)/min	用途及特点	树脂浇铸体				
							巴氏硬度/HBa	吸水率/%	热变形温度/℃	密度(20℃)/(g/cm³)	断裂伸长率(20℃)/%
6471	647顺二醇、丙二醇、顺酐	<40	—	—	5~9	耐热、黏结性好	—	—	—	—	—
184	丙二醇、苯酐、顺酐、季戊丙醇	20~40	—	—	—	适用于FRP干法成型，无纬带浸渍	—	—	—	—	—
307	丙二醇、苯酐、顺酐(或反丁烯二酸)	<5	—	>55	1~3	刚性，用于船舶、天线发射面、化工设备	—	—	—	—	—
3193	乙二醇、苯酐、顺酐、己二醇	32~40	—	—	—	韧性，用于船舶、电机、车身	—	—	—	—	—
306(004)	乙二醇、苯酐、顺酐、环己醇	30~35	—	—	3~5	造船、车身、油槽等	—	—	—	1.18	1.3
33	丙二醇、一缩乙二醇、间苯二甲酸	15~23	1100~2100	65~71	6.5~20	有触变性、硬度好，耐水，用于胶衣	—	—	—	—	—
34	邻苯二甲酸、丙二醇	15~27	1000~2500	65~71	8~21	—	—	—	—	—	—
35	新戊二醇型	11~19	80~160	59~65	7~20	耐水煮、耐冲击、耐污染	>40	0.15	>85	—	—

注：1. 上述各种树脂中，除胶衣树脂是半透明的，184树脂是固体外，基本都是浅黄色透明液体，以色浅透明为佳。
2. 热稳定性一般都是室温下半年。
3. 上述指标都是指一级品。

三、不饱和聚酯的固化体系

不饱和聚酯树脂的交联固化，是线型不饱和聚酯树脂低聚物与苯乙烯等不饱和单体在自由基的作用下，由黏流树脂转化成不溶不熔的体型交联网状结构聚合物的过程。在该固化过程中，不同组分起到不同的作用：苯乙烯等不饱和单体，一方面作为溶液调节低聚物黏度，另一方面作为交联剂，参与交联反应；可形成含自由基的物质，如过氧化物、偶氮化合物等，作为引发剂，引发反应；体系中有时候会加入钴盐等物质作为催化剂，用以提高反应速率；此外，在运输、贮存过程中，需要树脂体系保持良好的流动性，体系中经常会加入受阻酚类阻聚剂，降低不饱和单体的自聚合。因此，固化体系可初步分为交联剂、引发剂、催化剂和阻聚剂。

1. 交联剂

（1）苯乙烯及其衍生物

苯乙烯（styrene，ST）

结构式：

$$CH=CH_2$$

无色透明油状液体，沸点145℃，凝固点−30.6℃，蒸气压1.33kPa（30℃），闪点（开）34℃。价格较低，来源丰富，反应性好，制成的GFRP力学性能好，是不饱和聚酯树脂中应用最广泛的交联剂，也可用作环氧树脂非活性稀释剂。

乙烯基甲苯（vinyl toluene，VT）

结构式：

$$CH=CH_2$$
$$CH_3$$

液态，沸点172℃，与苯乙烯相比，沸点高，挥发性小，能代替部分或全部苯乙烯，用来提高GFRP的热稳定性，是不饱和聚酯树脂的理想交联剂。但是工业性产品数量少，价格较高，尚未大量使用。

α-甲基苯乙烯（α-methyl styrene，AMS）

结构式：

$$C=CH_2$$
$$CH_3$$

液体，沸点165℃。结构上，由于甲基的空间阻碍效应，导致双键的反应活性大大降低，因此只能少量用作交联剂。但是，可以利用低反应活性，替代部分苯乙烯，降低放热峰温度，改善树脂的固化特性，但不影响固化产品的物理性能。α-甲基苯乙烯代替苯乙烯对放热反应的影响见表2-13。

表 2-13　α-甲基苯乙烯用量对放热反应的影响

苯乙烯/%	37	35	33	31	29	27
α-甲基苯乙烯/%	0	2	4	6	8	10
放热峰温度/℃	195.5	165.5	149.9	132.2	114.4	103.3
固化时间/min	7	8	9.9	12.3	15.5	18.5

***β*-氯苯乙烯**（*β*-chlorostyrene，BCS）

结构式：

$$CH=CHCl$$

液体，氯取代后，苯环更为稳定，因此被用作不饱和聚酯树脂交联剂时，固化产品具有更好的耐热性和电性能。

二乙烯基苯（divinyl benzene，DVB）

结构式：

$$CH=CH_2$$
$$CH=CH_2$$

液体，沸点 200℃，具有两个乙烯基，共聚时能生成三维结构的不溶不熔性聚合物，是一种十分有用的交联剂。

（2）不饱和有机酸

不饱和有机酸含有不饱和双键和羧基两种官能团。双键能在引发剂的作用下，与不饱和聚酯树脂发生接枝、交联等一系列化学反应；而羧基可与含有活泼金属离子的无机填料（如长石、陶土、红泥、氢氧化铝和二氧化钛等）很好地配位作用，促进无机填料和高聚物基体更好地结合在一起，提高了复合材料的力学性能和物理性能。因此，不饱和有机酸也可用作无机填料的表面处理剂。

丙烯酸（acrylic acid，AA）

结构式：

$$CH_2=CH-COOH$$

无色液体，沸点 140.9℃，化学性质很活泼，双键容易打开，聚合成为透明白色粉末PAA（聚丙烯酸），呈现弱酸性，与191、196等不饱和聚酯相容性不是很好。

甲基丙烯酸（methacrylic acid，MAA）

结构式：

$$CH_2=\overset{CH_3}{\underset{\ }{C}}-COOH$$

无色结晶或透明液体，有刺激性气味，沸点 158℃，可用作不饱和聚酯树脂交联剂，也可用作无机填料的表面处理剂。

（3）不饱和酸酯类

邻苯二甲酸二烯丙酯（diallyl phthalate，phthalic acid diallyl ester，DAP）

结构式：

$$\begin{array}{c} O \\ \| \\ C-O-CH_2-CH=CH_2 \\ C-O-CH_2-CH=CH_2 \\ \| \\ O \end{array}$$

液体，沸点高达 290℃，蒸气压低，挥发性小，刺激性小，用作不饱和聚酯树脂交联剂时，制品的电性能和耐热性能较高，耐老化性较好，尺寸稳定性好；难以常温固化，须加热固化。

三聚氰酸三烯丙酯（triallyl cyanurate，TAC）

结构式：

$$CH_2=CH-CH_2-O-\underset{\underset{O-CH_2-CH=CH_2}{|}}{\overset{N}{\underset{N}{\bigvee}}}-O-CH_2-CH=CH_2$$

液体，沸点 162℃，用作不饱和聚酯树脂交联剂，制品力学强度高，耐热性好（耐热温度达 200℃以上）；但刺激性大，固化时放热温度高。

甲基丙烯酸甲酯（methyl methacrylate，MMA）

结构式：

$$CH_2=\underset{\underset{CH_3}{\overset{CH_3}{|}}}{C}-COOCH_3$$

无色易挥发液体，有强辣味，微毒，沸点 101℃，用作不饱和聚酯树脂交联剂时，聚合反应较快、自由基与甲基丙烯酸甲酯的自聚倾向大，因此单独使用会使树脂固化不完全，往往与苯乙烯合用。甲基丙烯酸甲酯的折射率比苯乙烯的低，可通过调节甲基丙烯酸甲酯与苯乙烯的比例，使不饱和聚酯树脂的折射率接近玻璃纤维的折射率，制成波纹板的透光树脂，但是沸点低，价格高。

2. 引发剂

聚酯用的引发剂为过氧化物或偶氮类化合物，都是易燃易爆品，有固态和液态之分，固态引发剂在树脂中不好分散，一般都用邻苯二甲酸二丁酯（简称二丁酯）等溶剂来配成糊状使用。固化剂用量对固化速度影响极大，如以纯品计，加入量一般为树脂的 1% 左右。使用时只有在加热或在催化剂作用下，引发剂才能释放自由基，使树脂固化。

（1）过氧化物

过氧化氢的分子式是 HOOH 或 H_2O_2，各种有机过氧化物可以看作具有不同有机取代基的过氧化氢衍生物。氢过氧化物（1 个氢被烷基取代），如叔丁基过氧化氢等；烷基过氧化物（2 个氢被烷基取代），如过氧化二叔丁基等；过酸类，如过氧化醋酸等；二酰基过氧化物，如过氧化二苯甲酰（BPO）等；过酯类，如过氧化苯甲酸叔丁酯等；酮类过氧化物（过氧化物的混合物），如过氧化环己酮、过氧化甲乙酮等。

使用过程中，通常采用活性氧含量、临界温度和半衰期等有机过氧化物的特性来表示该过氧化物的反应活性。

① 活性氧含量（AO） 又称有效氧含量取决于过氧基（—O—O—）数目（n）与过氧化物的重均分子量（M_w），即 $AO(\%)=16\times n\times100\%/M_w$。对于纯粹形态的过氧化物，活性氧含量是代表有机过氧化物纯度的指标。但是，由于纯粹有机过氧化物贮存的不安定性，工业上通常采用各种方式进行减敏处理，将其与固体分散剂（如惰性填料、聚合物母料）或液体稀释剂（如惰性增塑剂）进行预混，便于贮存和备用。并且在实际应用过程中，有些过氧化合物是不同组成、不同含量过氧化合物的混合物（如酮过氧化合物）。因此工业上采用活性氧含量来表征过氧化物产品的含量。

② 临界温度 过氧化物受热分解形成自由基时所需的最低温度，是不饱和聚酯树脂固化时的工艺指标。从化学的角度看，温度的高低只决定过氧化物形成自由基的多少，而并不表示在临界温度以下不能形成自由基。但从工艺的角度看，在临界温度以下，过氧化物分解形成的自由基浓度很低，引发活性难以被观察到，而到达临界温度时，在实验条件下，过氧化物能使不饱和树脂以可观察的速度进行交联。

③ 半衰期 在给定温度下，有机过氧化物分解一半所需要的时间。实际用两种方法表示半衰期，一种是给定温度下的时间，另一种是给定时间下的温度（如"10h 半衰期温度"），都是引发剂活性的标志。用两种方法都能表示半衰期。事实上由于半衰期的对数和热力学温度

的倒数呈线性关系，用内插法或外推法从线性关系上可以求得半衰期与热力学温度的对应关系，两种方法表示的是一回事。

下面介绍常见的过氧化物引发剂。

叔丁基过氧化氢（*tert*-butyl hydroperoxide，TBHP）

结构式：

$$CH_3-\underset{\underset{CH_3}{|}}{\overset{\overset{CH_3}{|}}{C}}-O-OH$$

工业品为浅黄色透明液体，有效成分 72%。临界温度 110℃，活性氧含量 12.7%（纯品 17.7%）。半衰期：145℃，120h；160℃，29h；172℃，10h。可用于 SMC、BMC 和拉挤等成型工艺。

异丙基苯过氧化氢（cumene hydroperoxide，CHP）

结构式：

$$\text{(苯环)}-\underset{\underset{CH_3}{|}}{\overset{\overset{CH_3}{|}}{C}}-O-OH$$

液体，有效成分 74%，临界温度 100℃，活性氧含量 7.7%（纯品 10.51%）。半衰期：115℃，470h；130℃，113h；145℃，29h；160℃，9h。适用于高温固化，如 SMC、BMC 和拉挤等成型工艺。一般用量为 1%。当与过氧化苯甲酰联用时，可用于中温固化。

过氧化二叔丁基（di-*tert*-butyl peroxide，DTBP）

结构式：

$$H_3C-\underset{\underset{CH_3}{|}}{\overset{\overset{CH_3}{|}}{C}}-O-O-\underset{\underset{CH_3}{|}}{\overset{\overset{CH_3}{|}}{C}}-CH_3$$

浅黄色透明液体，有效成分 98%～99%，临界温度 100℃，活性氧含量 10.8%（纯品 10.94%）。半衰期：100℃，218h；115℃，34h；130℃，6.4h；140℃，1.6h；150℃，0.8h。适用于 SMC、BMC 和拉挤等成型工艺。

过氧化二异丙苯（dicumyl peroxide，DCP）

结构式：

$$\text{(苯环)}-\underset{\underset{CH_3}{|}}{\overset{\overset{CH_3}{|}}{C}}-O-O-\underset{\underset{CH_3}{|}}{\overset{\overset{CH_3}{|}}{C}}-\text{(苯环)}$$

晶体粉末，有效成分 90%～95%，熔点 39～41℃，临界温度 120℃，活性氧含量 5.5%（纯品 5.92%）。半衰期：115℃，12h；130℃，1.8h；145℃，0.3h。适用于高温固化，一般用量为 2%。交联效率高，挥发性低，制品的透明性和耐热性好，压缩永久变形小，但使用本品交联的制品易残存臭味。当与过化苯甲酰联用时，可用于中温固化。

过氧化苯甲酰（benzoyl peroxide，BPO）

结构式：

$$\text{(苯环)}-\overset{\overset{O}{\|}}{C}-O-O-\overset{\overset{O}{\|}}{C}-\text{(苯环)}$$

白色颗粒状固体，临界温度 70℃。半衰期：70℃，13h；85℃，2.1h；100℃，0.4h。不溶于水，溶于芳香族脂类、苯乙烯、甲基丙烯酸甲酯。市售产品有两种：第一种含有水分，使用前应以甲醇（或乙醇）洗涤，过滤，阴干，有效成分96%～98%，活性氧含量6.4%；第二种与邻苯二甲酸二丁酯按1∶1（质量比）配成的糊状物，有效成分50%，活性氧含量3.3%。两者相比，前者活性氧含量高，但需要经过脱水处理，后者活性氧含量低，且不均匀。适用于模压、拉挤、注射、袋压、手糊等成型工艺，糊状物一般用量为2%。

过氧化二月桂酰（dilauroyl peroxide，LPO）

结构式：

$$CH_3(CH_2)_{10}\overset{\displaystyle O}{\overset{\|}{C}}-O-O-\overset{\displaystyle O}{\overset{\|}{C}}(CH_2)_{10}CH_3$$

白色薄片，有效成分98%，活性氧含量3.9%，临界温度60～70℃。半衰期：60℃，13h；70℃，3.4h；85℃，0.5h。适用于玻璃纤维增强不饱和聚酯树脂，用于比BPO活性更强的场合。

过氧化双（2,4-二氯苯甲酰）［bis（2,4-dichlorobenzoyl）peroxide，DCBPO］

结构式：

白色或淡黄色糊状物，分子量380，活性氧含量4.28%，临界温度60℃。半衰期：50℃，17.8h；60℃，8.2h；70℃，1.4h；80℃，0.5h。用叔胺类催化剂时，可用于接触成型、低温固化及热压成型工艺。

过氧化苯甲酸叔丁酯（*tert*-butylperoxybenzoate，TBPB）

结构式：

无色或浅黄色透明液体，有效成分98%，活性氧含量8.08%（纯品8.24%）临界温度90℃，开始分解温度约60℃。半衰期：100℃，18h；105℃，10h；115℃，3.1h；130℃，0.55h。室温下稳定，对撞击不敏感。适用于SMC、BMC和拉挤等成型工艺。在130～150℃热压成型时，用钴盐或钒作催化剂，可稍微降低温度。

过氧化-2-乙基己酸叔丁酯（*tert*-buty-1-peroxy-2-ethyl hexanoate，TBPO）

结构式：

无色透明液体，有效成分97%，活性氧含量7.18%，开始分解温度60℃。半衰期：72℃，10h；135℃，1min。适用于SMC、BMC等高温成型工艺。

过氧化叔戊酸叔丁酯（*tert*-butyl peroxypivalate，TBPP）

结构式：

透明液体，临界温度 50℃，活性氧含量 9.45%。半衰期：70℃，1.9h；90℃，0.16h。适用于 99～110℃ 热压成型，固化速度快，可用于连续制板，用钴催化剂可在 50～70℃ 下成型。

过氧化甲乙酮（methyl ethyl ketone peroxide，MEKP）

过氧化甲乙酮是多种过氧化物的混合物，其主要成分的结构式分别为：

1-羟基-1-氢过氧基甲乙基过氧化物

$$\underset{H_5C_2 \quad OH \; HOO \quad C_2H_5}{\overset{H_3C \qquad O\text{——}O \qquad CH_3}{C \qquad\qquad C}}$$

二（1-氢过氧基甲乙基）过氧化物

$$\underset{H_5C_2 \quad OOHHOO \quad C_2H_5}{\overset{H_3C \qquad O\text{——}O \qquad CH_3}{C \qquad\qquad C}}$$

二（1-羟基甲乙基）过氧化物

$$\underset{H_5C_2 \quad OH \quad HO \quad C_2H_5}{\overset{H_3C \qquad O\text{——}O \qquad CH_3}{C \qquad\qquad C}}$$

1-羟基甲乙基过氧化物

$$\underset{H_5C_2 \quad OH}{\overset{H_3C \quad OOH}{C}}$$

甲乙基二过氧化氢

$$\underset{H_5C_2 \quad OOH}{\overset{H_3C \quad OOH}{C}}$$

过氧化氢

$$H\text{—}O\text{—}O\text{—}H$$

无色油状液体，其主成分的分子量为 176。一般配成 40%～60% 的邻苯二甲酸二甲酯或邻苯二甲酸二丁酯溶液。闪点 65～104℃，临界温度 80℃，活性氧含量 9.1%～11.0%。半衰期：85℃，81h；100℃，16h；105℃，10h；115℃，3.6h。长时间放置活性氧含量会降低，需低温保存。当与环烷酸钴、辛酸钴等催化剂同时使用时，可以室温固化树脂。表 2-14 为南通大晟化学品有限公司生产的过氧化甲乙酮溶液的型号和主要技术指标。

表 2-14　南通大晟化学品有限公司生产的过氧化甲乙酮溶液的型号和主要技术指标

型号	MEKP-Ⅰ	MEKP-Ⅱ	MEKP-Ⅲ
外观	无色透明液体	无色透明液体	无色透明液体
活性氧含量/%	9.0±0.2	10.0±0.2	≥12.5
闪点(开杯)/℃	>90	>85	>75
应用范围	聚酯纽扣、人造大理石、人造玛瑙、聚酯工艺品等	管道、储罐、渔船、水箱、汽车配件等	聚酯装饰板、聚酯涂料等

过氧化环己酮（cyclohexanone peroxide，CYCP）

过氧化环己酮是几种过氧化物的混合物，其主要成分的结构式分别为：

1-羟基-1-过氧化氢二环己酮

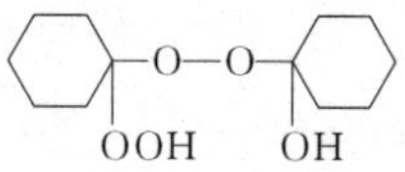

1,1-过氧化氢二环己酮

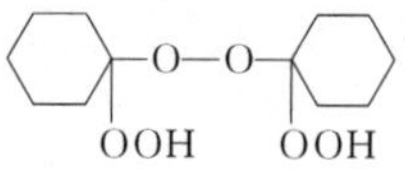

二（1-羟基环己基）过氧化物

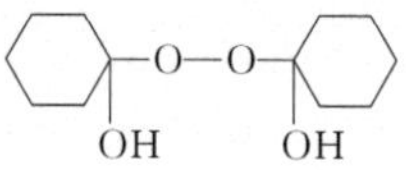

1-羟基环己基过氧化氢

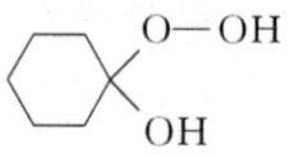

主成分的分子量为 228，白色粉末，活性氧含量 12.99%，临界温度 88℃。半衰期：85℃，20h；90℃，9h；100℃，3.8h；115℃，1.0h。很不稳定，需与邻苯二甲酸二丁酯按 1∶1(质量比) 配成糊状，使用前要搅拌。有效成分 50%，活性氧含量 7.0%。当与环烷酸钴、辛酸钴等催化剂同时使用时，树脂可以室温固化。

1,1-二叔丁基过氧化环己烷 （1,1-di-*tert*-butylperoxycyclohexane）

结构式：

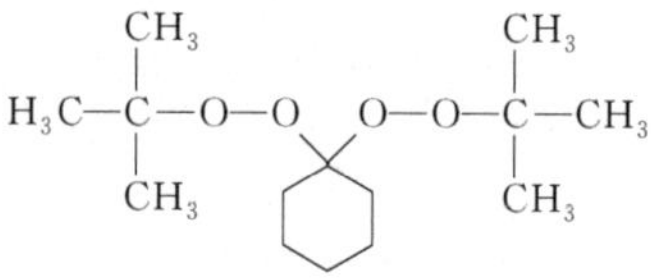

临界温度 85℃，活性氧含量 12.3%。半衰期：90℃，10h；113℃，1h；130℃，0.13h。适用于热压、SMC 和 BMC 等成型工艺。

（2）偶氮化合物

2,2′-偶氮双异庚腈 （azobisisoheptonitrile，ABVN）

结构式：

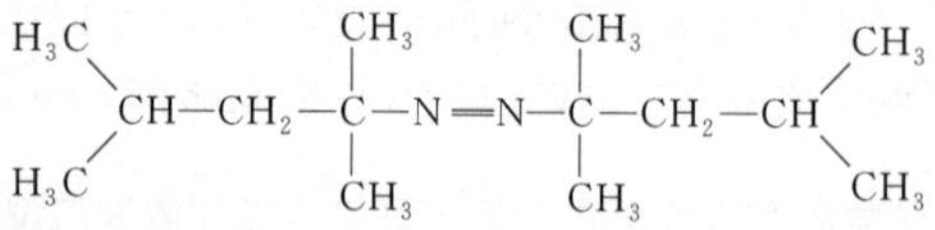

无色或白色菱形片状结晶，遇热和光分解并放出氮气，同时产生含氰自由基。结晶体活性氧含量为 6.35%。半衰期：52℃，10h。适用于模压成型。

2-叔丁基偶氮-2-氰基-4-甲氧基戊烷 （2-*tert*-butylazo-2-cyano-4-methoxypentane）

结构式：

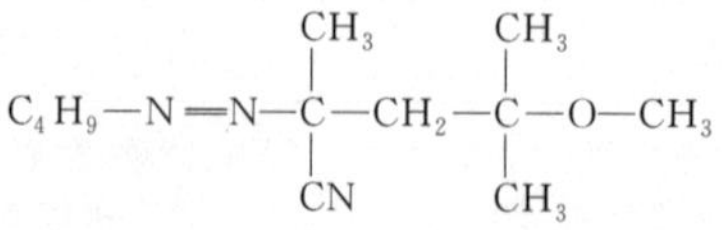

半衰期：55℃，10h。适用于模压成型。

2,2′-偶氮双异丁腈 （azo-bis-isobutyronitrile，AIBN）

结构式：

$$CH_3-\underset{\underset{CH_3}{|}}{\overset{\overset{CH_3}{|}}{C}}-N=N-\underset{\underset{CH_3}{|}}{\overset{\overset{CH_3}{|}}{C}}-C\equiv N$$

白色结晶粉末，分解活化能 125.5kJ/mol。半衰期：59℃，10h；79℃，1h；102℃，0.1h。适用期（32℃）：3d。适用于模压成型。

3. 催化剂

催化剂，是指在不饱和聚酯树脂固化过程中，能降低引发剂分解温度，促使引发剂产生游离自由基的物质。常见的主要有有机金属盐类物质。

环烷酸钴

结构式：

$$\left[\boxed{}\!\!\!-\!(CH_2)_n\,COO^-\right]_2 Co^{2+}$$
$$n\text{通常为}12\sim16$$

紫色黏稠状液体，使用前将其溶解于苯乙烯或二甲苯中，常用的浓度为 10%，钴含量不低于 8%。可作为过氧化甲乙酮或过氧化环己酮或过氧化乙酰丙酮的催化剂，使不饱和聚酯树脂在室温固化，用量为树脂质量的 0.5%～2%。

异辛酸钴

结构式：

$$[CH_3-CH_2-CH_2-CH_2-\underset{\underset{C_2H_5}{|}}{CH}-COO]_2 Co$$

清澈的蓝紫色液体，钴含量 11.9%～12.1%，比环烷酸钴高，颜色浅。可作为过氧化甲乙酮或过氧化环己酮或过氧化乙酰丙酮的催化剂，使不饱和聚酯树脂在室温固化，用量为树脂质量的 0.5%～2%。

环烷酸锰

结构式：

$$\left[\boxed{}\!\!\!-\!(CH_2)_n\,COO^-\right]_2 Mn^{2+}$$
$$n\text{通常为}12\sim16$$

可作为过氧化甲乙酮或过氧化环己酮或过氧化乙酰丙酮的催化剂，可延长树脂使用期，温度达 60℃以上，催化效果比钴离子大 10 倍多，可作中温催化剂使用。

异辛酸锰

结构式：

$$[CH_3-CH_2-CH_2-CH_2-\underset{\underset{C_2H_5}{|}}{CH}-COO]_2 Mn$$

具有优良的贮存稳定性，与传统环烷酸锰相比，具有气味小、含量高、催化效果好的优点。

异辛酸钾

结构式：

$$CH_3-CH_2-CH_2-CH_2-\underset{\underset{C_2H_5}{|}}{CH}-COOK$$

白色粉末，纯度≥97%，水分≤2%，溶于水，pH＝7.0～9.5。可配制复合型催化剂，用于不饱和聚酯树脂，加速树脂固化。

异辛酸钙

结构式：

$$[CH_3-CH_2-CH_2-CH_2-\overset{\overset{\displaystyle C_2H_5}{|}}{CH}-COO]_2Ca$$

与异辛酸钴、异辛酸钾并用作复合催化剂使用，可与过氧化甲乙酮或过氧化环己酮或过氧化乙酰丙酮配伍，固化产品无色，称为无色催化剂。

4. 阻聚剂

长时间放置的不饱和聚酯树脂，在光或热等因素作用下，会形成自由基发生自聚，这给树脂的贮存和运输带来极大不便。可通过添加某些物质，阻止不饱和聚酯树脂的自聚合，该物质被称为阻聚剂。阻聚剂可使聚合过程产生诱导期，诱导期中聚合速度为零，诱导期结束，才开始聚合，诱导期长短与阻聚剂用量成正比。还有一种叫作缓聚剂，其作用不产生诱导期，只降低聚合速率，不过在工艺上并不严格区分阻聚剂和缓聚剂，统称为阻聚剂。

具有阻聚效果的有硫黄、铜、亚硫酸盐、空气中的氧、有机物中的对苯二酚等。常用的为对苯二酚，0.01%左右的对苯二酚即可保证树脂在20℃下贮存半年。

任务二 环氧树脂

一、环氧树脂的结构与环氧基含量

环氧树脂是指分子中含有两个或多个环氧基团—CH—CH$_2$的树脂的总称，它是环氧氯丙烷
$\overset{}{O}$
与双酚A或多元醇的缩聚产物。由于环氧基的化学活性，可用多种含有活泼氢的化合物使其开环、固化交联生成网状结构，是一种热固性树脂。

环氧树脂所含环氧基可以用下面三个数值来表示：

① 环氧值 每100g树脂中所含有的环氧基的物质的量（mol）。

② 环氧基百分含量 每100g树脂中含有的环氧基质量（g）。

③ 环氧当量 含有1mol环氧基的环氧树脂的质量（g）。

这三者之间可以通过下式进行换算：

$$环氧值=\frac{环氧基百分含量}{环氧基分子量}=\frac{100}{环氧当量}$$

式中，环氧基分子量为43。

二、树脂的分类

环氧树脂的种类很多，但用于FRP的品种主要有以下4类。

1. 双酚A型（E型）

E型环氧树脂由二酚基丙烷（双酚A）和环氧氯丙烷在氢氧化钠存在下缩聚而得，属于缩水甘油醚类环氧，其原材料来源方便、成本低，在环氧树脂中应用最广，产量最大，占环氧树脂总产量的85%以上，是FRP中最常用的通用型环氧树脂，分子式为：

随着反应条件的不同，$n = 0 \sim 20$，n 越大，分子量越大，黏度越大。手糊用的双酚 A 型环氧树脂，主要为低分子量的，平均分子量为 $30 \sim 700$，主要用作化学工业用管道、容器，汽车、船舶、飞机的零部件，运动器具等。常用几种牌号的性能见表 2-15。

表 2-15 常用双酚 A 型树脂牌号及性能

统一型号 (产品牌号)	外观	色泽	软化点 /℃	环氧值 /(mol/100g)	有机氯值 /(mol/100g)	无机氯值 /(mol/100g)	挥发物 /%	主要用途
	目测	HCB 2002-59	环球法	盐酸吡啶法	银量法	银量法	110℃/3h	—
E-51 (618)	黄色至琥珀色高黏度透明液体	2	—	$0.48 \sim 0.54$	$\leqslant 2 \times 10^{-2}$	$\leqslant 1 \times 10^{-3}$	$\leqslant 2$	黏度低，使用方便，用于黏合、浇铸、浸渍、层压
E-44 (6101)		6	$12 \sim 20$	$0.41 \sim 0.47$	$\leqslant 2 \times 10^{-2}$	$\leqslant 1 \times 10^{-3}$	$\leqslant 1$	黏度比 E-51 大，用于黏合、封密、层压
E-42 (634)		8	$21 \sim 27$	$0.38 \sim 0.45$	$\leqslant 2 \times 10^{-2}$	$\leqslant 1 \times 10^{-3}$	$\leqslant 1$	黏度比 E-44 大，用于黏合、封密、层压
E-35 (637)		8	$20 \sim 40$	$0.30 \sim 0.40$	—	—	—	黏度比 E-42 大，用于黏合、封密、层压
E-31 (638)		—	$41 \sim 55$	$0.23 \sim 0.38$	$\leqslant 0.03$	$\leqslant 0.001$	$\leqslant 1$	黏度比 E-35 大，用于浇铸

2. 酚醛环氧树脂（F 型）

由线型酚醛树脂与环氧氯丙烷缩合而成，环氧基含量高，黏度较大，该树脂常温下为半固体，固化后的产物交联密度高，有良好的力学性能、耐腐蚀性和耐热性，耐热性能比 E 型环氧树脂高。

根据所用酚类结构的不同，酚醛环氧树脂进一步分为苯酚甲醛型环氧树脂和邻甲酚甲醛型环氧树脂，后者比前者软化点高，固化物的性能更优越。具体结构式为：

苯酚甲醛型环氧树脂

R 为氯代醇或乙二醇、聚醚

邻甲酚甲醛型环氧树脂

苯酚甲醛型环氧树脂的技术指标见表 2-16。邻甲酚甲醛型环氧树脂技术指标见表 2-17。

表 2-16　苯酚甲醛型环氧树脂技术指标

项目	上海树脂厂		无锡树脂厂		
	F-44	F-46	F-44	F-51	F-48
外观	黄色至琥珀色高黏度透明液体或半固体		棕色高黏度透明黏稠液体		固体
环氧值 /(mol/100g)	≥0.47	≥0.46	≥0.40	≥0.50	≥0.44
有机氯值 /(mol/100g)	≤0.03	≤0.03	≤0.05	≤0.02	≤0.08
无机氯值 /(mol/100g)	≤0.001	≤0.001	≤0.005	≤0.005	≤0.005
维卡软化点 /℃	≤40	≤70	≤40	≤28	≤70
挥发分 /%	≤2	≤2	≤2	≤2	≤2

表 2-17　邻甲酚甲醛型环氧树脂技术指标

项目	JF-45	JF-43
外观	黄色至琥珀色固体	
环氧值/(mol/100g)	0.42~0.50	0.40~0.48
有机氯值/(mol/100g)	≤0.02	≤0.02
无机氯值/(mol/100g)	≤0.002	≤0.005
维卡软化点/℃	55~65	65~75
挥发分/%	≤1	≤1

3. 脂环族环氧树脂

该类环氧树脂是由脂环烃的双键环氧化而制得。由于树脂不带苯环，因此耐紫外老化性能好，该树脂固化后，结构紧密，热变形温度较高。常用的牌号有以下几种。

(1) R-122(6207 或 207)

二氧化双环戊二烯，其结构式为：

二氧化双环戊二烯为白色粉末，熔点>184℃，环氧值 1.22mol/100g，具有优异的耐热、耐紫外线、低吸湿性、耐电弧和耐候性。

(2) H-71(6201 或 201)

3,4-环氧基-6-甲基环己烷甲酸 3′,4′-环氧基-6′-甲基环己烷甲酯，结构式为：

外观为淡黄色、低黏度液体，环氧值 0.62~0.67mol/100g，适用于 200~300℃ 环境中，耐紫外光和耐碱性，热膨胀系数小，可用于缠绕、层压、浇铸、涂料、黏合等，也可作 E 型环氧树脂的稀释剂。

（3）W-95（300♯，400♯）

二氧化双环戊烯基醚，有两种异构体，分别为白色固体300♯和无色液体400♯，强度比E型环氧高50%，热变形温度可达235℃，延伸率高，约5%，适用于纤维缠绕FRP。

300♯和400♯环氧结构分别为：

300♯环氧   400♯环氧

300♯、400♯环氧树脂的技术指标和树脂的性能指标分别见表2-18和表2-19。

表 2-18   二氧化双环戊烯基醚技术指标

项目		天津市津东化工厂	天津市化工研究所		美国联合碳化物公司	
		6300 与 6400（固液混合物）	6300	6400	ERLA-0300	ERLA-0400
外观		无色到琥珀色液体，有时伴有白色结晶	白色固体	无色到琥珀色液体	白色固体	琥珀色液体
熔点/℃		—	54.5~56.5	—	—	40~60
环氧值/(mol/100g)	溴化氢乙酸法	—	1.03~1.10	—	1.03~1.10	—
	氯化氢吡啶法	0.97	≥0.95	≥0.95	0.93~1.00	0.93~1.00
可水解氯(质量分数)/% ≤		—	0.15	0.15	0.15	0.15
水分(质量分数)/% ≤		—	0.15	0.15	0.15	0.15
黏度/(mPa·s)		38	—	38	—	38

表 2-19   300♯和400♯环氧FRP性能比较

树脂名称	延伸率/%	拉伸强度/MPa	拉伸模量/MPa	压缩强度/MPa
300♯	7.57	103.8	3.4×10^3	137
400♯	7.57	103.8	3.4×10^3	137

4. 其他工业环氧树脂

（1）A-95（695♯）

三聚氰酸环氧树脂，结构为：

琥珀色黏稠液体，分子中含有三个环氧基团，固化后结构紧密，耐高温，能在200~250℃下长期使用，化学性能稳定，耐紫外线、耐候性、耐油性和耐电弧性好。含氮约14%，遇火自熄灭。与酸酐混合后成低黏度共熔物，工艺性好。

（2）聚丁二烯环氧（D型）

结构为：

浅黄色或琥珀色黏稠液体，分子链中含环氧基较多，易溶于苯、甲苯、乙醇、丙酮等。表 2-20 为美国 Oxiron 聚丁二烯环氧树脂的性能。固化后制品不易翘曲，分子链中含有双键，可用过氧化物引发交联。使用酸酐及苯乙烯后，固化后产物有优异的电绝缘性，有突出的冲击韧性，但固化后收缩率较大。用于浇铸、FRP 黏结剂等，此类树脂用顺酐作固化剂，结合过氧化物（BPO）交联，制品热变形温度可从 120℃提高到 200℃。

表 2-20　美国 Oxiron 聚丁二烯环氧树脂的性能

项目	Oxiron2000	Oxiron2001	Oxiron2002
外观	琥珀色液体	浅黄色液体	浅黄色液体
黏度(25℃)/(mPa·s)	180000	160000	1500
相对密度(25℃)	1.800	1.014	0.985
环氧当量/(g/mol)	177	145	232
不挥发分/%	99.0	94.2	77.1

（3）四溴双酚 A 型环氧树脂

简称溴化环氧，由四溴双酚 A 与环氧氯丙烷缩聚而成，结构为：

$$\left[CH_2-\underset{OH}{CH}-CH_2-O-\underset{Br}{\overset{Br}{C_6H_2}}-\underset{CH_3}{\overset{CH_3}{C}}-\underset{Br}{\overset{Br}{C_6H_2}}-O-CH_2-\underset{OH}{CH}-CH_2\right]_n$$

该类树脂含溴，具有自熄性，黏度偏大，需要加入稀释剂 501。具体性能指标见表 2-21。

表 2-21　四溴双酚 A 型环氧树脂性能

项目	美国 DOW 化学公司				中国无锡树脂厂	
	DER-542	DER-534	DER-511	DER-580	EX-40	EX-20
外观	—	—	—	—	黄色透明黏稠液体	黄色透明块状固体
环氧值/(mol/100g)	0.25～0.29	0.39～0.40	0.22	0.43～0.49	0.38～0.45	0.19～0.23
有机氯值/(mol/100g) ≤	—	—	—	—	0.02	0.02
无机氯值/(mol/100g) ≤	—	—	—	—	0.001	0.001
软化点/℃	51～61	—	68～80	—	≤28	60～70
挥发分/% ≤	—	—	—	—	1	1
黏度(25℃)/(mPa·s)	—	4000～6000	—	2000～5500	—	—
Br 质量分数/%	44～48	23.5～26.5	18～20	14～16	19～23	19～23

三、固化体系

未固化的环氧树脂是热塑性高分子低聚物，几乎没有多大实用性，只有适当加入某些化学物质，并在一定条件下进行固化，生成三维网状结构，成为不溶不熔的固化物后，方具有优异的力学性能。这种能使环氧树脂发生固化的物质，称为固化剂。环氧树脂的固化主要有以下两种。

（1）环氧基之间直接键合

例如在叔胺（即 R_3—N）的作用下，环氧基开环，相互之间键合成网络结构：

$$R_3N+CH_2-CH\raisebox{-2pt}{\text{\char`\_}}\longrightarrow R_3N^{\oplus}-CH_2-CH\raisebox{-2pt}{\text{\char`\_}}$$

如果继续反应，最后得到网状结构：

$$R_3N^{\oplus}-CH_2-CH\raisebox{-2pt}{\text{\char`\_}}$$

（2）环氧基和芳香族或脂肪族的羟基（—OH）或伯胺基（R—NH$_2$）或仲胺基（R—NH）反应

例如与醇类物质反应，形成高度交联的聚醚结构：

$$ROH+CH_2-CH\raisebox{-2pt}{\text{\char`\_}}\longrightarrow RO-CH_2-CH\raisebox{-2pt}{\text{\char`\_}}+HO-CH_2-CH\raisebox{-2pt}{\text{\char`\_}}$$

（Ⅰ）　　　　　　　　（Ⅱ）

继续反应直到形成高度交联的聚醚结构：

$$RO-CH_2-CH\raisebox{-2pt}{\text{\char`\_}}+CH_2-CH\raisebox{-2pt}{\text{\char`\_}}\longrightarrow RO-CH_2-CH\raisebox{-2pt}{\text{\char`\_}}$$

与伯胺和仲胺类物质的反应：

环氧基与伯胺反应

$$\sim\!\!\sim CH-CH_2+R-NH_2\longrightarrow\ \sim\!\!\sim CH-CH_2-N-R$$

环氧基与仲胺反应

$$\sim\!\!\sim CH-CH_2+R-N$$

根据固化剂的化学结构，可分为胺类、酸酐类及高分子化合物类。本节主要介绍常见的胺类和酸酐类固化剂。首先介绍这两类固化剂的用量计算。

1. 用量计算

100g 树脂中固化剂用量（g）可通过下述方式进行计算。

（1）伯胺、仲胺用量

$$固化剂用量=\frac{胺的分子量}{氨基上活泼氢的总数}\times 环氧值$$

举例：如环氧值为 0.4mol/100g 的环氧树脂，用乙二胺（$H_2N-CH_2-CH_2-NH_2$）作固化剂，乙二胺的分子量为 60，氨基上的活泼氢原子总数应为 4，故 100g 该环氧树脂中，乙二胺的计算用量为：

$$\frac{60}{4} \times 0.4 = 6\,(\text{g})$$

根据经验，实际用量应比计算用量大 10%，故实际用量为：

$$6 + 6 \times 10\% = 6.6\,(\text{g})$$

（2）叔胺用量

叔胺固化剂对环氧树脂有催化和固化双重作用，其用量由实验确定，为 5%～15%。

（3）酸酐用量

$$\text{酸酐用量} = K \times \text{酸酐分子量} \times \frac{\text{环氧值}}{\text{酸酐分子中酸酐基团数}}$$

式中，K 为经验常数，范围在 0.6～1 之间，如：一般酸酐，K 取 0.85；含卤素酸酐，K 取 0.6；加入叔胺促进剂时，K 取 1.0。

例如，环氧值为 0.4mol/100g 的环氧树脂，用苯酐作固化剂，苯酐分子量为 148，苯酐基团数为 2，故 100g 该环氧树脂中苯酐计算用量为：

$$0.85 \times 148 \times \frac{0.4}{2} = 25.16\,(\text{g})$$

2. 胺类固化剂

胺类固化剂主要有伯胺类、仲胺类和叔胺类，根据氨基所连接的基团不同，又可以分为脂肪族、脂环族和芳香族伯胺类。

（1）脂肪族、脂环族伯胺类

在室温条件下，脂肪族伯胺对缩水甘油醚环氧树脂是非常活泼的。但对于非缩水甘油醚环氧树脂，其反应是比较迟缓的，需要加热或添加酸性促进剂来获得足够的反应速率。通常环氧化聚烯烃树脂较少使用脂肪族伯胺作固化剂。常见的伯胺类固化剂有以下几种。

乙二胺（ethanediamine，EDA）

结构式：

$$NH_2—CH_2—CH_2—NH_2$$

无色透明的黏稠液体，有刺激性臭味，胺当量❶ 15。溶于水和乙醇，不溶于苯，有氨臭，易燃，具有强碱性，遇酸易生成盐，遇水生成水合物。用作环氧树脂固化剂时，挥发性高，反应放热，固化速度快，使用期短，可在室温下固化，但是性能较差，需在 80℃或 120℃下进行 3h 后固化处理，用量一般是树脂量的 6%～8%。

二乙烯三胺（diethylenetriamine，DETA）

结构式：

$$NH_2—CH_2—CH_2—NH—CH_2—CH_2—NH_2$$

淡黄色或无色有刺激性臭味液体，含有 5 个活泼氢，胺当量 20.6，反应力极强，可室温固化。用量一般为树脂量的 8%～11%。固化条件为：25℃，1d；100℃，2h。

多乙烯多胺（pentaethylenehexamine，PEPA）

结构式：

$$NH_2—CH_2—CH_2—NH—CH_2—CH_2—NH—CH_2—CH_2—NH—CH_2—CH_2—NH—CH_2—CH_2—NH_2$$

多乙烯多胺是液体，可作为室温环氧树脂固化剂，固化树脂的力学性能、电性能、耐腐蚀性能好。用量为树脂量的 14%～15%。固化条件为：室温，1d；60℃，2h。

---

❶ 胺当量：胺的分子量除以其含有的活泼氢个数的商。

三乙烯四胺（triethylene tetramine，TETA）

结构式：

$$NH_2—CH_2—CH_2—NH—CH_2—CH_2—NH—CH_2—CH_2—NH_2$$

无色或淡黄色黏稠液体，具有氨味，胺当量 24.4，可用作双酚 A 二缩水甘油醚树脂的固化剂，用量一般为树脂量的 9%～11%，固化树脂的力学性能、电性能、耐腐蚀性能好。

1,6-己二胺（1,6-diamino hexane，HAD）

结构式：

$$NH_2—CH_2—CH_2—CH_2—CH_2—CH_2—CH_2—NH_2$$

无色片状晶体，有吡啶气味，胺当量 29，熔点 42℃，用量为树脂量的 12%～15%，室温 48h 固化，固化树脂耐腐蚀性好、柔韧性好。

N-氨乙基哌嗪（N-aminoethyl piperazine，N-AEP）

结构式：

$$NH_2—CH_2—CH_2—N\underset{}{\bigcirc}NH$$

无色或淡黄色液体，胺当量 43，用量为树脂量的 13%～23%。固化条件为：常温，4d；100℃，5h；115℃，1.5h。固化树脂具有优良的抗冲击性和介电性能，载荷变形温度约 114℃。

（2）芳香族伯胺类

芳香族伯胺类固化剂固化后的环氧树脂，载荷变形温度较高。一般芳香族二元胺类固化的环氧树脂的载荷变形温度比脂肪族二元胺类的高 40～60℃。用一元芳香族伯胺类固化剂、仲胺类固化剂（如吡啶）固化的环氧树脂的载荷变形温度与脂肪仲胺的相同。用芳香族伯胺固化的树脂的耐化学腐蚀性优于用脂肪族胺固化的树脂，并优于用酸酐固化的树脂（对某些化学药品、主要的碱和溶剂）。耐热性和长期老化特性优于脂肪族胺，但比酸酐固化剂差。

芳香伯胺类固化剂在室温通常为固体，可以采用下述四种方法使其转变成液体：先熔融，后过冷；组成低共熔混合物；形成加成物；用稀释剂改性。

芳香伯胺的用量仍按一个活泼氢原子使一个环氧基团开环来计算。某些情况可以超过一些。由于芳香族胺的碱性较低、苯环的空间位阻效应，环氧基团和芳香族胺的反应比与脂肪族胺慢。常见的芳香族胺类固化剂有以下几种。

间苯二胺（m-phenylenediamine，m-PDA）

结构式：

$$H_2N-\bigcirc\overset{NH_2}{}$$

淡黄色结晶，胺当量 27，有 4 个活泼氢，用量为树脂量的 14%～15%。混合时一般有两种方法：第一种是把间苯二胺及树脂分别在 65℃下熔融，然后混合在一起；第二种方法是将树脂加热至 80℃，在搅拌下将间苯二胺溶入，混合好后再冷却至室温使用，可以延长用寿命。固化可以分两阶段来进行，第一阶段叫半固化或 B 阶固化，在此阶段内树脂固化为易碎的固体，可溶于丙酮，在室温下约经过 12h 完成；第二阶段在 150℃下经 4～6h 即可达到完全固化。

4,4′-二氨基二苯基甲烷（4,4′-methylenedianiline，MDA）

结构式：

$$H_2N-\!\!\!\bigcirc\!\!\!-CH_2-\!\!\!\bigcirc\!\!\!-NH_2$$

浅黄色片状或粒状固体，胺当量 49.6，含 4 个活泼氢，一般用量为树脂量的 28.5%。和环氧树脂的混合可以采用下述方法：先将 MDA 加热到 100℃，然后混入预热至 90℃ 的树脂中，最后将混合物冷却至 60℃，以延长使用寿命。固化条件是 165℃、4～6h。

4,4′-二氨基二苯砜（4,4′-diamino diphenyl sulfone，DDS）

结构式：

$$H_2N-\!\!\!\bigcirc\!\!\!-\overset{O}{\underset{O}{S}}-\!\!\!\bigcirc\!\!\!-NH_2$$

白色或淡黄色粉末，胺当量 62.1，但是碱度低，活性低，用量超过化学计算量 10%，通常为树脂量的 30%，固化剂使用期长。可通过添加树脂量的 1% 脂肪胺或氟化硼乙胺络合物固化剂来促进树脂固化，减少固化剂用量，提高固化速度（表 2-22）。固化树脂耐热性好，载荷变形温度达 175℃，浇注体断裂伸长率为 3.2%。

表 2-22　几种助固化剂选用及相应的固化/凝胶时间

促进剂名称	树脂量/%	固化条件
DMP-30	1	65～70℃,1h 内凝胶固化
三乙烯四胺	1	110℃,1h 内凝胶固化
T31	1	110℃,1h 内凝胶固化
二甲基苯胺	1	110℃,2h 内未凝胶
594♯	1	110℃,2h 内未凝胶
PL-9704B	1	110℃,2h 内未凝胶
三乙烯四胺	1	150℃,0.5～1h 凝胶固化
594♯	2	150℃,0.5～1h 凝胶固化
无促进剂	—	150℃,0.5～1h 凝胶固化

注：树脂配方为 618♯ 环氧 100 质量份、二氨基二苯砜 25 质量份。

4,4′-亚甲基双（3-氯-2,6-二乙基苯胺）［4,4′-methylene bis（3-chloro-2,6-diethylaniline），M-CDEA］

结构式：

$$H_2N-\!\!\!\bigcirc\!\!\!-CH_2-\!\!\!\bigcirc\!\!\!-NH_2$$

白色或灰白色结晶粉末或颗粒，熔点 87～90℃，表观密度（松装密度）0.61～0.65g/cm³。因为氨基部位碳原子上没有氢原子，故其毒性很低，并且稳定性较好，稳定性大于 3 年，是一种性能优良的环氧树脂固化剂，被欧盟批准用于食品接触场合。固化树脂具有良好的动态力学性能、耐热性、水解稳定性、光稳定性和低吸水性。

间苯二甲胺（m-xylylenediamine，m-XDA）

结构式：

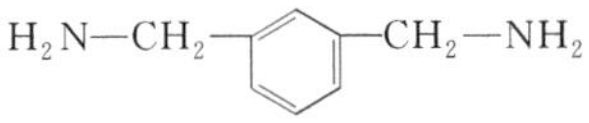

$$H_2N-CH_2-\text{⬡}-CH_2-NH_2$$

颜色微黄、有非刺激性杏仁味的液体，胺当量 34.1，沸点 245～248℃，用作环氧树脂固化剂，可常温固化，用量为树脂量的 16%～20%。由于原料原因，间苯二甲胺占 70%，对苯二甲胺占 30%。这种固化剂的缺点是凝固点低，12℃时有结晶体出现，易吸收二氧化碳形成"白霜"。

（3）叔胺类

叔胺是由氨分子中的三个氢原子被烃基取代而形成的。叔胺在环氧树脂的固化中有三个作用：作为单独的固化剂；作为伯胺、脂肪酰胺和有关化合物的助固化剂；作为二元羧酸和酸酐固化的促进剂。

三乙胺（triethylamine，TEA）

结构式：

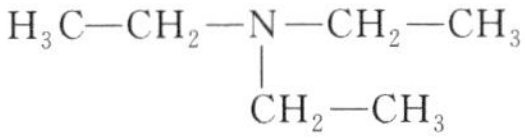

$$H_3C-CH_2-N-CH_2-CH_3$$
$$\underset{\displaystyle CH_2-CH_3}{|}$$

无色液体，用作酸酐固化环氧树脂的促进剂。

三乙醇胺（triethanolamine，TEOA）

结构式：

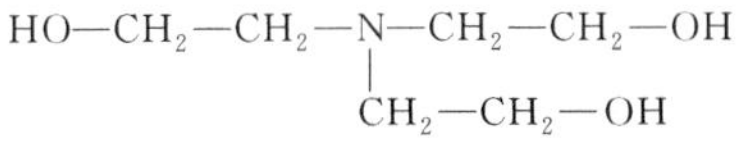

$$HO-CH_2-CH_2-N-CH_2-CH_2-OH$$
$$\underset{\displaystyle CH_2-CH_2-OH}{|}$$

无色至浅黄色黏稠液体，几乎无毒，稍有氨味，用作环氧树脂固化剂时，用量为树脂量的 10%。固化条件：100℃，2h；120℃，16h。

六亚甲基四胺（hexamethylene tetramine，HMT）

结构式：

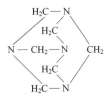

白色结晶粉末，无臭，微具甜味。适用于线型酚醛树脂和糠醛苯酚树脂的固化剂，在空气中受热直接分解为甲醛和氨气，在酚醛树脂的酚核之间形成亚甲基键或苄胺键交联。

苄基二甲胺（benzyl dimethylamine，BDMA）

结构式：

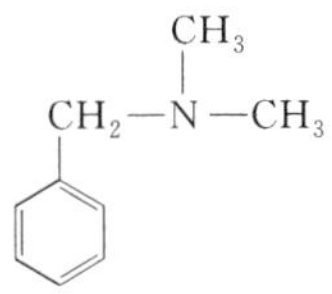

$$CH_2-N\underset{\displaystyle CH_3}{\overset{\displaystyle CH_3}{}}$$

无色至浅黄色液体，有氨味，用作酸酐固化环氧树脂的促进剂，一般用量为树脂量的 6%～10%，可用于拉挤成型、缠绕成型。

哌啶（piperidine，PPD）

结构式：

无色液体，有刺激性气味，常用作环氧树脂固化剂，适宜的用量为 5%～7%。当和树脂混合后，混合物的黏度会有所降低，使用期长。

（4）酰胺类

一般酰胺不能固化环氧树脂，这里所指的酰胺是在分解时能析出游离氨产物或含有氨基的酰胺。酰胺类固化剂可以改善固化后树脂的弯曲和冲击强度。

双氰胺（cyanoguanidine，DICY）

结构式：

$$H_2N-\underset{\underset{\displaystyle NH}{\|}}{C}-NH-CN$$

白色结晶，胺当量 21，是一种较为广泛使用的酰胺-胺类环氧树脂固化剂。双氰胺是通过四个含氢的官能团和环氧树脂中的环氧、羟基基团反应。双氰胺在 145～165℃分解，能在几十分钟之内使树脂很快地固化。当双氰胺在搅拌下加入液态树脂时，在它析出之前，其使用期为 24h 左右。但是将其充分粉碎之后，再分散到体系内，则可以使体系稳定期延至 6 个月以上。一般用量为树脂量的 6%，固化条件是 150℃、4h。当在环氧树脂/双氰胺体系中添加少量的咪唑，可显著增加双氰胺的反应活性，较大幅度地降低固化温度。亦可用作酸酐固化环氧树脂的促进剂。

低分子量聚酰胺

不同牌号的低分子量聚酰胺物化性能见表 2-23。用作环氧树脂固化剂，环氧树脂固化物冲击韧性高，但是在温度低于 15℃时很难固化，即使加入促进剂，效果也不明显。用量为树脂量的 40%～100%，聚酰胺的用量增加，固化树脂的柔软性和耐冲击性提高，反之，环氧树脂量增大，则固化树脂的耐热性和硬度增大。

表 2-23　不同牌号的低分子量聚酰胺物化性能

牌号	200	203	300	3051	650	651	600
外观	棕黄色液体	棕黄色液体	棕红色液体	棕红色液体	棕红色液体	浅黄色液体	棕黄色液体
分子量	1000～1500	—	700～800	—	600～1100		
黏度/(mPa·s)	20～80	2000～10000	6000～200000	500～2000	15～50	2000～7000	100～300
胺值(以KOH计)/(mg/g)	200～230	180～220	290～320	330～370	200～240	380～420	630～670
相对密度(40℃)	0.90～0.96	0.94～0.96	0.96～0.98	0.94～0.96	0.97～0.99	0.97～0.99	0.97～0.99
参考用量(质量份)	1～3	50～150	10～100	10～100	80～100	45～65	20～30
固化条件	>6℃	RT/2～5d、40℃/6～8h	RT/2～5d、65℃/3h	RT/2～5d、65℃/3h	RT/2～5d、65℃/4h	RT/2～3d、65℃/4h	RT/1～2d、65℃/3h

注：RT—室温。

3. 酸酐类

邻苯二甲酸酐（phthalic anhydride，PA）

结构式：

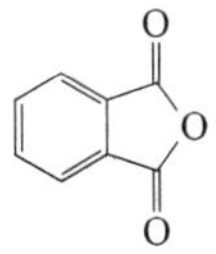

白色固体，鳞片状或针状晶体，酸酐当量[1] 148，用量约为树脂量的 30%～75%。使用时，先将环氧树脂加热到 130℃，再加入苯酐，搅拌均匀即可，固化条件 180℃、4h。

顺丁烯二酸酐（maleic anhydride，MA）

结构式：

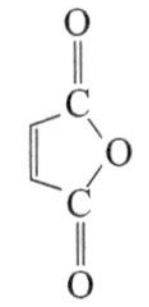

白色斜方形针状晶体，酸酐当量 98，溶于水形成失水苹果酸，可溶于醇或酯，微溶于四氯化碳和粗汽油。顺酐的粉尘和蒸气均易燃易爆，对人有刺激，而且会烧伤人体皮肤。用量为树脂量的 30%～40%。使用时，将环氧树脂加热到 60～70℃，加入顺酐，搅拌均匀。固化条件为 160℃、8h。

四氢邻苯二甲酸酐（tetrahydrophthalic anhydride，THPA）

结构式：

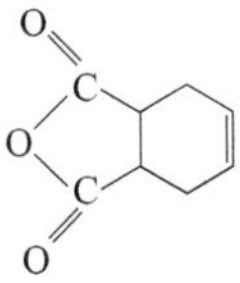

白色片状结晶，熔点是 100℃，不易升华，用量为树脂量的 75%～80%，固化条件是 200℃、1～2h。该固化剂有使树脂固化物着色的倾向，一般很少单独使用。

六氢邻苯二甲酸酐（hexahydrophthalic anhydride，HHPA）

结构式：

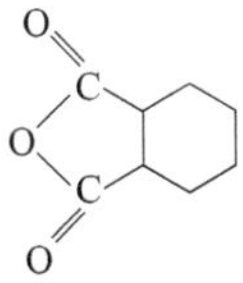

低熔点白色蜡状固体，用量为树脂量的 50%～100%。固化条件：100℃，2h；140℃，6h。熔化后黏度低，可以制成低黏度的 HHPA/环氧树脂配合物，对操作工艺性能十分有利，具有优良的耐热性和耐漏电痕迹性能。

3-甲基-1,2,3,6-四氢邻苯二甲酸酐（3-methyl-1,2,3,6-tetrahydrophthalic anhydride，MeTHPA）

结构式：

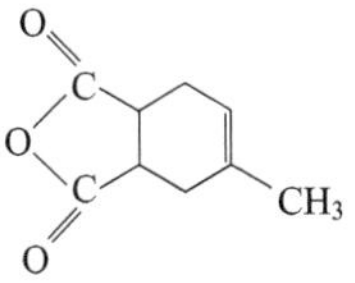

---

[1] 酸酐当量：酸酐的分子量除以酸酐基个数的商。

淡黄色液体，黏度为 $30\sim60\text{mPa·s}$，与环氧树脂配合后黏度非常低，不易析出结晶，是酸酐类固化剂中使用最广泛的一种，用量为树脂量的 $60\%\sim80\%$。

十二烯基琥珀酸酐（dodecenylsuccinic anhydride，DDSA）

结构式：

褐色透明液体，黏度为 590mPa·s，与树脂容易混合，混合物的黏度低，使用寿命长（$3\sim4\text{d}$），能赋予树脂固化物柔软性。一般用量为树脂量的 $120\%\sim150\%$，固化条件：$100℃$，$2\text{h}+150℃$，5h。

四、稀释剂

为了降低环氧树脂的黏度，便于施工，特别是低温下成型，常常要加入稀释剂，但是加入稀释剂后，固化树脂的物理性能、热稳定性和硬度都会降低。稀释剂分为以下两种类型。

1. 非活性稀释剂

稀释剂本身不参与固化反应，仅起降低黏度的作用，称为非活性稀释剂，其用量一般为树脂量的 $5\%\sim15\%$。该类稀释剂在固化过程中大部分会逸出，从而增加了树脂的收缩率，降低了制品的各种性能。因此，尽可能少用或不用非活性稀释剂。表 2-24 列出了常用的非活性稀释剂。

表 2-24　常用的非活性稀释剂

项目	丙酮	甲乙酮	环己酮	苯	甲苯	二甲苯	乙醇	正丁醇
分子量	58.1	72.1	98.1	78.1	92.1	106.2	46	74.1
密度/(g/cm³)	0.793	—	—	—	0.866	0.897	0.785	—
沸点/℃	56.5	79.6	156	80.1	111	137	78.3	117
挥发性[①]/s	5	—	—	—	—	81	32	—
含量/%	>98	—	—	—	>95	>95	>95	—

① 指在 25℃时挥发 5mL 所需的时间。

2. 活性稀释剂

稀释剂除了降低树脂黏度外，还参与了固化反应，称为活性稀释剂。活性稀释剂中含有环氧基，能起到增塑作用。活性稀释剂一般情况下都有毒，使用要注意，用量应通过小样试验来重新确定。表 2-25 列出了常用的活性稀释剂。

表 2-25　常用的活性稀释剂

项目	环氧丙基丁基醚	环氧丙基苯醚	二缩水甘油醚	乙二醇二缩水甘油醚	环氧丙烷	环氧氯丙烷
牌号	501#	690#	600#	512#	—	—
分子量	130	150	131	174	58	92.5
沸点/℃	165	245	90~120(2.71kPa)	175	34	115~117
黏度/(mPa·s)	1.5	7	4~6	≤100	0.28	1.03

注：1. 其中 501#、512# 的毒性和刺激性在同类中最小。

　　2. 690#、510# 等稀释剂的用量一般为 10%~15%、固化剂相应增加数量。

五、增塑剂

E 型环氧树脂固化后的产物韧性往往较差，所以常常加入增塑剂，增塑剂也分为活性和非活性两种。

1. 非活性增塑剂

分子中不带活性基团，加入后主要是降低黏度，改善树脂固化体系的脆性，不参与固化反应，但是会导致制品的刚性、耐热性下降。有些非活性增塑剂与环氧树脂混溶性较差，固化时有析出倾向。用量为树脂量的 5%～20%。常用的非活性增塑剂列于表 2-26 中。

表 2-26　常用的非活性增塑剂

项目	二甲酯	二乙酯	二丁酯	二戊酯	二辛酯	磷酸三乙酯	磷酸三丁酯	磷酸三苯酯	亚磷酸三苯酯
分子量	194.2	222.2	278.35	306.39	390.55	182.16	226.31	326.3	310.3
密度/(g/cm³)	1.175	1.121	1.053	1.025	0.985	1.068	0.978	1.265	1.184
沸点/℃	283	294	337	342	386	215	289	412.4	360
外观	无色液体	无色液体	无色液体	无色液体	无色液体	无色液体	无色液体	白色结晶	无色液体

注：二甲酯、二乙酯、二丁酯、二戊酯、二辛酯均指邻苯二甲酸酯。

2. 活性增塑剂

分子中含有活性基团，除了改善环氧树脂的脆性，提高树脂的冲击强度和延伸率，还能参与固化反应，减少外加介质对增塑剂的抽提作用。这类增塑剂主要是单官能团的环氧化植物油，以及多官能团的热塑性聚酰胺树脂、聚硫橡胶、聚酯等。

任务三　酚醛树脂

酚类和醛类的缩聚产物通称为酚醛树脂，一般常指由苯酚和甲醛经缩聚反应而得的合成树脂，它是最早合成的一类热固性树脂。酚醛树脂的原料易得，合成方便，具有良好的力学性能和耐热性能，尤其具有突出的耐瞬时高温烧蚀性能（短时间内可耐 2500℃高温，酚醛 FRP 可耐 5500℃以上高温）。但是酚醛树脂固化时有小分子放出，体积收缩率大（3%～5%），对玻璃纤维的黏结力较差。

酚醛树脂的固化主要是通过羰基（C＝O）等官能团缩合交联而成，其过程分为三个阶段：A 阶段，该阶段树脂具有线型或支链型结构，可溶可熔，溶于碱性水溶液、酒精及丙酮中；经过一定时间的加热，开始出现凝胶，称为 B 阶段，该阶段树脂在常温下不溶于酒精和丙酮，仅能溶胀，加热时部分溶于丙酮，并且加热时变软，有弹性，呈橡胶状，能拉成丝，冷后变脆；进一步加热树脂，转为 C 阶段，此时树脂不溶不熔，即加热不软，在溶剂中不溶，并拉不成丝。

为了使树脂在常温下迅速固化，需要加入酸性固化剂，如乌洛托品（六亚甲基四胺），加快固化速度，增加交联密度。为了提高固化程度，提高 FRP 的耐热性、力学性能及耐溶剂性，室温固化后再进行热处理是必要的。树脂从固化剂加入 B 阶段开始的速度叫凝胶速度，从 A 阶段变为 C 阶段的速度叫固化速度。酚醛树脂可分为以下几类。

一、氨酚醛树脂

氨酚醛树脂，又称 616♯酚醛树脂，是合成时采用氨水作为催化剂，即苯酚和甲醛在碱性催化剂——氨水的作用下，经缩聚、脱水而制成的热固性酚醛树脂，其产品指标如表 2-27，具有良好的耐酸性介质性能（表 2-28），可用作耐烧蚀材料和耐酸性介质腐蚀材料。

表 2-27　616♯酚醛树脂的产品指标

项目	指标	备注
外观	琥珀色至红褐色透明液体 （不含机械杂质）	
相对密度 d_4^{20}	＞1.0530	
固体含量/%	＞55	
固化速度[(150±1)℃]/s	80~120	
游离酚/%	＜18	
碱金属、碱土金属含量/(μg/g)	＜50	
黏度/(mPa·s)	130±30	50%乙醇溶液

表 2-28　616♯酚醛玻璃钢浸泡在硫酸溶液中性能的变化

质量分数/%	温度/℃	初始弯曲强度/MPa	26d		30d		40d		75d		105d	
			强度保留率/%	质量变化率/%	强度保留率/%	质量变化率/%	强度保留率/%	质量变化率/%	强度保留率/%	质量变化率/%	强度保留率/%	质量变化率/%
50	60	159	—	—	125.8	2.25	—	—	89.2	7.02	53.7	2.70
25	60	165	—	—	68.0	3.31	—	—	66.6	3.74	56.3	7.07
	100	259	51.5	5.06	—	—	57.8	4.20	—	—	—	—

二、钡酚醛树脂

钡酚醛树脂是指采用氢氧化钡作为催化剂合成的酚醛树脂。苯酚和甲醛在氢氧化钡的作用下，加成、缩聚，达到反应终点后以磷酸中和至 pH=7，静置分离。取树脂清液真空脱水、缩聚，以乙醇作溶剂，得到钡酚醛树脂。树脂黏度低，固化速度快，经过一定的预浸渍条件处理后，固化时放出的低分子物少，适合于低压成型，也称低压成型酚醛树脂，主要用于缠绕成型工艺。可以制作耐热性高的玻璃钢产品。表 2-29 为低压成型酚醛树脂的技术指标。

表 2-29　低压成型酚醛树脂技术指标

项目	原北京二五一厂企标DFQS-2-75	江西前卫化工厂企标 2127	中国兵器工业集团济南五三研究所FN-601	天津树脂厂 213
外观	深红色透明液体	—	深红色透明液体	棕红色黏性液体
黏度	$1.2×10^{-5}~1.8×10^{-5} m^2/s$ （50%乙醇溶液,25℃）	120~150s （涂-4 杯）	—	800~1500mPa·s
固体含量/%	≥90	≥80	≥70	80±5
游离酚质量分数/%	≤20	≤21	≤15	＜21
凝胶时间/s	85~135[(150±1)℃]	—	50~80(160℃)	—

三、镁酚醛树脂

镁酚醛树脂，又称 351♯酚醛树脂，是苯酚和甲醛在氧化镁催化作用下，经过苯胺和聚乙烯醇缩丁醛改性的热固性树脂，其原料配比见表2-30，得到的树脂指标见表2-31。该树脂具有良好的流动性，适合于模压成型。其制品具有较高的力学性能、良好的电绝缘性及耐热性能。例如，短切玻璃纤维增强镁酚醛树脂可采用模压成型制备得到模压玻璃钢枪托可以代替木质枪托。

表 2-30 镁酚醛树脂的原料配比

项目	苯酚	甲醛	氧化镁	苯胺	聚乙烯醇	聚乙烯醇缩丁醛乙醇溶液 （乙醇质量分数95%）
纯度/%	100	100	100	100		
质量份	100	40	3	2	110	3～3.5
备注						根据脱模效果而定

表 2-31 镁酚醛树脂的产品指标

项目	指标	备注
外观	棕黄色至红褐色半透明液体， 不含机械杂质	
游离酚/%	≤16	
固体含量/%	≥85	干基物料,120℃烘干 2h
固化速度(150℃)/s	79～95	
含胶量/%	＞53	120℃烘干 2h

四、硼酚醛树脂

将苯酚与硼酸以 3：1 的摩尔比进行反应，生成硼酸二苯酚酯，再将硼酸二苯酚酯与适量的多聚甲醛反应，当凝胶时间达到 $50～75s/(200±1)$℃时，即为反应终点，冷却并加入乙醇，得到硼酚醛树脂溶液，其结构式：

硼酚醛树脂具有比普通酚醛树脂高的耐热性，瞬时耐高温性能好，耐热氧化性能优良，防中子辐射等性能优良，但固化速度较慢。其增强塑料具有较高的机械强度，良好的电绝缘性能、耐烧蚀性能和耐磨性能。不足之处是，在潮湿状态下、电缘性能和力学性能有较大幅度的下降，可用双酚A改性进行弥补。该树脂可用模压、层压、缠绕等方式加工成型，可制作火箭、导弹、宇宙飞船上的耐烧蚀材料。

五、双氰胺改性酚醛树脂

将甲醛、双氰胺、苯酚先在碱性催化剂存在下进行缩聚反应，然后在酸性介质中脱水缩聚，用黏度法控制反应终点，当达到终点时立即加入乙醇溶解稀释，得到双氰胺酚醛树脂溶液，其结构式：

该树脂韧性和黏结力强，贮存稳定性好，用它所制得的 X-511 塑料是我国目前玻璃纤维增强酚醛树脂中力学性能优异的品种之一，可采用模压、层压等成型工艺，且成型工艺性好、贮存期长。模压塑料适用于制作各种薄壁、耐冲击和机械强度要求高的制品，如常规兵器的结构件及其他高强度结构件。

六、尼龙改性酚醛树脂

尼龙改性酚醛树脂又称聚酰胺改性酚醛树脂，是以羟甲基尼龙 66 或尼龙 6、苯酚、甲醛为主要原料，用碱作催化剂，经缩聚、脱水制得的热固性酚醛树脂。该树脂流动性好，固化树脂具有较高的冲击强度和弯曲强度，适用于制作快速成型的玻璃纤维增强塑料，其制品机械强度高、耐热、耐磨。部分技术指标如表 2-32。

表 2-32　尼龙改性酚醛树脂部分技术指标

游离酚/%	凝胶时间(150℃)/s	黏度/(mPa·s)	固体含量/%
6～10	70～100	60～100	＞98

七、NR9400 系列新型酚醛树脂

该系列树脂可在低温、低压下成型，具有和不饱和聚酯树脂相似的工艺性，但制品具有耐高温、难燃、低发烟、低毒雾、耐腐蚀的特性。该系列树脂的黏度及适用工艺见表 2-33。

表 2-33　NR9400 系列新型酚醛树脂黏度及适用工艺

牌号	NR9420	NR9430	NR9440	NR9450
黏度(25℃)/(mPa·s)	500～750	400～750	500～750	1500～2000
适用工艺	缠绕	手糊、RTM	SMC	拉挤

项目二　增强材料

在复合材料中，增强材料是分散相，主要起承载作用，不仅能提高复合材料的强度和弹性模量，而且能降低收缩率，提高耐热性。增强材料的种类很多，从物理形态来看，有纤维状、片状和颗粒状，其中纤维状增强材料是作用最明显、应用最广泛的增强材料，主要品种有玻璃纤维、碳纤维、芳纶纤维、超高分子量聚乙烯纤维和硼纤维等。

任务一　玻璃纤维

玻璃纤维是由石英砂、石灰石、方解石、叶蜡石、白云石等天然岩石加上适量的硼酸或纯碱经过高温熔融拉丝而成。就其成分而言，主要是氧化硅、氧化钙及氧化铝等金属氧化物。玻璃纤维按其组成的成分，在我国主要是两种：无碱玻璃纤维（E 玻璃纤维）和中碱玻璃纤维（C 玻璃纤维）。无碱与中碱的差别是指 Na_2O 或 K_2O 的含量，一般无碱纤维含量在 0.8% 以下，中碱含量在 12% 左右。中碱玻璃纤维主要特点是成本低，耐酸性好，电绝缘性差，耐水性差，强度也较低；而无碱玻璃纤维相对来说耐水性好，电绝缘性好，强度高，成本亦高。另外还有高强度玻璃纤维（S 玻璃纤维）、高弹玻璃纤维（M 玻璃纤维）、低介电玻璃纤维（D 玻璃纤维）、耐碱玻璃纤维（AR 玻璃纤维）、空心玻璃纤维、高硅氧纤维和石英纤维等。

玻璃纤维生产工艺有两种：两次成型——坩埚拉丝法和一次成型——池窑拉丝法。坩埚拉丝法工艺繁杂，先把玻璃原料高温熔制成玻璃球，然后将玻璃球二次熔化，高速拉丝制成玻璃纤维原丝。这种工艺能耗高、成型工艺不稳定、劳动生产率低，基本被大型玻璃纤维生产厂家淘汰。

池窑拉丝法把叶蜡石等原料在窑炉中熔制成玻璃溶液，排除气泡后经通路运送至多孔漏板，高速拉制成玻璃纤维原丝，如图 2-1 所示。窑炉可以通过多条通路连接上百个漏板同时生产。这种工艺工序简单、节能降耗、成型稳定、高效高产，便于大规模全自动化生产，成为国际主流生产工艺，用该工艺生产的玻璃纤维占全球产量的 90％以上。

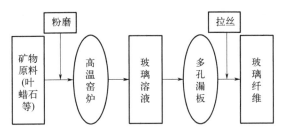

图 2-1 玻璃纤维工艺流程图示

国际上大都用号数表示玻璃纤维原纱的粗细，称为定长法（代号为 tex），即用每 1000m 原纱的重量来表示原纱的粗细，如 45tex 表示 1000m 长原纱重 45g。我国也有用支数（S）来表示原纱粗细，称为重量法，即用每 1g 重的原纱长度来表示原纱的粗细，如 45S 表示 1g 原纱长 45m。其中的换算关系为：号数＝1000/支数。将原纱进一步处理，得到下列主要的玻璃纤维制品。

一、玻璃纤维无捻粗纱

玻璃纤维无捻粗纱（图 2-2），是将涂覆适当浸润剂的平行长丝以几乎未加捻或不加捻的方式卷绕成圆筒形的商品纱。由于几乎未加捻或不加捻，纤维呈平行排列，拉伸强度很高，易被树脂浸透。为改善单纤维的受力状况，促进纺织工序的顺利进行，可以对纤维进行加捻，提高纤维的抱合力。加捻的程度用捻度来表示，即单位长度内纤维与纤维之间所加的转数，分为 Z 捻（左捻，顺时针加捻）和 S 捻（右捻，逆时针加捻），如图 2-3。

图 2-2 玻璃纤维无捻粗纱

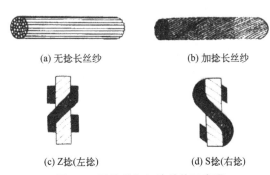

(a) 无捻长丝纱   (b) 加捻长丝纱

(c) Z捻(左捻)   (d) S捻(右捻)

图 2-3 无捻纱和加捻纱的示意图

按我国国家标准规定，无捻粗纱的命名如下：以 EC13-2400 为例，其中第一个英文字母表示玻璃纤维成分，"E"表示无碱玻璃成分（"C"表示中碱玻璃成分）；第二个英文字母"C"

表示连续玻璃纤维；数字"13"表示玻璃纤维的单丝直径为 $13\mu m$；最后数字"2400"表示无捻粗纱的线密度为 2400tex。国外各公司的产品代号不尽相同，要全面了解某种代号的无捻粗纱还应借助产品说明书。例如，图 2-4 为泰山玻璃纤维有限公司拉挤专用纱的说明书。

拉挤纱

【产品简介】
拉挤用无碱玻璃纤维无捻粗纱，适用于拉挤成型工艺，与不饱和聚酯树脂、乙烯基树脂、环氧树脂等相容，具有浸透速度快，制品机械性能优异等特点。产品可用E玻璃、TCR玻璃和S-1 HM玻璃生产。

【产品特点】
◎ 硅烷型浸润剂处理
◎ 张力均匀，具有良好的成带性
◎ 具有优良的耐磨性，毛丝少
◎ 纤维线密度稳定，单丝强度高
◎ 与增强树脂有良好的相容性、快速、彻底的浸透
◎ 赋予复合材料优异的机械强度

【产品代号】
示例：E DR 240-T911
E：E玻璃
DR：直接纱代号
240：线密度为2400tex
T911：产品牌号

【产品目录】

产品牌号	典型线密度tex	典型线密度yield	适用树脂	典型应用
T911	600、1200、2400、4400 4800、8800、9600	828、414、207、113 104、56、52	聚酯树脂 乙烯基树脂	各种型材
T912	200、275、300、600 1200、2400	2484、1807、1656 414、207	乙烯基树脂 聚酯树脂	光缆加强芯、 各种型材
T980S	1200、2400、4800 8800、9600	414、207、113 56、52	环氧树脂	耐酸绝缘芯棒 材料等

图 2-4　拉挤专用纱的说明书

无捻粗纱是玻璃纤维增强材料的基本形式，可用于织造、拉挤、缠绕、喷射、连续层压、预成型、离心浇注、粒料和模压料等成型工艺。

二、玻璃纤维短切原丝

玻璃纤维短切原丝是以未经任何形式结合的连续纤维原丝，通过短切形成的产品。短切原丝的长度范围一般为 3~50mm，最常用的是长度为 3~12mm 的短切原丝产品。市场上也有长度为 1.5mm 的短切原丝产品。

玻璃纤维短切原丝通常用来增强热固性树脂和热塑性树脂。热固性树脂主要是不饱和聚酯树脂，其次是酚醛树脂和环氧树脂。短切原丝与热固性树脂、填料三者相混，制成预混料如 BMC、DMC 料团，进而用于模压法、注射成型法等工艺成型过程。热塑性树脂中，常用于增强聚酰胺、聚碳酸酯、聚甲醛和聚对苯二甲酸丁二醇酯等，能提高热塑性树脂的强度，改善耐疲劳性能和抗冲击强度。例如，无增强的聚碳酸酯疲劳强度一般仅为 7~10MPa，而添加 20% 玻璃纤维短切原丝后，聚碳酸酯疲劳强度可达 40MPa，当添加量达 40% 时，可高达 50MPa。

三、玻璃纤维薄毡

玻璃纤维薄毡是将玻璃纤维单丝与黏结剂一起混合，铺展成均匀的纤维薄层，烘干形成的薄毡产品，可分为表面毡和覆面毡。目前国内外所生产的表面毡单位面积的质量范围一般在

$12\sim30\text{g/m}^2$ 之间，普遍大量使用的是 $27\sim30\text{g/m}^2$ 规格。其玻璃纤维成分有 E 玻璃和 C 玻璃之分。所用黏结剂有聚酯树脂及苯乙烯-丙烯酸等。黏结剂的含量一般在 $4\%\sim14\%$ 的范围内。黏结剂含量高的毡片较硬挺，仅限于用在形状简单的玻璃钢制品，而用于形状复杂的玻璃钢制品的表面毡，要求良好的覆模性，其黏结剂含量应较少些，主要用于手工成型玻璃钢制品表面，作用是在玻璃钢制品表面胶衣层后形成富树脂层，使玻璃钢的表面胶衣层和内层之间的黏结强度大大增加，延长了表面胶衣层的使用寿命。

玻璃纤维覆面毡其作用和表面毡相似，主要是在玻璃钢制品的表面形成一层光滑的富树脂层，所不同的是覆面毡用于树脂注射成型和冷热模压成型的玻璃钢制品，因此要求覆面毡有较高的单位面积质量、覆模性以及铺覆操作强度。例如，英国玻璃纤维公司所生产的覆面毡标重为 $35\sim50\text{g/m}^2$。毡片黏结剂的组成和含量则需按成型玻璃钢制品所用树脂及成型方法而定。生产模压形状复杂的制品，要求覆面毡较柔软，相应黏结剂含量少；而采用树脂注射法时，则要求覆面毡有一定的耐树脂冲洗性，相应要求黏结剂含量偏高，同时黏结剂中树脂固化程度也较高。常见的纤维薄毡的规格与性能见表 2-34。

表 2-34　纤维薄毡的规格与性能

项目	规格与性能				
单位面积质量/(g/m^2)	20	30	40	50	60
纵向断裂强度/(N/50mm)	$\geqslant15$	$\geqslant20$	$\geqslant30$	$\geqslant40$	$\geqslant50$
树脂渗透时间/s	$\leqslant5$	$\leqslant6$	$\leqslant9$	$\leqslant12$	$\leqslant15$

四、玻璃纤维短切原丝毡

玻璃纤维短切原丝毡，是将符合分束要求的连续玻璃纤维原丝或无捻粗纱，短切成 50mm 长度后，无定向地均匀分布，并配以有机黏结剂，制成的一种玻璃纤维无纺毡制品，如图 2-5。

图 2-5　玻璃纤维短切原丝毡

玻璃纤维短切原丝毡的规格通常按其单位面积质量大小来分，单位面积质量的范围为 $150\sim1500\text{g/m}^2$，通用规格为 $300\sim900\text{g/m}^2$，其中以 450g/m^2 规格为目前大宗产品，占销售量首位，习惯上把单位面积质量小于 300g/m^2 规格产品称为轻型短切原丝毡，原丝含有单丝根数为 $30\sim50$ 根，故又可称细短切原丝毡。而对于 900g/m^2 规格以上产品称为重型短切原丝毡，原丝含有单丝根数一般为 $200\sim400$ 根，因此又称为粗短切原丝毡。$300\sim900\text{g/m}^2$ 的大宗规格短切原丝毡，选用原丝的单丝根数大都为 $100\sim200$ 根，其中以 100 根居多。常见的无碱玻纤短切毡的规格如表 2-35。其中毡的规格代号命名如下，以 EMC600 为例，E 代表无碱玻璃，MC 代表短切毡（MS 为连续毡），600 代表单位面积质量 600g/m²。

表 2-35 无碱玻纤短切毡的规格与性能

品种规格	单位面积质量/(g/m²)	断裂强度/(N/150mm)	幅宽/mm
EMC150	150	25	1040
EMC250	250	30	1040
EMC300	300	50	1040
EMC450	450	60	1040
EMC600	600	80	1040

制造短切原丝毡最主要的玻璃成分，如果不是特别注明，绝大多数的短切原丝毡产品都是 E 玻璃成分，E 玻纤短切毡的耐水性、电性能和透光均匀性较好，多用于造船业、电器制品、水箱及透明板。C 玻纤短切毡只有当玻璃钢制品的耐酸性要求较高时才被使用。

玻璃纤维短切原丝毡对树脂的浸透性较好，气泡易排除，变形性好，含胶量可达 60%～80%，防渗效果好，主要用作表面层与结构层之间的过渡层，也可用于制品的内表面层，适用于手糊成型法、模压法等生产工艺制造各种增强塑料制品，也可用于增强聚丙烯、聚酯、尼龙、聚碳酸酯等热塑性聚合物。

五、玻璃纤维连续原丝毡

由分束、连续玻璃纤维原丝以无定向的螺旋状蜷曲均匀分布，并施以黏结剂而成的玻璃纤维无纺毡，称为玻璃纤维连续原丝毡。连续原丝毡是继短切原丝毡之后的又一种重要的增强用玻璃纤维无纺毡制品，具有良好的覆模性、强耐树脂冲刷能力、良好的膨松度和较高的树脂容纳系数，可用于拉挤、冷或热金属对模、树脂注射、RTM 等成型方法，可增加玻璃钢制品的横向强度；也可用作 GMT 的增强材料，用于增强聚丙烯、聚酯、尼龙、聚碳酸酯等热塑性聚合物。部分厂家连续原丝毡的牌号及规格列于表 2-36。

表 2-36 部分厂家连续原丝毡的牌号及规格

厂家	牌号	黏结剂类型	黏结剂含量/%	单位面积质量/(g/m²)	毡宽/mm	原丝线密度/tex
圣哥本瑞士子公司	s/8	不可溶性	4	375～600	890～1380	24
	s/9	可溶性	6	375～600	890～1380	24
圣哥本英国子公司	U101	—	6	375～600	1100,1200,1380,2760	—
	U109	—	6	375～600	1270,1380	—
	U812	—	2	375～450	1270,1380	—
	U814	—	4	300～600	1270,1380	—
	U816	—	6	225～600	920,1380	—
	U850	—	6	450	1050,1150,1200,1270,1380	—
	U720	—	10	450	1270,1380	—

厂家	牌号	黏结剂类型	黏结剂含量/%	单位面积质量/(g/m²)	毡宽/mm	原丝线密度/tex
日本旭硝子公司	M8600-300	—	—	300	1500	—
	M8600-450	—	—	450	1800	—
	M8600-600	—	—	600	1500	—

六、玻璃纤维复合毡

玻璃纤维复合毡，是指两种或两种以上不同玻璃纤维无纺制品及其他玻璃纤维增强制品复合而成的无纺毡制品，或玻璃纤维无纺毡制品与其他纤维复合制成复合毡，如玻璃纤维短切原丝毡和碳纤维等增强材料或制品复合制成的复合增强毡制品。这类复合毡制品由两种以上的玻璃纤维复合而组成，因此它具有比单一的玻璃纤维毡制品更好的应用特性，有利于成型，缩短成型时间，提高劳动生产率，从而降低成本。

玻璃纤维复合毡制品的种类很多，可以按复合增强材料的不同进行如下分类。

① 短切原丝毡与无捻粗纱布复合而成的毡制品 该毡制品是手糊玻璃钢制品中常用的玻璃纤维增强材料，由一层短切原丝毡和一层无捻粗纱布间隔而成，也可采用两层短切原丝毡中夹一层无捻粗纱布。

② 短切原丝毡与无捻粗纱复合而成的毡制品 这类复合毡又可分为无捻粗纱在短切原丝毡中按运动方向有规则排列分布与无捻粗纱在短切原丝毡中无规则随机分布两种。采用平行定向分布的无捻粗纱和短切原丝毡制成的复合毡制品，赋予增强材料定向增强能力，是一种性能良好的高强度单向增强玻璃纤维制品；采用无定向随机分布的无捻粗纱和短切原丝毡黏合而成的复合毡制品具有极为优异的各向同性，层间剪切强度高，增强的玻璃钢制品外观质量特别好，对聚酯树脂的浸透速度快以及适用于高透明度玻璃钢制品等性能。

③ 短切原丝毡与连续原丝毡复合而成的毡制品 这类复毡主要由一层短切原丝毡和一层连续原丝毡之间黏合或两层短切原丝毡中间夹一层连续原丝毡黏合。

④ 短切原丝毡与表面毡黏合而成的复合毡制品 这类主要由原丝毡与表面毡复合而成，主要用于手糊玻璃钢制品的表面层，以形成表面富树脂层和防渗层，是耐腐蚀玻璃钢制品常用的一种增强用复合毡制品。

七、玻璃纤维针刺毡

采用短切原丝或连续原丝，经过简单的机械针刺装置使纤维植于衬底材料上，或者使纤维互相交联形成纤维之间的机械联锁力，即采用针刺法成毡工艺形成的玻璃纤维毡称为玻璃纤维针刺毡，如图2-6。它和传统的制造工艺不同，在纤维成毡过程中，不需加热加压或施加黏结物质。

该类针刺毡可用作GMT的增强材料，用于增强聚丙烯、聚酯、尼龙、聚碳酸酯等热塑性聚合物。用作增强聚丙烯的连续玻璃纤维针刺毡的面密度为$330g/m^2$、$700g/m^2$、$950g/m^2$，纤维直径为$21\mu m$。在增强复合材料中，连续玻璃纤维的增强作用居于主导地位，随着所采用玻璃纤维毡面密度的增大，在材料厚度相同的情况下，材料中玻璃纤维含量将提高，材料的力学性能均会得到明显的提高（见表2-37）。

图 2-6　玻璃纤维针刺毡

表 2-37　玻璃纤维毡的面密度对增强复合材料力学性能的影响

玻璃纤维毡的面密度/(g/m²)	330	700	950
拉伸强度/MPa	55.56	73.60	97.71
拉伸模量/MPa	3704	4697	5744
弯曲强度/MPa	79.43	108.32	143.72
弯曲模量/MPa	2942	4112	5186
悬臂梁缺口冲击强度/(J/m²)	289.42	366.92	698.35

八、玻璃纤维无捻粗布

无捻粗布，是指将无捻粗纱经纺织机编织而成的双向增强材料，又称方格布，是一种高性能增强材料（图 2-7，表 2-38），广泛用于制造玻璃钢冷却塔、玻璃钢储罐、船舶和汽车壳体等。布的规格代号命名如下，以 EWR800 为例，E 代表无碱，WR 代表无捻玻璃布（如果单用 W，代表玻璃布；WB，代表圆筒玻璃布），800 代表布的厚度＝800/1000＝0.80mm。

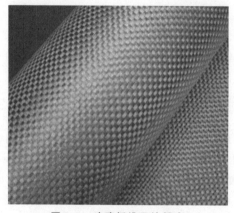

图 2-7　玻璃纤维无捻粗布

表 2-38　玻璃纤维无捻粗布拉伸断裂力　　　　　单位：N/50mm，≥

规格	经向	纬向	规格	经向	纬向
EWR200	1300	1100	CWR200	1150	1000
EWR350	2200	2000	CWR250	1300	1200
EWR400	2500	2200	CWR300	1500	1400
EWR450	2750	2400	CWR350	1800	1700
EWR500	3000	2750	CWR400	2000	1900
EWR530	3300	3000	CWR500	2300	2200
EWR570	3600	3300	CWR550	2500	2400
EWR600	4000	3850	CWR600	2750	2600
EWR800	4500	4400	CWR800	3000	2900

九、印制板用 E 玻璃纤维布

以 E 玻璃连续纤维纱为原料，经织造和表面化学处理而制成的平纹织物，主要用作印制板用层压塑料中的增强材料，其物化性能如表 2-39。

表 2-39　印制板用 E 玻璃纤维布织物密度和单位面积质量要求 （GB/T 18373—2013）

规格型号	商业代号	织物密度/(根/5cm)		单位面积质量 /(g/m²)	单位面积允许偏差	
		经向	纬向		第 1 类	第 2 类
EWPC24	101	147±5	147±5	16.3	14.9~17.6	15.2~17.3
EWPC28	104	118±5	102±5	18.6	17.3~20.0	18.0~19.3
EWPC33	106	110±5	110±5	24.4	22.7~26.1	23.4~25.4
EWPC48	6060	118±5	118±5	39.0	37.0~41.0	37.6~40.3
EWPC53	1080	118±5	93±5	46.8	44.8~49.2	45.1~48.5
EWPC60	1081	137±5	117±5	58.3	55.9~61.0	56.4~60.6
EWPC61	108	118±5	93±5	47.5	45.4~49.5	46.1~48.4
EWPC78	3070	138±5	138±5	93.6	88.9~98.3	90.9~96.3
EWPC79	2113	118±5	110±5	78.0	74.5~81.4	75.6~80.4
EWPC84	2313	118±5	126±5	81.4	77.6~85.1	79.0~83.7
EWPC84	3313	118±5	122±5	81.4	77.6~85.1	79.0~83.7
EWPC91	1678	79±5	79±5	105.8	100.5~111.1	103.0~108.8
EWPC94	2116	118±5	114±5	103.8	99.0~108.5	100.7~106.8
EWPC95	2117	127±5	108±5	108.0	103.0~112.9	104.8~111.2
EWPC97	1674	79±5	63±5	95.6	90.8~100.4	92.6~98.3
EWPC101	1675	79±5	63±5	96.3	91.5~101.0	92.6~100.0

规格型号	商业代号	织物密度/(根/5cm)		单位面积质量/(g/m²)	单位面积允许偏差	
		经向	纬向		第1类	第2类
EWPC104	1652	102±5	102±5	137.7	130.9~144.4	133.6~141.7
EWPC135	1504	118±5	99±5	148.0	140.6~155.4	142.8~153.2
EWPC140	1501	90±5	88±5	165.0	157.7~172.2	158.0~171.0
EWPC149	1500	96±5	83±5	164.1	158.0~172.0	156.0~170.5
EWPC173	7628	87±5	61±5	203.4	196.0~210.9	198.0~208.9
EWPC180	7629	87±5	67±5	210.0	202.4~217.3	204.5~215.3
EWPC201	7635	87±5	57±5	232.3	220.4~243.3	226.5~238.0
EWPC220	7652	63±5	63±5	257.7	245.8~269.5	249.2~266.2
EWPC254	7642	87±5	39±5	227.8	218.7~237.0	221.1~234.7

注：印制板用 E 玻璃纤维布主要用于制造覆铜层合板，国际代号取后者，写为 WPC。

十、无碱玻璃纤维布

除无碱玻璃纤维无捻粗纱布和印制板用 E 玻璃纤维布外，其他无碱玻璃纤维布的物化性能如表 2-40 所示，拉伸断裂力见表 2-41。

表 2-40　无碱玻璃纤维布的物化性能

产品代号	组织类型	织物密度/(根/cm)		单位面积质量/(g/m²)	厚度/mm	典型用途
		经向	纬向			
EW25	平纹	28±2	22±2	17.5±3	0.025±0.005	电绝缘制品
EW30A	平纹	18±1	22±1	25±3	0.030±0.005	钓鱼竿
EW30B	平纹	24±1	18±1	21±3	0.030±0.005	电绝缘制品
EW40	平纹	20±1	18±1	27±3	0.040±0.005	电绝缘制品
EW60	平纹	20±1	22±1	52±5	0.060±0.006	电绝缘制品
EW80	斜纹	28±1	12±1	80±8	0.080±0.008	钓鱼竿
EW90	平纹	18±1	16±1	85±8	0.090±0.009	电绝缘制品
EW100	平纹	20±1	20±1	100±10	0.100±0.010	电绝缘制品、玻璃钢制品
EW110	平纹	20±1	13.5±1	100±10	0.110±0.011	电绝缘制品、玻璃钢制品
EW130	斜纹	20±1	12±1	160±16	0.130±0.013	钓鱼竿
EW140	平纹	16±1	12±1	135±14	0.140±0.014	电绝缘制品、玻璃钢制品
EW180	斜纹	20±1	10±1	220±22	0.180±0.018	钓鱼竿
EW200	平纹	16±1	12±1	200±20	0.200±0.020	电绝缘制品、玻璃钢制品
EW240	斜纹	20±1	10±1	290±29	0.240±0.024	钓鱼竿

表 2-41　无碱玻璃纤维布的拉伸断裂力

产品代号	坯布拉伸断裂力（N/25mm）		脱浆布和后处理布拉伸断裂力（N/25mm）	
	经向	纬向	经向	纬向
EW25	≥118	≥88	≥33	≥31
EW30A	≥160	≥120	≥44	≥42
EW30B	≥180	≥100	≥50	≥35
EW40	≥196	≥137	≥71	≥40
EW60	≥274	≥274	≥76	≥66
EW80	≥774	≥157	≥250	≥40
EW90	≥441	≥294	≥122	≥70
EW100	≥490	≥400	≥137	≥96
EW110	≥490	≥490	≥137	≥118
EW130	≥1078	≥294	≥400	≥70
EW140	≥650	≥450	≥180	≥140
EW180	≥1617	≥245	≥600	≥60
EW200	≥980	≥734	≥190	≥180
EW240	≥2064	≥294	≥700	≥70

其中，根据经纱和纬纱相互交错和彼此沉浮的不同，又可分为平纹布、斜纹布、缎纹布和单向织物等。

1. 平纹布（plain weave）

这种布的每一根经纱和纬纱都从一根纱下穿过并压在另一根纱上（图 2-8）。玻璃纱的蜷曲最大，因此强度较缎纹或斜纹布低。这种布挺括不易变形，因此适用于制面曲线简单的玻璃钢制品，特别是层压玻璃钢。

2. 斜纹布（twill weave）

这种布的特征是布面上有斜纹横过（图 2-9）。它具有良好的铺覆性，适用于手糊法铺覆双曲面或四凸型面的玻璃钢，并且各个方向都有较高的强度。

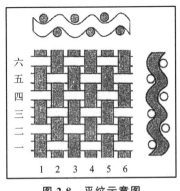

图 2-8　平纹示意图

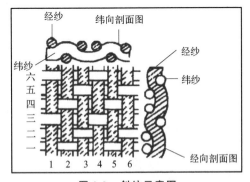

图 2-9　斜纹示意图

3. 缎纹布（satin weave）

这种布的特征是经线（或纬线）浮线较长，交织点较少，它们虽形成斜线，但不是连续的，相互间隔距离有规律而均匀，根据表面经或纬的浮长线，可以分为经面缎纹与纬面缎纹

（图 2-10）。这种布的表面几乎只有经纱或纬纱浮长线，玻璃纤维纱的蜷曲最小，布面平滑匀整，富有光泽，质地柔软，强度较大。缎纹布与斜纹布相似，都有良好的铺覆性，适用于手糊法铺覆型面复杂的玻璃钢制品。

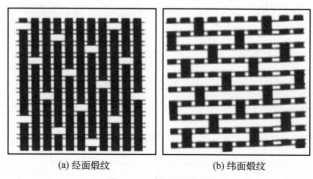

(a) 经面缎纹　　　　　　(b) 纬面缎纹

图 2-10　缎纹示意图

4. 单向织物（unidirectional fabric）

这种布在一个方向上（一般是经向）单位宽度内采用较多的纱，而在另一方向（纬向）单位宽度内采用较少的纱（图 2-11），因此经向的强度比纬向的强度大得多，根据所制玻璃钢制品要求，可预先确定经纬强度之比如 4：1、7：1 等。

图 2-11　单向织物

任务二　碳纤维

将有机纤维（如人造丝、聚丙烯腈、木质素、特制沥青等）经过氧化、碳化、石墨化，得到的纤维称为碳纤维。碳纤维一般含碳量为 90%～99%，含碳量在 99% 以上又称为石墨纤维。

碳纤维为黑色，如图 2-12，密度 1.76～1.99g/cm^3 或 1.90～2.25g/cm^3（沥青基），拉伸强度 2500MPa，拉伸模量 3000～5500GPa 或 1400～3700GPa（沥青基），断裂伸长率 0.4%～2%，线膨胀系数 0.1×10^{-6}K^{-1} 或 1.45×10^{-6}K^{-1}（沥青基）。

碳纤维与玻璃纤维相比较，碳纤维的拉伸模量高，密度低，线膨胀系数低，尺寸稳定性好，耐热，有导电性，可屏蔽电磁波，能被 X 射线穿透，具有良好的化学稳定性，耐酸、碱和大多

图 2-12　碳纤维

数溶剂。碳纤维可以纺织成碳纤维布，供复合材料制造单位选用，表 2-42 列出美国赫克里斯公司碳纤维纺织品。碳纤维增强塑料主要用于飞机、航天器、体育器材、快艇、战车和一级方程式赛车等领域。

表 2-42 美国赫克里斯公司碳纤维纺织品系列

型号	单位面积质量/(g/m²)	织物结构	质量比	经纬密度/(根/cm)	经纬型号（经向/纬向）	宽度/cm	厚度/mm
41090	90	平纹	50/50	6.7/6.7	1K HR/1K HR	102	0.09
41120	120	平纹	50/50	9/9	1K HR/1K HR	100/150	0.10
G1175	160	平纹	50/50	4/4	3K HR/3K HR	100/140	0.14
43162	193	斜纹	50/50	4/4	3K HR/3K HR	100	0.16
43192	193	平纹	51/49	4.9/4.8	3K HR/3K HR	100	0.20
43194	193	斜纹	51/49	4.9/4.8	3K HR/3K HR	100	0.20
48192	193	平纹	50/50	1.2/1.2	12K HR/12K HR	100	0.20
43199	200	平纹	50/50	5/5	3K HR/3K HR	125	0.20
43200	200	斜纹	50/50	5/5	3K HR/3K HR	125	0.20
48220	220	平纹	50/50	1.4/1.4	12K HR/12K HR	100	0.23
43244	240	平纹	50/50	6/6	3K HR/3K HR	100	0.25
43245	240	斜纹	50/50	6/6	3K HR/3K HR	100	0.25
48241	240	平纹	50/50	1.5/1.5	12K HR/12K HR	120	0.25
G1174	285	斜纹	50/50	7.2/7.2	3K HR/3K HR	120	0.29
43285	285	斜纹	50/50	7/7	3K HR/3K HR	100	0.29
46281	285	平纹	50/50	3.5/3.5	6K HR/6K HR	120	0.29
G0986	285	斜纹	50/50	3.5/3.5	6K HR/6K HR	120	0.29
48285	285	平纹	50/50	1.8/1.8	12K HR/12K HR	100	0.29
48286	285	斜纹	50/50	1.8/1.8	12K HR/12K HR	100	0.29
G0868	295	斜纹	50/50	1.8/1.8	12K HR/12K HR	100	0.29
G0888	295	平纹	50/50	3.7/3.7	6K HR/6K HR	100	0.30
48385	385	斜纹	50/50	2.4/2.4	12K HR/12K HR	100	0.38

任务三　芳纶纤维

在分子结构主链上只含有芳环和酰胺键的聚合物称为芳香族聚酰胺，用这种聚合物拉制成丝，称为芳纶纤维，美国杜邦公司注册商标为 Kevlar 系列，所以又称为 Kevlar 纤维。

芳纶纤维外观呈金黄色，如图 2-13，密度在 $1.44 \sim 1.45 \text{g/cm}^3$ 之间，分解温度 500℃，热导率 $0.04 \sim 0.05 \text{W/(m·K)}$，拉伸强度 2500MPa，断裂伸长率 2%～3%，单丝直径 5～18μm，各种 Kevlar 纤维的物理性能列于表 2-43。Kevlar 织物的强度性能见表 2-44。

图 2-13　Kevlar 纤维

表 2-43　各种 Kevlar 纤维的物理性能

性能	Kevlar R1 和 Kevlar29	Kevlar Ht(129)	Kevlar He(119)	Kevlar Hp(68)	Kevlar 69
密度/(g/cm³)	1.44	1.44	1.44	1.44	1.45
强度/(cN/tex)	205	235	205	205	205
拉伸强度/MPa	2900	3320	2900	2900	2900
拉伸模量/GPa	60	75	45	90	120
断裂伸长率/%	3.6	3.6	4.5	3.1	1.9
吸水率/%	7.0	7.0	7.0	4.2	3.5

表 2-44　Kevlar 织物强度性能

型号	织物密度/(根/cm)		编织形式	单位面积质量/(g/cm²)	厚度/mm	拉伸强力/(N/cm)	
	经向	纬向				经向	纬向
120	21.7	21.7	平纹	61	114	394	394
143	42.2	21.7	爪形纹	190	254	2200	239
181	42.2	42.2	8-缎纹	168	279	1140	1140
243	126.7	42.2	爪形纹	224	330	2560	338
281	126.7	126.7	平纹	173	254	1144	1144
285	126.7	126.7	爪形纹	180	254	1144	1144
328	157.8	157.8	平纹	227	330	1426	1426
335	157.8	157.8	爪形纹	214	330	1426	1426
500	157.8	157.8	平纹	166	229	1086	1086
900	236.7	236.7	5-缎纹	326	330	2000	2000
1033	157.8	157.8	8×8 篮式	520	610	2000	2000
1050	157.8	157.8	4×4 篮式	356	508	2340	2340
K480	126.7	126.7	10×8 篮式	476	737	2500	2400
K501	157.8	157.8	2×2 篮式	485	780	3000	2900
K300	126.7	126.7	4×4 篮式	280	508	1880	1880
K350	126.7	126.7	6×6 篮式	373	550	2000	2000
K450	157.8	157.8	6×6 篮式	447	550	2200	2200
K650	157.8	157.8	12×12 篮式	666	1000	2700	2700

型号	织物密度/(根/cm)		编织形式	单位面积质量 /(g/cm²)	厚度/mm	拉伸强力/(N/cm)	
	经向	纬向				经向	纬向
K950	157.8	157.8	14×14 篮式	900	1500	2600	2600
SK300	157.8	157.8	平纹	280	520	2200	2000

芳纶纤维可作先进复合材料的增强材料，用于导弹、火箭、飞机整流罩、机翼等国防装备，也可以用于游艇、赛艇、帆船、小型渔船和救生艇壳体等民用设施。芳纶纤维还可以提高复合材料的冲击性能，是防弹击的理想材料，可用来制备防弹背心、防弹头盔、运钞车防弹板和军用车辆防弹板等。

任务四 高硅氧纤维与石英纤维

高硅氧纤维是含 SiO_2 95%（质量分数）以上的高纯度玻璃纤维。石英纤维是天然石英结晶，含有 99% 以上的 SiO_2。高硅氧纤维和石英纤维在本质上是很相似的，所以它们有很多性能也是相似的，它们都具有高的比强度，石英纤维的拉伸强度约是高硅氧纤维的 5 倍，其性能见表 2-45。高硅氧纱和石英纱是完全弹性的，它们的断裂伸长率约为 1%，其他性能见表 2-46。高硅氧织物和石英织物的性能列于表 2-47。

表 2-45 高硅氧纤维和石英纤维的性能

纤维名称	纤维直径/μm		相对密度
	纱和织物	毡	
高硅氧纤维	10	1.27~10	1.74
石英纤维	10	1.27~15	2.2

表 2-46 高硅氧纱和石英纱的性能

纤维名称	型号	标准直径 /mm	支数 /(m/kg)	最小破坏强力 /N	线型收缩率/%
高硅氧纱	100#	0.51	6150	11.1	1.2
	300-2/2#	0.13	15100	13.3	1
石英纱	300-2/4#	0.25	7560	22.2	1
	300-4/4#	0.36	3780	48.9	1

表 2-47 高硅氧织物和石英织物的性能

纤维名称	型号	面密度 /(kg/m²)	厚度 /mm	织物密度 /(根/cm)		断裂力/N		织纹	最大面积收缩率/%	pH值	二氧化硅质量分数/%
				径向	纬向	径向	纬向				
高硅氧织物	82#(轻型)	0.35	0.33	—	—	133	111	8H缎纹	5	4.0~7.0	98.0~99.2
	84#(重型)	0.63	0.66	20	16	311	200		5	4.0~7.0	98.0~99.2
石英织物	581#(轻型)	0.28	0.28	22	21	823	756		1	6.0~8.0	99.9
	570#(重型)	0.66	0.69	15	9	2135	1779		1	6.0~8.0	99.9

高硅氧纤维和石英纤维增强塑料都可以制成烧蚀材料，用于火箭头锥体、喷嘴及排气口、飞机尾翼和支柱、电气材料中的高压层压板、雷达天线罩、防热罩、隔板等，其树脂层压板的性能如表 2-48。

表 2-48 高硅氧纤维、石英纤维增强酚醛树脂层压板的性能

项目		高硅氧纤维		石英纤维	
		重型	轻型	重型	轻型
织物	面密度/(kg/m²)	0.63	0.35	0.66	0.28
	织法	8H 缎纹	8H 缎纹	5H 缎纹	8H 缎纹
	处理剂	无	无	A1100	A1100
层压板制备	酚醛树脂牌号	V-240	SC-1008	91-LD	V-204
	固化	163℃,60min	163℃,60min	163℃,60min	163℃,60min
	后固化	163℃,180min	163℃,180min	163℃,180min	163℃,180min
	模塑压力/MPa	1.723	1.720	1.723	1.720
层压板性能	相对密度	1.72	1.62	1.73	1.80
	层数	6	12	6	12
	厚度/mm	3.15	3.86	3.23	3.00
	树脂含量/%	30.3	37.0	34	30.7
拉伸强度/MPa	常温	159	156	391	497
	260℃,0.5h	132	105	345	324
弯曲强度/MPa	常温	229	252	494	658
	260℃,0.5h	171	145	245	413

任务五　硼纤维

硼纤维实际上是一种复合纤维，通常以钨丝为芯材，硼沉积在其表面。硼纤维的性能列于表 2-49。

表 2-49 硼纤维的性能

拉伸强度/MPa	拉伸弹性模量/GPa	压缩强度/MPa	线膨胀系数/($\times 10^{-6} K^{-1}$)	硬度(Knoop)	密度/(g/cm³)
3600	400	6900	4.5	3200	2.57

硼纤维是最先用于复合材料的高级纤维，但后来由于高成本而大量被碳纤维替代。现在硼纤维主要用于飞机、体育器械、赛车和无人驾驶飞行器中复合材料的修补。

任务六　超高分子量聚乙烯纤维

将超高分子量聚乙烯熔成纺丝原液，通过喷丝孔喷出，骤冷凝固形成凝胶丝条，再使凝胶丝条承受热拉伸除去溶剂，卷绕成纤，即可得到超高分子量聚乙烯纤维（UHMW-PE 纤维）。纤维性能列于表 2-50。

表 2-50　工业化生产 PE 纤维性能

密度/(g/cm³)	拉伸强度/GPa	拉伸模量/GPa	伸长率/%
0.96～0.97	2.65～3.09	86.53～173.07	2.7～3.7

超高分子量聚乙烯纤维具有超高拉伸强度和超高拉伸模量，而且其密度是高性能纤维中最低的，使其具有极高的比强度和比模量。另一个突出优点是介电常数（2.3）和介电损耗（0.002）非常小。但是其与一般树脂基体复合后黏结性差，可选用同一类型的聚乙烯树脂或黏结性强的环氧树脂作为基体树脂。

其他纤维也可以作为树脂基复合材料的增强体。如聚苯并噁唑纤维、碳化硅纤维、氧化铝纤维和玄武岩纤维，以及金属及金属氧化物晶须。

项目三　辅助材料

实际生产过程中为了操作的方便、工艺的需要、成本的考虑以及制品的性能和外观的需求等，需要加入脱模剂、稀释剂、着色剂、阻燃剂和填料等辅助材料。

任务一　脱模剂

为避免固化后的制品粘着模具和便于脱模，应预先在模具工作面上涂敷一层脱模剂。凡是与树脂黏结力小的非极性或极性微弱的物质，都可以作为脱模剂。脱模剂应符合下列要求：使用方便，成膜时间短，不腐蚀模具，不与树脂发生反应且不影响制品着色；成膜均匀、光滑、对树脂的黏附力小；毒性小，易清除，易配制；价格便宜，来源广泛。

一、薄膜型脱模剂

薄膜型脱模剂主要是玻璃纸、聚酯薄膜、聚氯乙烯薄膜、聚乙烯薄膜、聚丙烯薄膜等，薄膜厚度一般为 0.016～0.05mm。使用时，要先用油膏或凡士林将薄膜粘贴在模具表面，粘贴时应铺平，防止薄膜起皱和悬空。由于薄膜变形小，只适用于型面不复杂的模具。表 2-51 为薄膜型脱模剂的特性及应用。

表 2-51　薄膜型脱模剂的特性和应用

名称	特性	应用
玻璃纸	强度稍次于聚酯薄膜	适用于透明板材、波纹板、袋压法生产的光洁制品
聚酯薄膜	强度高，不易破碎，成型制品平整、光滑，具有特别好的光洁度，但价格较贵	适用于波纹板、平板一类形状简单、面积较大的制品，也用于成型管道及储罐等，常用的厚度为 0.04mm 和 0.1mm 两种
聚氯乙烯薄膜	聚氯乙烯薄膜均不溶解于水、酒精、汽油，常温下，耐浓盐酸、90%的硫酸、50%～60%的硝酸以及20%以下的烧碱溶液	适用于成型环氧树脂制品，不能直接使用于不饱和聚酯树脂，因为聚酯中的苯乙烯对聚氯乙烯有溶解作用
聚乙烯薄膜	相对密度 0.96，柔韧	适用于 SMC 及形状不规则、轮廓复杂的制品，如人体假肢及袋压法成型的制品等，制品表面光洁度不如聚酯薄膜，价格便宜，但不能重复使用

名称	特性	应用
聚丙烯薄膜	柔韧	适用于SMC及形状不规则、轮廓复杂的制品,如人体假肢及袋压法成型的制品等,制品表面光洁度不如聚酯薄膜,价格便宜,但不能重复使用

二、溶液型脱模剂

溶液型脱模剂主要是聚合物的溶液,如聚乙烯醇溶液、聚苯乙烯溶液、醋酸纤维素溶液、硅油溶液、硅橡胶溶液等。应用较多的是聚乙烯醇溶液。

1. 聚乙烯醇溶液

聚乙烯醇溶液,由5%～8%(质量分数,下同)聚乙烯醇,35%～60%乙醇和35%～60%水配制而成,无毒,黏度在10～50mPa·s。配制时,先将聚乙烯醇浸泡在水中,室温放置3h,然后逐渐升温至95℃,待全部溶解后,冷却至60℃,在搅拌下滴加乙醇后过滤。

注意事项如下:

① 聚乙烯醇应选用分子量较低和乙烯基含量在10%～35%的,溶解性好,可以提高脱模效果,按需要确定水和乙醇比例,多加水可以使成膜均匀,多加乙醇可以使薄膜干燥速度加快;

② 为了成膜均匀,可加入2%肥皂;

③ 为使涂覆性良好,成膜平整、光滑,可加入少量气溶胶(硫酸琥珀酸盐类);

④ 为了消除气泡可加入0.01%硅油、辛醇或磷酸三丁酯;

⑤ 为了使膜具有韧性,可加入4%～5%甘油作增塑剂;

⑥ 为防止漏涂,可加入柏林蓝或蓝墨水;

⑦ 为防止金属模具生锈,可加入0.75%苯甲酸钠;

⑧ 涂刷模具工作面后,必须待其完全干燥才能开始成型作业,避免残存水分对树脂固化产生不良影响;

⑨ 最高使用温度150℃,若在120℃以下使用,脱模效果更好。

2. 聚苯乙烯溶液

将5%聚苯乙烯树脂加入95%甲苯溶液中,50℃下微热溶解,静置冷却,即可得到聚苯乙烯溶液脱模剂。在100℃以下使用,成膜平滑光亮,但是由于溶剂为甲苯,毒性大,使用时应通风良好,适用于环氧树脂制品脱模,不能用于聚酯树脂。

3. 醋酸纤维素溶液

醋酸纤维素溶液的配制,先将4%乙醇、20%乙酸乙酯、5%双丙酮醇、24%甲乙酮和48%丙酮混合,加入5%二醋酸纤维素,搅拌均匀,过滤,去除残渣即可使用。使用温度在150℃以下,成膜光洁、平整、毒性小,该脱模剂适用于聚酯树脂,不适用于环氧树脂,因为它与环氧树脂结合有黏附力。常与聚乙烯醇脱模剂合用。

4. 硅油溶液

将5%硅油和95%甲苯混合搅拌均匀,静置1～2h后即可使用,可作高温脱模剂,使用温度可达150～160℃。硅油主要有二甲基硅油、甲基含氢硅油、乙基硅油和苯甲基硅油。

5. 硅橡胶溶液

将10%硅橡胶(101♯或20♯)和90%甲苯混合搅拌,静置1～2h后即可使用,可作高温脱模剂，使用温度可达 150～200℃。

三、石蜡、油膏类脱模剂

这类脱模剂包括牛油、凡士林、硅脂（100％的甲基三乙氧基硅烷或制成50％的甲苯溶液）、变压器油、汽缸油、汽油与沥青的溶液及蜡类脱模剂。

蜡类脱模剂是应用最广泛的一类脱模剂，价格便宜，使用方便，无毒，脱模效果好，缺点是会使制品表面沾油污，影响表面上漆，漏涂时会使脱模困难。对于成型形状复杂的大型制品常与溶液型脱模剂复合使用。

脱模蜡使用温度一般在80℃以下（高温型蜡除外），其使用方法如下：

对于新模具，首先用密封胶填补微细空穴，用抛光剂机械（或手工）抛光处理，再用清洁剂清洗，干燥后涂上镜面上光剂，以便达到最好光泽面，再进行涂蜡工序。涂蜡后，需待15min 溶剂挥发后，用干净纱布（或软皮革）将浮蜡擦拭干净，再涂第二遍石蜡，如此需上5～7遍，上好最后一遍蜡，需停留 2h 以上再糊制制品。复用次数与模具表面质量及选用的蜡的品种有关。

国内外几种蜡型脱模剂列于表 2-52。

表 2-52　国内外几种蜡型脱模剂

名称	生产厂商
多次脱模蜡 M-0811	美国 Meguiars 公司
一次脱模蜡 M-08811	美国 Meguiars 公司
333MR 通用脱模蜡	美国 Finish Kare 公司
肯特汽车蜡	美国 Johnson 公司
TR-102 通用型脱模蜡	美国 T. R. Industries 公司
TR-104 高温脱模蜡	美国 T. R. Industries 公司
TR-110 模具密封胶光泽剂①	美国 T. R. Industries 公司
脱模蜡	日本竹内化成株式会社
RINREI-2 糊状蜡	日本竹内化成株式会社
镜面光泽剂	日本竹内化成株式会社
HY 系列脱模蜡	常州助剂厂,北京玻璃钢制品厂
脱模蜡	江阴第二合成化工厂

① 此蜡用在模具边部、法兰、人造大理石沿边及其他粗糙表面处。

四、内脱模剂

相对于上述脱模剂，内脱模剂是指添加在树脂体系内部的成型加工助剂，减小制品对模具的附着力。常用的内脱模剂是金属皂类、脂肪酸类、脂肪酸酯基烯烃类蜡。由于内脱模剂是添加到树脂体系的，因此要求其与树脂基体相容，对复合材料物理性能影响较小。一般用量为树脂量的 1％～3％。国内外几种主要的内脱模剂列于表 2-53。

表 2-53　国内外几种主要的内脱模剂

名称及型号	100 质量份树脂加入量（质量份）	物化性能	特性及选用	生产厂商
INT-PS125	0.1~1	能降低树脂黏度，改进流动性，提高生产率，具有抗静电性、阻燃性，组分中不含蜡、硅脂、硬脂酸，故不影响二次加工（装饰、丝网印刷、涂料、电镀），使用期在 1 年以上	环氧树脂、酚醛树脂、乙烯基树脂。拉挤、模压工艺	美国 Plastic Research Laboratories
INT-1846	0.1~1		环氧树脂，尤其胺类固化系统	
INT-1850H	0.1~1		环氧树脂、酚醛树脂、乙烯基树脂。拉挤、模压工艺	
IM01	按体积分数 0.5%~1%	用作内脱模剂不影响二次加工（装饰、丝网印刷、涂料、电镀）	用于聚酯树脂的拉挤工艺	美国 Chemlease International 公司
IM03	按体积分数 0.5%~1%		用于环氧树脂、酚醛树脂	
IM05	按体积分数 0.5%~2%		用于 RTM、拉挤成型	
IC53	按体积分数 1%~3%		用于聚酯树脂的拉挤成型	
INT-1		黄色，10% 水溶液，pH = 2~4，相对密度 0.96，黏度 56mPa·s，折射率 1.466	用于拉挤、模压工艺	湖北沙市杨杨实业公司
INT-2		棕黄色，10% 水溶液，pH = 1~3，相对密度 0.98，黏度 130mPa·s，折射率 1.438	用于拉挤、模压工艺	

选择脱模剂时还应考虑到模具材料、模具表面质量和所使用树脂的品种。黏附力较强的一类树脂（如环氧树脂）可以混合使用几种脱模剂。

任务二　着色剂

用以改变高分子材料固有颜色的物质称为着色剂，它是能使制品着色的有机与无机的、天然与合成的色料总称。着色剂在树脂中要求分散性好，不影响树脂的施工特性，满足制品的物理、化学性能要求，价格便宜，来源方便。具体来说，着色剂分为染料和颜料两类。

染料是施加于基材使之具有颜色的强力着色剂。染料物质呈亚微观大小或分子大小，借吸附、溶解、机械黏合、离子键化学结合或共价键结合保留于基料中，不耐热，耐光性能差，有产生色移的倾向，用量为树脂量的 0.05%~1%。颜料粒度较大（很少小于 $1\mu m$），分为有机物颜料和无机物颜料。有机颜料产生半透明或近乎透明的颜色，具有较好的抗色移性和稍高的抗热性；无机颜料除少数外，均为不透明色并具有较好的耐磨性、耐热性和抗色移性及良好的遮盖力，色泽鲜艳。常用的颜料及其性能如表 2-54。

表 2-54　常用颜料及其性能

色泽	颜料	耐光性	耐热性	着色力	对树脂固化的影响
白色	钛白粉	优	优	良	微
	锌白粉	优	良	良	阻聚

续表

色泽	颜料	耐光性	耐热性	着色力	对树脂固化的影响
黄色	联苯胺黄	良	良	良	微
	钛黄	优	优	良	微
	汉沙黄	良	良	优	微
	镍偶氮黄	良	良	优	微
	镉黄	良	良	优	阻聚
橙色	铬橙	劣	良	良	微
	联苯胺橙	良	良	良	微
	镉橙	良	良	劣	阻聚
红色	镉红	良	良	劣	阻聚
	正红	劣	劣	良	阻聚
	胭脂红	优	优	优	促进
	耐晒红	优	良	良	微
	酞菁红	优	良	良	阻聚
蓝色	酞菁蓝	良	良	良	阻聚
	群菁蓝	优	良	劣	微
	铬蓝	劣	良	良	微
	铁蓝	优	良	良	阻聚
绿色	钛青绿	良	良	良	阻聚
	铬绿	劣	良	良	微
	氧化铬绿	优	优	良	微
紫色	铬紫	劣	良	良	微
	喹吖酮紫	优	优	良	微

对于液体树脂，通常是用三辊筒研磨机、球磨机、高速剪切分散机或其他涂料工业用的设备，将粉状颜料分散到适当的增塑剂或树脂中，制成各种颜料糊，颜料糊的用量一般为树脂量的 0.5%～5%，视具体颜料及色强度而定。

任务三 填料

填料是复合材料制品中的重要成分，能降低产品制造成本，提高制品尺寸稳定性，改善产品外观，提高制品阻燃性、导电性等。

一、碳酸钙

碳酸钙，是一种无机化合物，化学式为 $CaCO_3$，是一种重要的、用途广泛的无机盐。由碳酸钙形成的同质异构体主要有石灰石、方解石、大理石、白垩、钟乳石、霰石（或文石）和汉白玉等。

按不同分类方式，碳酸钙可以分为下列几类，如表 2-55。

表 2-55 碳酸钙的分类

分类方式	碳酸钙种类
生产方式	重质碳酸钙，轻质碳酸钙，胶体碳酸钙
粒径	微粒碳酸钙（$d>5\mu m$），微粉碳酸钙（$1\mu m<d<5\mu m$），微细碳酸钙（$0.1\mu m<d\leqslant1\mu m$），超细碳酸钙（$0.02\mu m<d\leqslant0.1\mu m$），超微细碳酸钙（$d\leqslant0.02\mu m$），纳米碳酸钙（1～100nm）

微观排列	晶体碳酸钙、无定型碳酸钙
结晶形状	纺锤形(长轴 5～12μm,短轴 1～3μm),立方形(0.02～0.1μm),针形(0.01～0.1μm),球形(0.03～0.05μm),片形(1～3μm),四角柱形(2～5μm),不规则形

① 重质碳酸钙 重质碳酸钙是用机械方法（用雷蒙磨或其他高压磨）直接粉碎天然的方解石、石灰石、白垩和贝壳等制得的碳酸钙。由于重质碳酸钙的沉降体积（1.1～1.9mL/g）比轻质碳酸钙的沉降体积（2.4～2.8mL/g）小，所以称为重质碳酸钙，简称重钙。

② 轻质碳酸钙 又称沉淀碳酸钙，简称轻钙，是将石灰石等原料煅烧成生石灰（主要成分为氧化钙）和二氧化碳，再加水消化生石灰生成石灰乳（主要成分为氢氧化钙），然后再通入二氧化碳碳化石灰乳生成碳酸钙沉淀，最后经脱水、干燥和粉碎而制得。或者先用碳酸钠和氯化钙进行复分解反应生成碳酸钙沉淀，然后经脱水、干燥和粉碎而制得。由于轻质碳酸钙的沉降体积比重质碳酸钙的沉降体积大，所以称为轻质碳酸钙。

③ 胶体碳酸钙 也称改性碳酸钙、表面处理碳酸钙、胶质碳酸钙或白艳华，简称活钙，是用表面改性剂对轻质碳酸钙或重质钙碳酸钙进行表面改性而制得。由于经表面改性剂改性后的碳酸钙一般都具有补强作用，即所谓的"活性"，习惯上把改性碳酸钙都称为活性碳酸钙。

二、蒙脱土

存在于自然界中的黏土种类非常多，大致上可以归纳为天然的及合成的两大类，天然的黏土一般带有阳离子（如 Na^+、Ca^{2+} 等），层间带负电。合成黏土一般带有阴离子，层间带正电。所有天然黏土矿物构造均由四面体和八面体紧密堆积构成，四面体与八面体的比值不同，黏土可以分为如下三种：

① 1：1 类黏土矿物，如高岭土、蛇纹石；

② 2：2 类黏土矿物，如绿泥石；

③ 2：1 类黏土矿物，如蒙脱土、伊莱石、云母、滑石。

在上述黏土矿中，蒙脱土的天然矿产丰富，离子交换能力强，成为聚合物/黏土纳米复合材料研究的首选材料。

1. 蒙脱土的主要成分

蒙脱土是层状硅酸盐黏土矿物中的一种，在大自然中主要以蒙脱石的形式存在。各地的蒙脱土化学成分差别很大，即使是同一矿床，不同深度的化学组成亦有差异，主要含 SiO_2（50%～70%）、Al_2O_3（15%～20%），还含有 CaO、MgO、NaO、K_2O 等和 Li、Nr、Zn 等微量元素。根据层间阳离子的不同，蒙脱土可分为钠基蒙脱土、钙基蒙脱土、羟基蒙脱土、镁基蒙脱土等几种类型。外观颜色一般呈白色或灰白色，因含杂质而略有黄色、浅玫瑰色、红色、蓝色或绿色等。

2. 蒙脱土的离子交换性能

蒙脱土片层所吸附的离子是可交换的，它们能与溶液中的离子进行等物质的量交换，例如：

$$Na-蒙脱土+NH_4^+=NH_4-蒙脱土+Na^+$$

离子交换和吸附是可逆的。蒙脱土的离子交换主要是阳离子交换，天然蒙脱土在 pH 值为 7 的水介质中的阳离子交换容量（CEC）为 0.7～1.4mmol/g。

影响蒙脱土离子交换量主要有以下因素。

① 浓度 蒙脱石浓度大，交换容量高。

② 结合能 离子与蒙脱土的结合能低、电离率高，离子交换量高。

③ pH 值 在碱性介质中，蒙脱土的离子交换容量比在酸性介质中高。

④ 样品粒径 当蒙脱土的粒径小时，蒙脱土晶体端面破键增多，阳离子交换量稍显增加，但长时间的研磨易引起晶格损坏，使交换量减少，直至交换消失，成为无定形凝胶状物质。

⑤ 温度 适当增加温度可加大扩散系数，加快交换作用，但是温度过高蒙脱土的溶解增加，交换量反而会降低。

几种常见阳离子在浓度相同条件下交换能力顺序是：$Li^+ < Na^+ < K^+ \approx NH_4^+ \leqslant Mg^{2+} < Ca^{2+} < Ba^{2+}$。其中的 Mg^{2+} 和 Ca^{2+} 的交换能力差别不大，H^+ 的位置在 K^+ 或 NH_4^+ 的前面。阳离子在蒙脱土交换位置上的饱和度也影响其可交换性：Ca^{2+} 在饱和度越低的状态下越难被取代，而 Na^+ 则反之。饱和度对 Mg^{2+} 和 K^+ 的交换性影响不大。

此外，阴离子的存在也会影响交换作用的进行。蒙脱土受热到一定程度后，不仅交换容量降低，而且阳离子的性能也会改变。常温下，Li^+ 是比 Na^+ 更易被代换的离子，但加热到 125℃时，Li^+ 将进入氧原子网格的孔穴，变为不可替代的离子，而温度对 Na^+ 的交换性能影响很小。在 100℃ 的温度下长期加热，蒙脱土的 K^+、Ca^{2+}、H^+ 的可代换量相对减少，而 Na^+、Mg^{2+} 却相对增加。

层状硅酸盐层间可交换阳离子的多少是决定其是否可作为制备纳米复合材料的关键指标。阳离子交换容量太低则不足以提供足够的界面作用数目，这样的硅酸盐片层不易分散在聚合物基体中。但阳离子交换容量也并非越高越好，如果阳离子交换容量过高，层状硅酸盐层间的阳离子不易参与离子交换反应，同样不利于层状硅酸盐层间的有机化，也就不利于层状硅酸盐在聚合物基体中的均匀分散。

三、凹凸棒土

凹凸棒土是指以凹凸棒石为主要矿物成分的一种天然非金属黏土矿物，在矿物学上隶属于海泡石族。凹凸棒土中的主要矿物是短纤维状坡缕石，这种矿物属链层状结构的含水镁铝硅酸盐，晶体纤细，结构内部多孔道，外表凹凸相间，外表面和内表面都很发达，带负电荷，能吸附阳离子。水分子和特定大小的极性有机分子能进入孔道。晶体结构上的这些特点使它具有良好的吸附、催化、脱色和除臭性能，被广泛用于化工、食品、医药等工业生产和环境保护中。

1. 凹凸棒土的主要成分和结构

凹凸棒土常与蒙脱土共生，外观两者颇为相似，须仔细观察才能辨别。一般来说，凹凸棒土呈青灰色、灰白色、鸭蛋青色；土质细腻，有滑感，湿土具有黏结性和可塑性，干后质轻，收缩小，不易开裂，入水则喳喳冒泡并崩散成为碎粒。蒙脱土以灰绿色为多见，湿土黏结性较强，可塑性高，干土收缩率大，满布裂纹，浸泡水中立即膨胀散成糊状。

凹凸棒土的化学成分理论值为 MgO 23.87%、SiO_2 56.93%、H_2O 19.20%，有时含一定量的 Al 和少量的 Ca、K、Na、Ti 和 Fe 等元素。

与蒙脱土的层状结构不同的是，凹凸棒土呈独特的链层状结构，不能像蒙脱土一样膨胀。典型凹凸棒土纤维长 1μm，宽 0.01μm。分散后，凹凸棒土纤维相互隔开，但在一般情况下，它们保持束状，就像刷子堆或干草堆。凹凸棒土的显微结构分为 3 个层次：①基本结构单元为棒状或纤维状单晶体，棒晶的直径为 0.01μm 数量级，长度可达 0.1~1μm；②由单晶平行聚集而成的棒晶束；③由晶束（包括棒晶）相互聚集堆砌而成的各种聚集体，粒径通常为

0.01～0.1mm 数量级。

2. 凹凸棒土的性质

凹凸棒土的莫氏硬度为2～3，加热到700～800℃，硬度大于5，相对密度为2.05～2.32。凹凸棒土独特的链层状结构赋予了凹凸棒土许多独特的物理化学性质，主要包括吸附性、载体性、催化性、可塑性和流变性等。

① 吸附性 凹凸棒土的吸附性取决于它较大的比表面积和表面物理化学结构及离子状态，其吸附作用包括物理吸附及化学吸附。物理吸附的实质是通过范德华力将吸附质分子吸附在凹凸棒土的内外表面。比表面积和孔结构是其物理吸附作用的重要指标。晶体结构内部孔道的存在赋予了凹凸棒土巨大的内比表面积，同时由于单个晶体呈现细小的棒状、针状和纤维状且具有较高的表面电荷，在分散时棒状纤维并不保持原先的方位，呈现无规则的毡状物沉淀。干燥后，它们密集在一起形成大小不均匀的次生孔隙。这一特征使凹凸棒土的比表面积很大。此外，晶体内部孔道尺寸大小一致，使其具有分子筛的作用。凹凸棒土的化学吸附作用是其吸附作用的重要体现。

② 流变性 凹凸棒土最重要的特点之一就是在相当低的浓度下可以形成高黏度的悬浮液。凹凸棒土在所有浓度下是触变性的非牛顿流体，随着剪切力的增加，流动性快速增强。在低剪切力下或剪切力消失，悬浮液发生胶凝；剪切力增加，悬浮液又恢复如同纯水一样的低黏度液体，这是由于随着剪切力的增加，凹凸棒土的晶束破碎，变为针状棒晶，所以流动性变好。可用作胶体泥浆、悬浮剂、触变剂以及黏结剂。

 拓展知识

我国碳纤维材料的发展

碳纤维及其复合材料是20世纪材料科学发展的里程碑式成就，一出现就得到关注，特别是受到国防和航空航天领域的高度重视。碳纤维具有许多传统材料不具备的特点：首先，它的比性能高，可实现装备轻量化，提高装备的结构效率；其次，它在宏观上是可以设计的，使其能达到所需要的性能；此外，通过设计，它不仅可成为新型结构材料，还可以成为特殊功能材料或结构功能一体化材料等。20世纪50～60年代，日本开发出用聚丙烯腈纤维（PAN）制备碳纤维技术，经过70～80年代稳定，90年代飞速发展，到21世纪初其制备技术和工艺已基本成熟。日本东丽公司是高性能碳纤维研发的领头羊，开发了T300～T1000级高强纤维和M30S～M60J级高模、高强高模纤维，其碳纤维/树脂基复合材料已在飞行器上作为结构材料广泛使用。日、美等国家处在世界PAN碳纤维领域的先进行列，其中日本东丽公司以二甲基亚砜（DMSO）原丝技术于70年代初开发成功碳纤维强度为3.0GPa的T300级之后，先后开发成功强度为4.9GPa的T700级、5.5GPa的T800级和7.06GPa的T1000级碳纤维工业化技术，在全球居于领先的地位，并对中国实行了高性能小丝束碳纤维技术的严格封锁和产品的禁运。

我国非常重视碳纤维的研发和应用，20世纪60年代，我国就开始部署和规划碳纤维的研发工作。由于体制机制、基础科学、工程技术、工业装备等诸多原因，我国一直停留在低性能碳纤维水平上，仅仅由吉林碳素厂和吉林石化公司制备的少量碳纤维作为烧蚀材料供货。国防军工用于结构材料的高性能碳纤维几乎全部依赖国外产品。到20世纪末，我国在PAN原丝及碳纤维领域与国外先进水平相差甚远，工程化技术没有得到有效的突破，仍然面临着既无法引进技术，又不能进口高性能PAN碳纤维，通用碳纤维供应极不稳定的严峻局面。

作为我国高瞻远瞩、统观全局、为数不多的金属学及材料科学家、两院院士师昌绪先生敏锐地看到了聚丙烯腈碳纤维对国防军工的制约性和对国民经济可持续发展的极端重要性，20 世纪90 年代，师昌绪院士在全国复合材料学术会上提出"碳纤维及其复合材料是永恒的不可替代的材料"，在香山会议上又提出"碳纤维是战略性材料"。师昌绪院士一方面给中央领导写信反映情况，同时提出自己的攻关建议，得到了中央的支持；另一方面，"十五"期间在科技部设立专题研究计划，带领年轻的科技工作者亲临国企和民企调查、咨询和指导，使中国碳纤维经过 10 余年时间发展起来，在性能、质量和规模上已基本满足重要领域需求，发展形势喜人。

在大力推进碳纤维关键技术攻关的同时，我国推进了高强度（T1000 级）与超高模量（M55J 级）PAN 碳纤维制备过程中分子设计、结构形态调控和稳定化制备等一系列共性科学问题的研究立项，发展若干原位和高效的分析表征新方法，有力支撑了高性能碳纤维稳定化和规模化制备。

到 21 世纪第三个五年计划结束的 2015 年，高性能纤维及复合材料在"十五""十一五""十二五"三个五年计划重点专项的强力支持下，基本上完成了高性能碳纤维及其复合材料国产化的过程，高性能碳纤维关键技术突破和产业规模生产，产能超过 20000t/a，产量达到 7000t/a；到 2020 年，中国 PAN 碳纤维产能超过 28000t/a，产量接近 20000t/a。高性能碳纤维及其复合材料国产化率约 40%。

目前，中国的碳纤维及其复合材料已发展到一个新阶段，涌现出一批以民企为主的碳纤维企业，已经可以生产出高强、高模的碳纤维，满足使用需求，尽管从性能、质量和规模上与某些发达国家有差距，但差距越来越小，有望在近期赶上世界发展的先进步伐。

 思考题

1. 按照基体的不同，复合材料怎么分类？
2. 复合材料主要由哪些原材料构成？
3. 市售的不饱和聚酯树脂中，主要含有哪些组分？其固化需要哪些条件？
4. 环氧树脂的结构有哪些特点？
5. 酚醛树脂为什么要进行改性？
6. 玻璃纤维表面毡具有哪些优点？
7. 脱模剂可分为哪些？

模块三

半成品及其制备工艺

项目一 半成品的作用及分类

最早制备复合材料时，基本上都是将增强材料与液态树脂直接混合，或者铺覆好增强材料后，倒入树脂。例如手糊成型，是先将纤维（或织物）铺覆于模具上，然后倒入调配好的树脂液，固化成型；或者如模压成型，也是将纤维（或织物）置于模具内，然后倒入调配好的树脂液加压成型。这种成型从原材料直接制备成复合材料，称为一步法，又称为湿法。但是，由于固化时树脂中的溶剂、水分或低分子组分等挥发物不易去除，裹入制品中会形成气泡或空洞，而且树脂不易分布均匀，在制品中易形成富树脂区和贫树脂区，严重时甚至可能出现未浸树脂的纤维（俗称"白丝"现象），难以保证复合材料制品的质量。同时，树脂在成型过程中易被压力（或张力）挤出流失造成浪费，并且湿法操作时，纤维飞扬，树脂流溅、气味大，难以保证清洁的劳动环境，生产效率较低。

为了保证制品的质量和提高生产效率，针对一步法的缺点，预先将纤维浸渍树脂，或纤维树脂预先混合，经过一定处理，使浸渍物或混合物成为一种干态或稍有黏性的材料，即半成品材料，再用它成型复合材料制品，称为二步法，又称干法。二步法虽然增加了生产步骤及其相应的设备，但是它明显地克服了一步法的缺点，易于保证制品的质量，减少气泡、空洞等缺陷，提高了生产效率，减少树脂流溅和纤维飞扬，改善了操作环境和劳动条件。因此半成品的加工得到了快速的发展。

按半成品的处理方法不同，可将半成品分成两类。第一类为预浸材料，是指树脂浸渍纤维（或纤维与树脂混合）后，经过干燥并使树脂达到一定预固化程度的半成品，即树脂进入部分聚合的 B 阶段。在第二步成型时经过加热，该半成品仍具有一定的流动性。这类半成品的树脂主要是具有明显 B 阶段的酚醛树脂和环氧树脂。另一类为稠化材料，其树脂基体主要为聚酯树脂，通过加入增稠体系，在树脂浸渍纤维的同时，通过增稠剂的作用使体系黏度发生改变，形成稍有黏性但不黏手的凝胶状半成品物料，在第二步成型时它可以软化并具有一定的流动性。

项目二 短切纤维半成品

短切纤维半成品是由树脂浸渍短切纤维，并经过烘干或增稠而制成的，通常用于模压工艺，故又称短切纤维模压料。为了模压料具有良好的工艺性和模压制品特殊的性能要求，如流动性、尺寸稳定性、阻燃性、耐电弧性、耐化学腐蚀性等，常加入一定量的辅助材料，如二硫化钼、碳酸钙、水合氧化铝和卤族元素等。模压料品种较多，大致可以分为五类，即高强度短纤维模压料、片状模压料（SMC）、块状模压料（BMC）、预成型坯模压料和新型模压料。

任务一 高强度短切纤维模压料

高强度短切纤维模压料是模压工艺中广泛使用的一种预浸料，它主要用于成型有较高强度要求、耐热、耐腐蚀和形状复杂的零部件。这种模压料配方中只含树脂和纤维两组分，一般不加填料。加工时，为便于纤维与树脂的混合操作，会加入非活性溶剂，但在浸渍后期大部分溶剂均被除去。树脂应用最为普遍的是各种类型的环氧树脂和酚醛树脂，短纤维多为玻璃纤维、高硅氧纤维，也可使用碳纤维、尼龙纤维以及两种以上纤维混合材料。这种模压料的特点是纤维含量较高（质量分数为 50%～60%），纤维较长（30～50mm），需要的成型温度较高（一般为 160～170℃），成型压力大（29～49MPa）。根据纤维的形态，高强度短纤维模压料又可分为散乱状模压料、碎布模压料和织物（多向织物）模压料。三种模压料中以散乱状模压料应用最为广泛。下面以玻璃纤维（开刀丝）/镁酚醛模压料为例，介绍散乱状模压料的制备方法，其工艺流程如图 3-1。

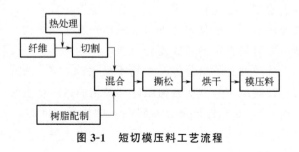

图 3-1 短切模压料工艺流程

一、纤维预处理

将玻璃纤维在 180℃下干燥处理 40～60min；将烘干后的纤维切成 20～50mm 长度并使之疏松。纤维不宜过长，机械混料纤维长度一般不超过 20～40mm，手工混料纤维长度不超过 30～50mm，否则混料时极易造成纤维相互缠结，影响模压料的均匀性。

二、调配树脂胶液

将树脂按照要求，加入固化剂、溶剂等调配成胶液。为了制备合格的散乱状模压料，首先应严格控制树脂胶液的黏度。黏度低有利于树脂对纤维的浸润和减少捏合与撕松过程中纤维强度损失；但黏度过低将影响树脂对纤维的黏附。由于黏度与密度有一定关系，而黏度测定又不如密度测定简单易行，因此，通常用密度作为黏度控制指标，如酚醛预混料树脂胶液密度控制在 $1.00～1.025g/cm^3$ 范围内。表 3-1 为常见的高强度短切纤维模压料配方。

表 3-1 几种高强度短切纤维模压料配方

组分	树脂（按 100 质量份计）	辅助剂	溶剂	纤维	备注
配比	E-42:616＝60:40	MoS_2 加入量为树脂总量的 4%	树脂:丙酮＝1:1	树脂:纤维＝40:60	先将 MoS_2 溶于丙酮，再倒入树脂液中充分搅拌后浸渍
	F-46	NA 酸酐:树脂＝80:100，二甲基苯胺加入量为树脂质量的 1%	树脂:丙酮＝1:1	树脂:纤维＝40:60	树脂在加热升温到 130℃后，加入 NA 酸酐充分搅拌，温度回升到 120℃时滴加二甲基苯胺，并在 120～130℃反应 6min 后倒入丙酮，充分搅拌，冷却后待用
	618	KH-550 加入量为纯树脂质量的 1%	乙醇，使树脂浓度为 50%±3%	树脂:纤维＝40:60	KH-550 直接加入树脂中，充分搅拌待用
	镁酚醛	油溶黑加入量为树脂质量的 4%～5%	乙醇，使树脂液相对密度在 1.0 范围内	树脂:纤维＝(40～45):(60～55)	先将油溶黑溶于酒精，再倒入树脂液中

三、纤维树脂混合

将纤维和树脂按质量比例进行混合，例如，在某配方中，玻璃纤维和镁酚醛树脂的质量比为 55：45。该混合过程可用手工混合，也可用机械混合，前者适于小批量生产，混料过程中纤维强度损失较小，但不易混合均匀；后者适于大批量生产，制得的模压料很松散，纤维无一定方向，模压时物料流动性好，适宜制作小尺寸及结构较复杂的制品，但是由于制备过程中纤维强度损失较大，模压料的比容大，模压时装模困难。当采用机械混合时，一般采用捏合机（图 3-2）。捏合机的最大加料量为其内部容积的 60%～70%，能使树脂和纤维充分均匀混合，但是捏合会导致纤维强度降低，不仅如此，长时间的捏合还会造成溶剂挥发过多，增加后段撕松工序的困难，因此在保证纤维与树脂混合均匀的前提下，应尽量减少捏合时间。

四、预混料撕松

将经过充分混合后的预混料撕松。可以采用专门的撕松机，将捏合后的团状物料撕散，以便于晾干和烘烤，如图 3-3。在撕松机中，两个不同直径的撕料辊按相同方向旋转，物料在两个撕料辊之间受到不同方向的撕扯而松散。

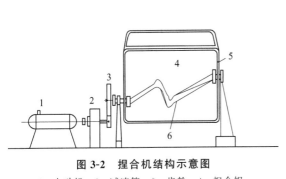

图 3-2　捏合机结构示意图

1—电动机；2—减速箱；3—齿轮；4—捏合锅；
5—夹套；6—捏合翼

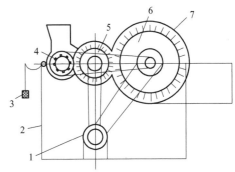

图 3-3　撕松机结构示意图

1—电动机；2—机体；3—配重；4—进料辊；
5、6—撕料辊；7—机罩

五、晾晒烘干

将撕松后的预混料均匀铺设在网格上晾置干燥后，再送入 80℃烘房烘 20～30min，进一步去除水分和挥发物。烘干条件对模压料挥发分含量及不溶性树脂含量有重要影响，根据不同类型的预混料进行选择和控制。例如，快速固化的酚醛预混料，需在 80℃下烘 20～30min；慢速固化酚醛预混料在 80℃下烘 50～70min；环氧酚醛预混料在 80℃下烘 20～40min；硼酚醛预混料在 100℃下烘 20～40min。

六、封装

烘干后的预混料即为高强度短切纤维模压料，可以装在压料袋中封闭贮存，进入下一道成型工序。

任务二　块状模压料

块状模压料（bulk molding compound，BMC）的前身是 1949 年发明的团状模压料。该模压料的树脂基体为不饱和聚酯，填料含量高（质量分数最高达 60%），纤维主要为玻璃纤维，也可用廉价的剑麻、木质纤维、棉纤维和石棉纤维代替，纤维短（一般在 6.4～12.7mm 范围内），纤维含量变化范围宽 [5%～50%（质量分数）]。虽然 BMC 纤维含量低、长度短、机械强度低，但是 BMC 的成型流动性好，可适用于高效率的注射工艺，并且通过改变配比及填料的品种，可以获得各种不同性能的 BMC，因此受到广大用户的喜爱。常见的 BMC 配方如表 3-2 所示，现结合配方介绍其生产工艺。

表 3-2　BMC 配方　　　　　　　　　　　　单位：%

组分与配比	类型			
	一般型	电气型	耐腐蚀型	低收缩型
聚酯树脂	28.4	25	30	24
有机过氧化物	0.2	0.2	0.2	0.2
硬脂酸锌	0.5	0.5	0.7	0.5
碳酸钙	40～60	39～50	—	38～59
瓷土	—	0～4	15～30	—
氢氧化钙	0.9	0.9	0.9	0.9
氢氧化铝	—	4.4～9.4	20～26	—
热塑性塑料粉	—	—	2.4	3.5
玻璃纤维	10～30	10～30	10～30	10～30

注：1. 聚酯系统包括所有单体。
　　2. 玻璃纤维和填料的总量保持常数。
　　3. 表中数据均为质量分数。

一、原材料

1. 树脂

在树脂系统中，所用的树脂主要是通用型不饱和聚酯树脂和间苯二甲酸型不饱和聚酯树脂。由于不饱和聚酯树脂固化的收缩率一般为 7%～10%，易引起制品变形、开裂或使玻璃纤维裸露，因此目前 BMC 模压料用的树脂系统已改用含有低收缩添加剂的不饱和聚酯树脂，即在聚酯树脂中添加细分散或溶解了的热塑性塑料，如聚苯乙烯，用量为树脂总量的 5%～20%，不同低收缩添加剂及用量对制品线收缩率的影响如表 3-3 所示。

表 3-3　两种低收缩添加剂及用量对制品线收缩率的影响

品种	用量	线收缩率/%	备注
聚苯乙烯	15	0.250	① 树脂糊组成：196 聚酯 100 质量份，硬脂酸锌 2 质量份，碳酸钙 120 质量份，轻质氧化镁 2～3 质量份，过氧化二异丙苯 2 质量份 ② 用量按聚酯树脂为 100 ③ 线收缩率系将片状模压料模压成圆片型试样测量
	20	0.230	
	25	0.140	
	30	0.103	
聚乙烯	15	0.217	
	20	0.187	
	25	0.160	
	30	0.146	

注：表中的用量皆为质量份。

2. 引发剂

引发剂要求在常温下配存，稳定性好，操作方便，安全，价格低廉，在高温下能迅速分解并能使制品获得良好的表面质量。引发剂按其成型温度可分为高温引发剂（成型温度146～157℃）、中温引发剂（成型温度127～138℃）和低温引发剂（成型温度104～116℃）三类，也可使用混合型引发剂。使用混合型引发剂在价格、引发效率和制品性能方面都可获得改善。例如，混合使用中温引发剂过辛酸叔丁酯和高温引发剂过氧化苯甲酰叔丁酯，可以获得良好的制品表面质量。加入少量低温引发剂取代部分高温引发剂可以缩短固化时间，而对贮存寿命的影响极小。因此，使用者可根据自己的具体需求选择合适的引发剂。

3. 填料

在模压料中，主要的填料是碳酸钙。碳酸钙密度小、色白、颗粒尺寸分布广（1～20μm）、吸油率低、耐磨损、价格低，可以降低模压成型时的收缩，使制品表面平滑。在BMC配方中，填料可大量应用，但一般不超过树脂量的60%。为了赋予材料一些特殊性能，往往还加入某些特种填料。例如，黏土和硫酸钡，可提高材料的耐化学性；水合氧化铝，可使BMC具有自熄性；滑石粉，可以提高制品的耐水性，并能改善其电性能和后加工性（如打磨、钻孔）。

4. 增稠剂

为了使不饱和聚酯树脂的黏度增大，由液态变成不黏手的干态材料，需要加入增稠剂。增稠剂能使树脂的分子量增大，提高树脂的黏度，而又不促进其固化。通过加入增稠剂，控制BMC从生产到模压制品全过程中各个阶段的黏度变化：在纤维浸渍树脂时，要求树脂黏度小，以利于树脂浸润纤维，这个阶段增稠速度应足够缓慢；浸渍后，为使模压料尽快具有压制成型所需的黏度，树脂的增稠速度要快；一旦达到压制黏度，应立即停止增稠并保持稳定黏度，以利于模压料的长期贮存。理想的增稠曲线如图 3-4 所示。

常用的增稠剂是碱土金属的氧化物或氢氧化物，如氧化镁（MgO）、氢氧化镁 [Mg(OH)$_2$]、氧化钙（CaO）和氢氧化钙 [Ca(OH)$_2$]。这些增稠剂可以单独使用或混合使用。例如，CaO 本身并不产生增稠效应，但在 CaO/Ca(OH)$_2$ 系统中，它的加入能够显著改变增稠曲线的形状，如图 3-5，

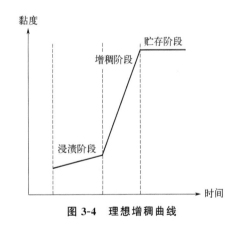

图 3-4　理想增稠曲线

一般认为，Ca(OH)$_2$ 决定系统的起始增稠特性，而 CaO 决定了系统能达到的最高黏度水平。当总含钙量一定时，CaO 越多，则初期增稠越缓慢，最终黏度也越高。CaO/Ca(OH)$_2$ 比值不同，增稠曲线的形状有很大差别。

MgO 是应用较广的增稠剂，其特点是增稠速度快，短时间内能达到最高黏度。增稠特性与 MgO 的活性和加入量密切相关，如图 3-6 和表 3-4，但增加 MgO 用量会显著降低模压料的耐水性。单种增稠剂在模压料中的加入量一般占树脂质量的1%～3%。最近发展的新的增稠剂/增稠促进系统，在室温一天或80℃下 6min 即可使树脂黏度达到 (3～6)×10^6 mPa·s，它们可以促进片状模压料连续生产工艺的发展，具有广阔的应用前景。

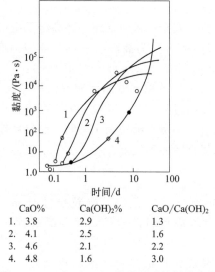

图 3-5　CaO/Ca(OH)₂ 增稠剂系统树脂糊的
增稠特性（含 6%Ca 的情况）

	CaO%	Ca(OH)₂%	CaO/Ca(OH)₂
1.	3.8	2.9	1.3
2.	4.1	2.5	1.6
3.	4.6	2.1	2.2
4.	4.8	1.6	3.0

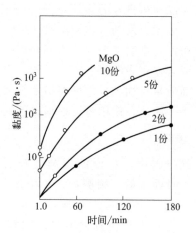

图 3-6　MgO 用量对不饱和聚酯
树脂特性的影响

表 3-4　不同活性值的 MgO 对增稠（黏度）的影响　　　　单位：Pa·s

MgO 类型	不同增稠时间下的黏度									
	0.5d	1d	2d	4d	6d	8d	10d	12d	14d	21d
活性 MgO	0.7209	0.7849	8.8	39	74	100	—	—	—	—
轻质 MgO	0.7849	0.7849	0.9932	8.5	17	27	37	48	59	130

　　除了增稠剂的品种、用量及活性外，影响增稠效果的因素还有聚酯树脂的酸值、所含水分以及温度等。其中，增稠速度与聚酯树脂酸值成比例，酸值越高，黏度和增稠速度变化越大（图 3-7）。树脂中含有的微量水分会影响系统初期黏度的变化，当含水量低于 1% 时，含水量越高，增稠曲线上升越快（图 3-8）。对于温度，随着温度的升高，树脂糊的增稠速度加快（图 3-9）。

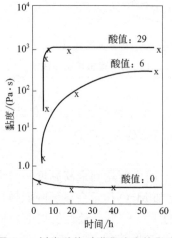

图 3-7　树脂酸值对增稠速度的影响

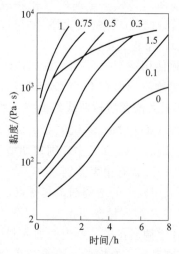

图 3-8　树脂增稠特性与含水量的关系
曲线上所注数字为树脂糊体系中所含水分（%）。

在生产中，较高的温度可以降低树脂系统产生化学增稠作用之前的黏度，从而使树脂糊易于输送并利于对纤维的浸渍；另一方面，较高的温度又能使浸渍后的系统黏度迅速增加并达到更高的增稠水平。因此，若要缩短贮存的 SMC 的启用期，可将片状模压料放在 45℃ 的烘房内进行加速稠化。反之，若要延长贮存期，贮存温度应低于 25℃。

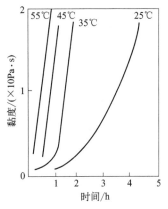

图 3-9　树脂增稠特性与温度的关系

5. 增强材料

增强材料主要是短切玻璃纤维，不同玻璃纤维的切割性、分散性、浸渍性、抗静电性和流动性等性能是不一样的，选择时应根据应用对象和生产工艺的特点进行综合考虑。表 3-5 比较了不同集束性的玻璃纤维对制备过程、成型工艺和制品性能三者的影响。

表 3-5　不同集束性玻璃纤维的性能比较

性能	玻璃纤维类型		
	硬质	中等	软质
制片过程			
短切性	好 静电不成问题,纤维分布好	好 静电不成问题,纤维分布好	一般 静电障碍,纤维分布一般
毡的饱和性	好	好	一般
纤维浸透性	差	一般	非常好
成型过程			
流动性	非常好	好	一般
纤维取向	极少	极少	稍有
制品性能			
物理性能	低	中	高
耐化学性	一般	一般	好
电性能	一般	一般	好
熔接线强度	好	一般	差
缩孔标记	最不明显	表面可见	明显
表面波纹	极少	稍有	稍有

二、工艺及影响因素

BMC 的制备工艺流程如图 3-10 所示，首先将树脂混合物的各组分及填料混合，第二步再将增强材料加入混合。主要设备有混合器和挤出机。挤出机的作用是压紧预混料，驱赶裹入的空气，并将混合物加工成一定质量和形状的料块。

影响预混料质量的因素有：树脂系统的组分和黏度，增强材料的种类和长度，混合程序、混合温度和混合时间，混合器类型，挤出机模具尺寸和模具温度及挤出速度等。树脂混合物的黏度是影响混合的重要因素。为了使物料在压力下缓慢移动且各组分不发生分离，树脂混合物应有较高的黏度；但过高的黏度会促使纤维自身离析，并且不易浸湿各种干组分，从而导致预

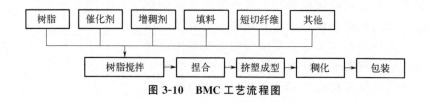

图 3-10　BMC 工艺流程图

混料制品的拉伸和冲击强度急剧下降。因此，混合物黏度应适当。影响混合物黏度的因素除树脂原始黏度外，还包括增强材料增稠剂、引发剂和填料的类型。如以剑麻为增强材料，混合物的黏度更高，其制品孔隙率低、表面光洁，不易产生纤维离析；以石棉为增强材料也不易产生分相流动，制品表面光洁；而玻璃纤维在混合中最容易产生纤维离析现象，故混合时间要短（一般在 3～4min 内）。加热混合可降低混合黏度，有利于树脂浸渍纤维，又可提高制品的性能。表 3-6 和表 3-7 说明了混合时间和温度对制品性能的影响。混合时，各组分的加入次序也很重要，玻璃纤维应在最后均匀、逐渐地加入混合器中，而不是一次全部投入。

表 3-6　混合时间对制品性能的影响

混合时间/min	5	8	13	30
弯曲强度/MPa	114	111	109	64

表 3-7　混合温度对制品性能的影响

制品性能	加热混合(50～60℃)	室温混合
拉伸强度/MPa	82	61
压缩强度/MPa	161	164
弯曲强度/MPa	155	109
弯曲模量/GPa	15	7.8

任务三　片状模压料

为了降低大尺寸薄壁制品模压件的要求和降低模压机的吨位，20 世纪 60 年代开始在德国出现了片状模压料（sheet molding compound，SMC）。SMC 是将树脂胶液浸渍过的短切玻璃纤维或玻璃纤维毡包裹在上下两面聚乙烯薄膜内，形成片状夹芯形式的模压料。使用 SMC 时，只需撕掉两面的聚乙烯薄膜，按成品相应尺寸裁切、叠层，然后放入模具中加温加压固化，即可得到需要的制品。SMC 具有优越的电气性能、耐腐蚀性能、质轻及工程设计容易、灵活等优点，其力学性能可以与部分金属材料相媲美，因而广泛应用于运输车辆、建筑、电子/电气等行业中。

SMC 与 BMC 的组成极为相似，两者的区别在于 SMC 中纤维含量较高，纤维长度较长，填料含量较少。SMC 中纤维含量通常在 25%～35%范围内，填料占 40%左右，纤维长度可以是 6mm、12mm、25mm 及 50mm，长纤维可以提高制品强度，但模压时纤维取向严重；短纤维改善了材料的流动性，制品中纤维分布均匀，但制品强度较低，一般以 25mm 居多。另外，与 BMC 相比，SMC 中的纤维没有经过捏合，强度下降较少。常见的 SMC 配方如表 3-8。

表 3-8　SMC 配方

组分	树脂混合物配比/%	制片时配比/%	最终组成/%
树脂 低收缩聚酯树脂	40		28
引发剂 过苯甲酸叔丁基(树脂含量的百分比)	1.0	70	
增稠剂 Ca(OH)$_2$、Mg(OH)$_2$ 或 MgO	1～1.5 或 2～3		1.4
填料 CaCO$_3$	57		40
内脱模剂 硬脂酸锌	1～1.5		0.6
增强材料 玻璃纤维粗纱(6～25mm)	—	30	30

片状模压料的生产工艺流程和示意图分别如图 3-11 和图 3-12 所示。

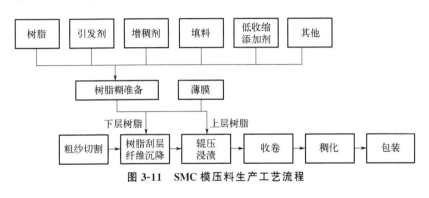

图 3-11　SMC 模压料生产工艺流程

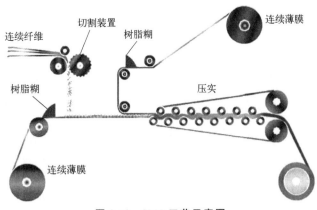

图 3-12　SMC 工艺示意图

一、配制树脂糊

根据配方，将树脂、填料和增稠剂等组分预先充分混合，制成树脂糊。树脂糊制备有两种方法：分批混合法和连续混合计量法。分批混合法是将树脂和除增稠剂外的各组分依次搅拌混合，最后加入增稠剂，混合后经过计量后即由混合泵输送到制片机组生产线上。采用分批混合法时要控制好各组分加入后的黏度范围，尤其当增稠剂加入 30min 后，应严格监控允许的最大黏度值。如时间过长，树脂开始快速增稠，将影响对玻璃纤维的浸渍。采用连续混合计量法时，树脂糊分为 A、B 两组分，A 组分含有树脂、引发剂和填料；B 组分含有惰性聚酯或其他载体、增稠剂和少量作悬浮体用的填料，对 A、B 两组分分别准确计量，然后汇流在一个静态混合器内均匀混合，最后输送到制片机组，整个混合过程是连续进行的。

二、增强材料预处理与切割

将玻璃纤维粗纱或玻璃纤维毡进行表面处理，包括热处理或化学处理，进入切割器。在此同时，将配制好的树脂糊输送到下层聚乙烯薄膜上并通过刮刀均匀刮平至一定厚度，进入切割器的玻璃纤维粗纱被切短，落入涂有树脂糊的下层聚乙烯薄膜上。如果采用玻璃纤维毡，不需要切割，直接与下层树脂糊贴合浸渍。

三、辊压浸渍

当纤维落入下层薄膜树脂糊中，同时用刮有树脂糊的上层薄膜覆盖，再通过一系列压力辊使树脂浸透纤维并驱赶出裹入的气泡，且将片材压紧成均一厚度。压力辊的形状有平光辊、槽形辊、刺辊和螺旋辊等。片材经过压力辊之间相当曲折的路径时，受到弯曲、延伸、压缩和揉捏等作用，使树脂充分浸渍纤维。为了加速浸渍，还可以对压力辊加热，但应控制在对纤维润湿具有最合适的黏度的温度，以避免树脂糊从侧边流出。

四、收卷稠化

经过辊压和充分浸渍后，将 SMC 收卷，从机组卸下，进入后续的熟化/稠化工序（室温下 1～2 周），使黏度达到稳定且适于模压的范围方可使用。为加速熟化，可在 40℃下处理 24～36h 或更长时间。目前，为了提高 SMC 生产效率，可在制片机上增设稠化区或采用新型高效增稠剂，使 SMC 一旦制成便可立即用来压制成型。

SMC 的质量对成型工艺及制品质量有很大的影响。表 3-9 为 SMC 生产过程中的常见问题、产生原因及解决方法。SMC 的质量控制，包括树脂糊配方、纤维含量、增稠程度、单重、薄膜揭去性和质量均匀性等内容。配方直接影响模压制品质量，也影响压制工艺性，如流动性、脱模难易程度等。单重直接影响加入模腔内的 SMC 层数。一般情况下应尽量减少层数，在压制厚度较大的制品时，宜采用单重较大的 SMC。SMC 的增稠程度是一个重要的质量指标。增稠程度太低，制品强度和外观都不好，薄膜难以揭去；增稠程度过高则需较大的成型压力或增大加料面积，否则会因物料流动性差难以成型为结构复杂的薄壁制品。如果 SMC 的单重均匀，压制时可以省去称料工序，只需按面积或层数加料即可，大大提高生产效率。

表 3-9　SMC 生产过程中的常见问题、产生原因及解决方法

常见问题	产生原因	解决方法
薄膜打皱	薄膜张力偏低	增加薄膜张力
	和展幅辊贴合不良	增加膜与辊的接触面
	展幅辊排列不良	调整展幅辊
	薄膜与膜行走方向不一致	调整薄膜卷
	薄膜在刮糊区打皱	清洁刮糊槽

常见问题	产生原因	解决方法
薄膜撕裂	侧挡板与薄膜之间没有足够的间隙	侧挡板升高
	薄膜边缘损伤	更换薄膜
	填料结块或有杂质	过滤树脂糊
树脂糊出现沟状涂覆	填料结块或有杂质	过滤树脂糊
干纤维	纤维结团后坠落	安装气吹系统
	树脂糊黏度偏高	控制配糊区温度和 SMC 生产环境温度;检查混合物组分和浓度;检查 SMC 糊初期增稠性、主要成分含水量
	浸渍辊数量不足	增加浸渍辊数量
	初期增稠速度过快	控制配糊区温度和 SMC 生产环境温度;检查混合物的组分和浓度;检查 SMC 糊初期增稠性能、主要成分含水量
	沉降区有涡流	密封切割区
	静电积累	安装防静电杆;所有机架和辊接地
SMC 分布不均匀	SMC 宽度方向厚薄不均匀	减少摆料面积使各层玻璃纤维吻合性较佳
	粗纱间隔不均匀	粗纱重新接列
	粗纱数量不足	增加粗纱数量
	静电积累	安装静电消除器;机架、辊接地
	SMC 边缘纤维含量偏高	密闭切割区
	进入切割器的粗纱排列过宽	调整粗纱排布
	侧挡板调节不当	调整侧挡板
	SMC 边缘纤维含量偏低	增强模压压力
	切割器下方有气流	密闭切割区
	切割器粗纱排列过窄	调整粗纱排布
	侧挡板调节不当	调整侧挡板
长纤维	切割器操作不当	校准切割器辊套和辊的直线度;更换刀片;更换辊套;增加压辊压力
纤维在切割器机架和辊上堆积	静电过大	调节静电消除器,更换损坏的销子
	粗纱在纱架/导钩和导管处磨损	检查粗纱接触点的粗糙度
	生产区域湿度过低	增加相对湿度
	粗纱抽拉速度过快	增加粗纱数量;降低切纱速度
纤维和 SMC 之间有空气	浸渍压力不足	增加浸渍压力
	SMC 边缘有富树脂层	调节 SMC 边缘有少量干纱
纤维浸渍差	纤维分布不均匀	检查静电和切割器状况
	树脂糊黏度过高	降低树脂糊黏度
	浸渍压力不足	增加浸渍压力
	对设备而言纤维含量过高	提高浸渍辊的温度;改变纤维含量到易于浸渍的程度

续表

常见问题	产生原因	解决方法
SMC局部少量纤维浸渍不良	粗纱间隔不合适	重新调整粗纱间隙
	树脂糊在薄膜上涂覆不均匀	检查刮刀间隙;检查刮刀下有无杂质
	浸渍辊压力不均匀	检查浸渍辊是否变形;检查浸渍辊上是否有杂物堆积
在收卷区有挤出物	收卷张力过大	降低机器收卷张力
	对生产片材而言树脂黏度过低	调整树脂糊黏度
	对SMC片材宽度而言,薄膜太窄	增大薄膜宽度或减小片材宽度
在收卷区SMC片材呈伸缩状或者卷成蛋形	收卷张力过大	降低机器收卷张力
	收卷机和机组排列直线度差	调整收卷设备和机组的直线度
单重不适当	玻璃纤维和树脂的量需调整	调整切割速度和刮糊间隙
	机组校准不正确	再校准切割速度
	树脂糊组分比例不当	检查树脂糊的相对密度

项目三 连续纤维半成品

当采用连续纤维（如连续多股的纤维长纱、连续纤维布等）与树脂混合浸渍、烘干或稠化后，得到的半成品称为连续纤维半成品。

任务一 预浸胶布

预浸胶布是复合材料半成品的一种重要类型，是将织物（布）经热处理或表面化学处理、浸渍树脂、烘干、收卷或剪裁得到半成品，它主要用于层压、卷制、布带缠绕和裱糊成型。生产胶布的主要原材料是整卷的碳布、玻璃布、高硅氧布或涤纶布。常用树脂有酚醛、环氧以及有机硅等树脂。胶布制备工艺流程见图3-13。

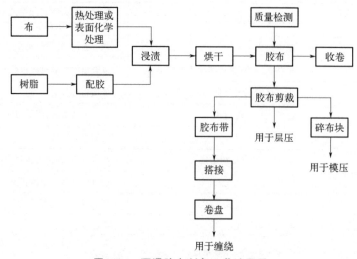

图 3-13 预浸胶布制备工艺流程图

　　整个工艺过程是连续进行的。布以一定速度均匀移动，首先通过热处理炉除去水分或石蜡浸润剂，然后经过浸胶槽浸渍一定量的树脂溶液，再经过烘干炉除去大部分溶剂和挥发物，并使树脂预固化到一定程度，最后收卷贮存。图 3-14 和图 3-15 分别是卧式浸胶机和立式浸胶机两类，两者都可以用于预浸胶布的生产，主要是热处理炉和烘干箱放置方式不同，运用特点也不同（表 3-10）。

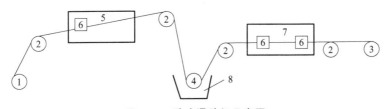

图 3-14　卧式浸胶机示意图

1—布卷；2—导向辊；3—牵引辊；4—上胶辊；5—热处理炉；6—抽风口；7—烘干箱；8—浸胶槽

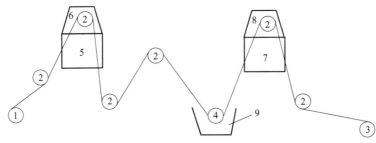

图 3-15　立式浸胶机示意图

1—布卷；2—导向辊；3—牵引辊；4—上胶辊；5—热处理炉；6—排风罩；7—烘干箱；8—排风罩；9—浸胶槽

表 3-10　两种浸胶机的适用范围及特点

类型	使用纤维织物种类及特点	烘箱温度/℃		
		底部段/进口段	中部段/中间段	顶部段/出口段
卧式浸胶机	适用于强度较低的增强材料；占地大，热能利用低	100～110	130～150	100 以下
立式浸胶机	适用于强度较高的增强材料；占地小，热能利用高	60～80	80～100	130 左右

一、热处理

　　热处理主要在热处理炉中实现，用于去除玻璃纤维在拉丝和纺织过程中所用的石蜡乳剂（浸润剂），俗称脱蜡。由于脱蜡温度较高（350～450℃），可同时驱除布在贮存中从空气吸收的水分。对于不附有浸润剂的织物（例如高硅氧布），热处理则主要用于驱除水分，所需温度为 110℃左右。

二、浸胶

　　将处理后的布通过浸胶槽（图 3-14 中 8 和图 3-15 中的 9）内的胶液实现浸渍。浸胶槽形状有 U 形和 V 形两种，U 形槽能放置较多胶液，布在 U 形槽中与树脂溶液可以有较长的接触时间。V 形槽的槽底较窄，槽中只需少量树脂溶液即能实施浸渍，适用于小批量胶布试制性生产，每批完成后，胶槽中的剩胶量少，易于清理，但在浸渍过程中需要经常补充胶液，维持胶液的深度。

浸胶要求胶液充分、均匀地浸透布，并达到一定的含胶量。为确保浸胶质量，需要合理地选择和控制影响浸胶质量的因素，主要是胶液的浓度、黏度和布在胶液中的浸渍时间。此外，浸渍过程中的张力和挤胶（或刮胶）机构的配合也很重要。下面分别叙述这几项因素的影响与控制。

1. 胶液浓度

胶液浓度是指树脂溶液中树脂含量的质量百分比。胶液浓度大小直接影响树脂溶液对布的渗透能力和纤维表面附着胶液的多少，即影响胶布的含胶量。在实际生产中，通过测量和调节胶液密度，了解和控制胶液的浓度。表3-11列出了浸渍不同规格布所采用的胶液相对密度。胶槽内胶液浓度的均匀性是影响胶布含胶量是否均匀的一个重要因素。为了保证胶布含胶量均匀，当槽内胶液的相对密度过高时，可向槽内倒入已经稀释的树脂溶液（相对密度一般应比要求的胶液相对密度低0.01~0.02），以调节槽中的树脂浓度，不能直接将溶剂倒入胶槽内去冲稀槽内原有的树脂，会造成含胶量严重不匀。为保证胶布质量，槽内应保持一定的胶液深度，在生产过程中可采取连续加胶液或间歇加胶液的方法来维持胶槽内的胶液深度。

表3-11　不同规格布使用的胶液相对密度（配成50%浓度胶液）

布	厚度/mm	经向密度/（根/cm）	纬向密度/（根/cm）	树脂	含胶量/%	胶液相对密度（胶槽）
玻璃布	0.2±0.01	18±1	14±1	氨酚醛	29±3	1.08±0.01
	0.2±0.01	18±1	14±1	氨酚醛	33±3	1.11±0.01
	0.2±0.01	18±1	14±1	环氧酚醛	33±3	1.07±0.01
	0.2±0.01	18±1	14±1	钡酚醛	32±3	1.08±0.01
	0.1±0.005	20±1	20±1	氨酚醛	35±3	1.02±0.01
	0.1±0.005	20±1	20±1	钡酚醛	33±3	1.04±0.01
	0.1±0.005	20±1	20±1	环氧酚醛	35±3	1.01±0.01
高硅氧布	0.25±0.015	12±1	12±1	钡酚醛	40±3	1.07±0.01
	0.25±0.015	12±1	12±1	氨酚醛	37±3	1.05±0.01
涤纶布	—	—	—	钡酚醛	35~43	1.02~0.01

2. 浸渍时间

浸渍时间是指布在胶液中通过的时间。浸渍时间的长短根据布能否浸透来确定，浸渍时间长，布充分浸透，但走布速度慢，生产能力降低；浸渍时间短，布不易充分浸透，大部分胶液浮在布的表面，含胶量达不到要求，胶分布不均匀。要根据布的厚度和要求的含胶量确定浸渍时间，对于0.1mm和0.2mm厚的玻璃布，浸渍时间不低于40s；0.25mm厚高硅氧布和涤纶布，浸渍时间不低于60s。

3. 张力控制和刮胶

为了生产质量合格的胶布，除了上述三项工艺参数外，还必须控制布的张力，并通过刮胶或挤胶机构来确保上胶量和布各处含胶量的均匀性。

布的张力大小应根据布的规格和性质来决定，不宜过小或过大。张力过小，浸胶机构运行不稳定；张力过大，布幅会产生横向收缩（纵向拉长）和变形。同时，沿布幅宽度的张力分布要基本一致，不能出现一边松一边紧或中间与两边松紧不均匀等现象，确保布平整通过整个浸胶装置。张力的主要来源是布的自重和布运行中各牵引辊提供的摩擦力，也可装设专用张力辊，调整张力。

刮（或挤）胶的作用是帮助胶液浸透进布的内部经纬纱线之间，同时保证布面胶液均匀。通常采用挤压辊式、刮刀式或淋胶式来实现（图 3-16）。挤压辊式即利用两个挤压辊对通过的浸胶布所施加的压力及两辊间间隙的大小来调节胶布的含胶量，这种挤胶形式适于编织紧密的布，对挤压辊的表面光洁度及平直度要求较高。刮刀式是采用一对刮刀，将经过浸胶的布表面浮胶刮去，通过调节刮刀间

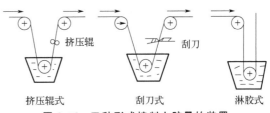

图 3-16 三种形式控制上胶量的装置

间隙和胶液黏度来控制胶布的含胶量，简单易于实现，但是胶布各处的含胶量不易控制均匀，且容易刮伤布面。淋胶式是利用胶布上多余胶液的自重，使其流回胶槽内，这种方式要求胶液黏度小，浸胶速度慢（通常为 1~2m/min）。

4. 浸胶速度

浸胶速度，即布的牵引速度。当浸胶速度过快时，胶液很难浸透到布的内部，大部分胶挂在布的表面，形成所谓的"浮胶"。布通过胶槽的速度过快还会过激地搅动胶液，加速溶剂挥发，导致胶液浓度增大变快。浸胶速度过慢，则会影响胶布的生产效率。当前浸胶设备都是连续生产的机组，浸胶速度要根据布在热处理炉中通过的距离、在胶槽中通过的距离及在烘炉中通过的距离综合考虑。

5. 稀释剂

稀释剂对布的浸渍与胶布的含胶量有一定的影响，正确选择和使用稀释剂是浸胶工序不可忽视的环节。稀释剂要能充分溶解树脂，常温下的挥发速度较慢，达到沸点后挥发速度快，无毒或低毒。如果一种溶剂不能同时满足这些要求，允许采用混合溶剂。

三、烘干

布浸胶后，为了除去胶布中的挥发物质并使树脂初步固化，需要对浸胶布进行烘干。烘干过程是在烘干箱中实现，烘干箱可分为卧式烘干箱与立式烘干箱。卧式烘干箱（图 3-14 中 7）的箱体长度视生产规模而定。箱体长时，布的移动速度可以加快，因此胶布生产率高，烘干箱箱体最长可达 16~20m。烘干箱温度一般分三段控制和调节：进口处为第一段，温度较低；中部为第二段，温度最高；出口处为第三段，温度也较低。烘干箱内温度分段是为了保证在干燥过程中胶布内的挥发物能充分汽化逸出，不致因骤然在烘干箱进口处接触高温使胶布表面形成阻止内挥发物排出的硬膜，并造成胶布表面起泡。同时，布内所浸渍的树脂的状态可以在温度逐渐升高的过程中平缓地由 A 阶段转入 B 阶段。然后在第三段再经历一个温度由高至低的过程，使树脂的转变反应缓和下来并逐渐停止。

卧式炉体内热风的自然对流和均衡温度场的作用较弱，加之布在热处理炉和烘干箱中都是单程通过，因此热能的利用率较低。相比之下，立式烘干炉的自然对流作用较强，并且布在炉中为双程往返，热能利用率高，布的移动速度比卧式高。

烘干过程主要控制温度和时间两个参数，烘干温度过高或烘干时间过长，会使不溶性树脂含量迅速增加，严重影响胶布质量；反之，如烘干温度过低或烘干时间过短，则会使胶布的挥发分含量过高，给后续的工序带来麻烦，造成制品质量下降（例如气孔过多）。因此，合理地选择烘干温度和烘干时间是保证胶布质量的关键。烘干温度和烘干时间主要根据树脂类型来确定，同时还应考虑布的厚薄、设备运行速度和气温情况。下面列举两组试验数据来说明烘干温度和烘干时间对胶布挥发分和不溶性树脂含量的影响（表 3-12 和表 3-13）。试验采用的原材料为氨酚醛树脂和 0.2mm 厚无碱平纹玻璃布，含胶量为 29%±3%。

表 3-12　烘干温度对胶布挥发分和不溶性树脂含量的影响

温度/℃	100	105	110	115	120
挥发分/%	5.11	4.23	3.85	3.47	3.41
不溶性树脂含量/%	—	—	—	0.54	1.16
温度/℃	125	130	135	140	145
挥发分/%	1.70	1.32	1.25	1.04	0.86
不溶性树脂含量/%	26.0	55.6	59.3	76.7	90.4

注：试验在恒温烘干箱中进行，烘干时间为 200s。

表 3-13　烘干温度和时间对胶布挥发分和不溶性树脂含量的影响

温度/℃	项目	时间/min				
		5	7	10	15	20
110	挥发分/%	3.26	3.16	3.02	2.38	2.13
	不溶性树脂含量/%	—	—	—	22.3	37.7
115	挥发分/%	3.12	2.55	2.17	2.12	1.64
	不溶性树脂含量/%	2.50	5.85	30.2	49.3	56.8
120	挥发分/%	2.50	1.72	1.60	1.60	0.95
	不溶性树脂含量/%	12.0	42.0	57.5	62.0	78.0

注：试验是在卧式浸胶机上进行的。

由表 3-12 可以看出，挥发分对温度变化很敏感，特别在 125℃ 以下更为显著。当温度低于 120℃ 时，温度对不溶性树脂含量影响不明显，而当温度达到 120℃ 以后，不溶性树脂含量变化较快。从表 3-13 不难看出，烘干温度和烘干时间是胶布烘干过程中的两个主要工艺参数，它们对胶布的两个质量指标挥发分含量和不溶性树脂含量起着决定性的作用。一般说来，烘干过程以缓慢一些为好，也就是说使温度偏低一些，烘干时间长一些，这样生产控制较方便，胶布质量也易得到保证。

上述因素随树脂品种和布的规格不同对浸胶过程将产生不同的影响。生产中应根据具体情况，结合实践经验和试运行结果，确定合适的工艺参数。

四、剪裁

胶布经过烘干后，需经过树脂含量、挥发分含量和不溶性树脂含量三项质量指标的检测，如三项指标合格，再经外观检查后即可根据制品和成型工艺的要求进行裁剪。

胶布外观质量要求一般有：

① 不能有油污，对局部污染的胶布必须将污染处裁掉；

② 对于有严重机械损伤和异常现象的胶布如破裂、皱褶较多者，应剔除；

③ 对于有严重浮胶和含胶量严重不均匀的胶布，不能用在质量要求较高的制品；

④ 严防掺入其他杂质，如粉尘、水分和溶剂等。

根据不同的用途，胶布的裁剪可以是连续的，也可以是间歇的。如缠绕用胶布带有直裁和斜裁两种。直裁是将烘干胶布通过裁刀架连续地顺经向切割成要求宽度的胶布带，然后通过缝纫搭接、倒盘，卷成一定直径的胶布带盘。斜裁是将烘干后成卷胶布置于裁刀机上，使刀刃与布经向呈一定角度（常用45°）裁剪成规定宽度的胶布带，然后缝纫搭接，倒盘。层压用胶布采用间断式剪裁，剪裁的尺寸根据层板大小适当加放以作为加工余量。模压用的胶布应剪成碎块。

部分胶布生产工艺参数如表 3-14 所示。生产中常见的问题、原因和解决方案如表 3-15。

表 3-14　胶布的生产工艺参数

原材料			布热处理条件		胶辊间隙/mm	烘干条件		胶布质量指标/%			漫胶机型式	胶布用途
布	树脂	胶液相对密度	温度/℃	时间/min		温度/℃	时间/min	R	S	V		
0.25mm厚高硅氧布	钡酚醛树脂	1.10~1.11	160±10	4~10	0.40~0.45	90~110	—	35~43	92~98	3~6	卧式	缠绕
						95~125	—		55~85	<4		模压
0.1mm厚平纹玻璃布	钡酚醛树脂	1.08~1.09	350±10	4~10	0.20~0.45	75~85	—	32~40	>95	3~7	卧式	手糊
		1.08~1.11				80~110	—	35~43	92~98	3~6		缠绕
0.25mm厚涤纶布	钡酚醛树脂	1.01~1.04	160±10	3~6	0.50~0.60 0.40~0.50 0.50~0.60	100~120 80~110 100~120	—	35~43	92~98	5~7	卧式	缠绕
									>95	6~9		手糊
		1.01~1.03							55~85	2.5~5.5		模压
0.2mm厚平纹玻璃布	酚醛树脂:环氧树脂6:4	1.06~1.08	—	—	—	127~133	8	33±3	80	3	立式	层压
						125~130	8		97	3		缠绕
0.1mm厚平纹玻璃布	氨酚醛树脂	—	—	—	—	105±5	8	40±3	95	不发黏	立式	卷管
0.1mm厚平纹玻璃布	E-42环氧树脂苯酐二丁酯	0.95	—	—	前70 中130 后110~120		2	41~43	>90	4~6	卧式	复箔
												层压

表 3-15 生产中常见的问题、原因和解决方案

问题	原因	解决方案
胶布的含量不均匀	① 胶液不均匀 ② 浸胶时张力不均匀	① 搅匀胶液 ② 调节张力
胶布的流动性、挥发分含量突然增大	① 烘箱温度没有调节好,风量不均匀 ② 浸胶速度过快	① 待烘箱温度达到要求后再开动机器 ② 适当调节浸胶速度
胶布上有黑斑或黑点污迹	烘箱出口处墙壁和排风管口上有积聚的低分子物	用棉布将墙壁和排风管口擦干净
挤压辊间发生多层布反卷	胶布运行速度与收卷速度不同步	立即停止电机运转,检修挤压辊

任务二 预浸渍纱带

预浸渍纱带是多股连续纤维浸渍树脂后,经烘干制成的带状半成品,也称胶纱带。胶纱带中的纤维呈单向平行排列,故也称无纬带。胶纱带由于能够充分发挥纤维的受力作用,因此具有极高的单向强度,玻璃纤维胶纱带的抗拉强度达 981～1300MPa。胶纱带主要用在干法缠绕成型工艺。若将胶纱带切成一定长度,可以用于高强度制品的模压成型,这种半成品称为带状模压料。

一、原材料

1. 树脂

树脂可选用环氧树脂、酚醛树脂和聚酯树脂,一般常用的是环氧树脂。以下是常用几种树脂配方。

（1）环氧酚醛胶液配方

表 3-16 为环氧酚醛胶液配方,其制成的制品能够兼顾耐热性及机械强度,胶纱带具有明显的 B 阶段,工艺性良好,有较长的贮存和适用期。

表 3-16 环氧酚醛胶液配方 (质量份)

E-42 环氧树脂	1134 树脂或 3201 酚醛树脂	二甲苯和乙醇的 1∶1 混合液
60～65	40～35	40

（2）环氧胶液配方

表 3-17 为环氧胶液配方,该配方工艺性较好,制成的制品具有中等强度。

表 3-17 环氧胶液配方 (质量份)

E-51 环氧树脂	E-20 环氧树脂	MNA	BDMA
40	60	55	1

注：MNA—甲基-3,6-内次甲基四氢邻苯二甲酸酐；BDMA—苯基二甲胺。

（3）聚酯胶液配方

表 3-18 为聚酯胶液配方,该配方中选用过氧化二异丙苯作引发剂,少量过氧化苯甲酰低温引发剂,以保证聚酯在较低温度下部分聚合。由于苯乙烯挥发性大,耐热性差,故此配方用 DAP 代替一般配方中的苯乙烯作为交联剂,改善工艺性,提高了制品性能。

表3-18　聚酯胶液配方（质量份）

固体 184 聚酯	固体 199 聚酯(耐热型)	过氧化二异丙苯(DCP)	邻苯二甲酸二丙烯酯(DAP)	过氧化苯甲酰(BPO)
50	50	2	20	0.1～0.5

2. 增强材料

胶纱带选用高强度纤维作增强材料，常用的高强玻璃纤维、碳纤维和芳纶纤维，性能如表3-19所示。

表3-19　高强纤维的性能

性能	高强玻璃纤维	碳纤维	有机纤维	
			芳纶 14	芳纶 49
单丝强度/MPa	3000～3200	2800～3000	2800～3200	3000～3400
模量/GPa	83～85	210	160～170	120

在生产中，通常用的是低捻度纱。与无捻纱相比，加捻纱可减少胶带生产过程中纤维导向辊或导向圈对纤维的磨损，避免出现断纱，影响生产效率和产品质量；但捻度不能太高，太高的捻度导致纤维束绞扭很致密，树脂浸透困难，影响胶带质量。表3-20为不同捻度对容器抗拉强度的影响。

表3-20　不同捻度对容器抗拉强度的影响

粗纱类型 （捻/m）	内压容器环向抗拉强度 /MPa
单股 0	380
单股 10	405
单股 160	344
单股 320	335

二、工艺及设备

胶纱带生产过程与胶布相似。图3-17和图3-18分别为生产工艺流程和设备图。

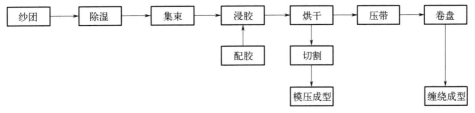

图3-17　胶纱带工艺流程

1. 纤维热处理及排布集束

制备胶纱带多使用高强度纤维，一般不需脱蜡处理，但需进行除湿。纱团置于纱架上自由退解后，可用红外灯或其他加热方式进行烘烤。由于纤维的表面处理剂通常都是水溶液，经表

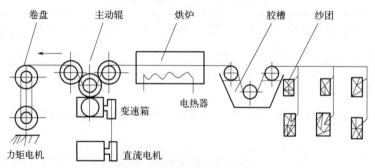

图 3-18　胶纱带机组示意图

面处理的纤维含有大量水分，即使未经表面处理的纤维也会从大气中吸附水分。水分除了会降低纤维本身的强度外，还会影响纤维与树脂的界面粘接，使制品强度和耐老化性能降低。表 3-21 列出了湿度对股纱强度影响的试验结果。纱的烘干条件（指烘干温度和时间）视纤维含水量和纱团大小而定。

表 3-21　湿度对股纱强度的影响

烘干温度/℃	10	16.5	19	70～80(烘箱中烘 24h)	37(红外线烘 4h)
相对湿度/%	85	54	48	0	0
股纱强度/MPa	1246	1305	1374	1697	1717

经烘干处理后，纱线经过排纱板集束/合并成带，可由几根甚至上百根单股纱合并。合并的纤维股数越多，得到的胶带也就越粗大，后续缠绕工艺的效率越高。但是，随着纤维股数的增加，各股之间张力不易保持均匀，各股松紧程度不一，在制品受力时不能同时发挥作用，影响纤维的强度转化率，同时，股数过多时胶液不易浸透，造成含胶量不均匀。胶带太粗，在缠绕中会形成较大的切点架空现象，影响制品的质量。表 3-22 所列是不同股数纱带缠绕的压力容器的抗拉强度试验结果。由表 3-22 可以看出，用单股纱缠绕的内压容器强度比用两股纱和四股纱高 13％～15％。因此，胶带采用的股纱数，要根据对制品的质量要求和生产率综合考虑确定。

表 3-22　纱型与容器抗拉强度的关系

粗纱类型 (10 捻/m)	内压容器环向纤维抗拉强度 /MPa
单股纱	405
两股纱	358
四股纱	352

2. 浸胶

纱团经退解、热处理和集束成带后，进入浸胶槽。与胶布相似，浸胶纱带也需控制含胶量，含胶量以 25％～30％比较适宜。浸胶中，胶槽中胶液的浓度对纱带含胶量和成带质量的影响很大，如表 3-23。胶液浓度低，尽管有利于浸透纤维，但由于上胶量减少，造成胶带的含胶量下降，因此，必须随时测量和控制胶液浓度。

表 3-23　胶液浓度对含胶量和胶带质量的影响

每 100g 环氧树脂中丙酮溶剂加入量/g	含胶量/%	成带情况
300	32.21	结实
350	28.45	结实
380	27.70	结实
400	27.45	结实
450	26.44	不结实
500	26.75	不结实

温度对胶带含胶量也有较大的影响（表 3-24）。温度对胶带含胶量的影响是通过胶液黏度变化引起的。温度升高使胶液黏度降低，有利于浸透纤维。同时，由于温度升高溶剂挥发造成胶液浓度升高也使胶带含胶量增大。为了保证胶带质量，胶槽应保持恒温。

表 3-24　温度对胶带含胶量的影响

胶液温度/℃	含胶量/%
4	26.51
10	27.71
20	28.08
39	30.27

3. 烘干

浸胶后胶带进入烘炉，胶液中的溶剂受热挥发，同时树脂与固化剂发生预反应达到部分胶凝的 B 阶段。

烘干温度和运行速度直接影响胶带中溶剂的去除和树脂的预反应程度。烘干温度过高或胶带运行速度过慢，胶带预固化程度过高，虽然成型性较好且在缠绕时容易排列整齐，但胶带太干硬，缠绕时黏着性差，制品的孔隙率高且层间强度过低；若烘干温度过低或胶带运行速度太快，预固化程度过低，制得的胶带湿而松散，成带性差，缠绕过程中会出现流胶、卷边等现象，纱带不易排布紧密，也会影响制品的质量。因此，胶带的烘干温度和运行速度应该根据胶液配方、胶带的尺寸及设备情况合理选择，一般凭实践经验或通过试验来确定。表 3-25 列出几组生产实践中采用的工艺参数。

表 3-25　不同树脂胶液生产胶纱带的工艺参数

工艺参数	环氧酚醛胶液	环氧胶液	聚酯胶液
烘炉温度/℃	120～140	130	90～100
烘干时间/s	60～96	30～60	60～90
胶液相对密度(20℃)	1.05～1.06	0.888	1.05～1.07

胶带的预反应程度可以用挥发物含量和不溶性树脂含量两项指标来表征，挥发物含量应控制为 3%±0.5%，而不溶性树脂含量不应超过 10%，生产上可以用胶液的折射率快速表征胶带的预反应程度，折射率与胶带质量的关系如表 3-26 所示。

表 3-26　折射率与胶带质量的关系

配方	折射率 （25℃）	胶带质量
		炉温 180℃，浸胶速度 6～9m/min
1	1.5700	不成带，表面很黏，缠绕时有胶挤出
2	1.5780	胶带不结实，表面很黏，缠绕时有胶挤出
3	1.5750	排带整齐，表面稍有黏性，胶带柔软，缠绕时工艺性好
4	1.5780	排带整齐，表面稍有黏性，胶带柔软，缠绕时工艺性好
5	1.5800	排带整齐，表面稍有黏性，胶带柔软，缠绕时工艺性好
6	1.5820	排带整齐，胶带干硬，表面基本上无黏着性

注：试验用胶液为表 3-17 的配方。

4. 牵引收卷

经过烘干后，通过牵引装置，将预固化的胶带牵引卷盘。随着胶带收卷，卷盘直径不断增大，为保持牵引稳定，可选用调速电机或可控硅直流电机，使收卷线速度与牵引速度相匹配。在收卷过程中用拖板使胶带在卷盘宽度范围内有规则地沿卷盘轴向左右摇摆，使胶带以规整的线型排列和卷绕在卷盘内。

项目四　纤维预成型件

将树脂与纤维混合后，制备成预浸料半成品，是提高生产效率的有效手段。但是，提前混入引发剂的树脂，在半成品生产过程以及存放过程中，存在着固化交联的危险，缩短了半成品的有效期。不仅如此，这类半成品，如 SMC、预浸胶布、纱带等，在模具上铺设的时候，需要根据模具形状进行剪裁，造成了材料的浪费。

纤维预成型技术是 20 世纪 90 年代初以来开发的一种新颖、实用的纤维预成型体制备技术。常用方法有三种：第一种方法是纺织、针织或编织净外形或接近净外形的预成型体；第二种方法是将增强材料缝合成弹性、半弹性的增强材料部件嵌入模具中；第三种方法是黏结预成型方法，增强纤维或织物表面涂敷少量的黏结剂，通过溶剂挥发、先升温软化或熔融（预固化）后冷却等手段使叠层织物或纤维束之间黏合在一起，同时借助压力和形状模具的作用来制备所需形状、尺寸和纤维体积含量的纤维预成型体。纤维预成型体在贴合模具后，进一步通过树脂灌注，实现纤维与树脂的浸渍、固化成型，有效避免了纤维/树脂预混带来的提前固化问题，并省去了预浸料的剪裁过程，保证产品质量，实现生产工艺快速及自动化。以下介绍几种纤维预成型件及其成型方法。

任务一　短切纤维喷射预成型体

短切纤维喷射预成型体，是将短切纤维与适量的黏结剂一起喷射到开有预留孔的模板或网屏上，通过有孔模板吸入空气，使粘有树脂的纤维沉积到模板上，并进行加热/烘干，使黏结剂固化定型，形成特定形状的预成型体。短切纤维喷射预成型工艺原理如图 3-19 所示。在生产中，通常采用组合的玻璃纤维粗纱和热固性树脂乳胶作为黏结剂，工艺特点是原材料成本低，可以生产净外形预成型体。但由于短切纤维力学性能低，限制了其应用范围，而且模具工装费用成本较高，能量消耗大。

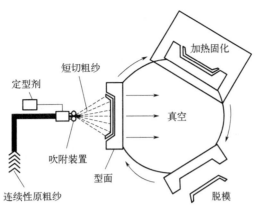

图 3-19　短切纤维喷射预成型工艺原理

任务二　CompForm 预成型

　　CompForm 预成型是唯一能使用多种增强材料的成型工艺，它能使用一种或几种增强材料混合成型，制成的预成型件可包括夹芯材料及嵌件。该预成型工艺使用液态热塑性黏结剂，通过紫外线照射固化。由于黏结剂是热塑性的，可以实现稳定的工艺重复，或不止一步地进行预成型，例如，可以在选定部分使用不透明的遮光罩，使得选定部分的黏结剂不固化，以备后面的组装或成型用。被遮住没有固化的区域，允许复杂的形状被"展开"成简单的形状，经"再包裹"成最终的形状，然后将前面的遮光部位用紫外线照射固化胶黏剂进行固化，最终制造出复杂的预成型体。

任务三　P4 预成型体工艺

　　P4 预成型体工艺主要是针对高纤维含量预成型产品，包括三个步骤：纤维铺层、固化和预成型脱模。将纤维粗纱切碎，与热塑性粉末状黏结剂一起喷射到预成型模具上，通过表面的正向气流，保证切碎纤维固定在模具表面，喷射完成后，模具锁紧，将预成型体压缩到所要求的厚度；接着向模具内吹热空气，熔化黏结剂，使纤维定型固化；模具开模，完成预成型体脱模。

　　与短切纤维预成型制备工艺相比，P4 工艺从本质上和原理上并没有太大的区别，只是在最后定型阶段上，P4 工艺用到了对模压制方法，更能有效地保证纤维的体积含量，同时为预成型体提供足够的刚度，即能生产高度坚固、净外形/净尺寸的预成型体。

　　预成型工艺的自动控制与直接纤维预成型相比有几大优点：控制喷射程序提供了可重复性与零件的一致性；控制玻璃纤维附着能消除超量喷射，减少了玻璃纤维废料；自动控制配合高级切碎枪能在短循环周期内喷射复杂形状。但 P4 预成型体工艺的可重复性是建立在完全自动化的机械上，整个工艺自动化通过机械手和自动机械控制来完成。

任务四　预成型热模压成型工艺

　　预成型热模压成型工艺步骤如图 3-20 所示。

　　其成型步骤如下：

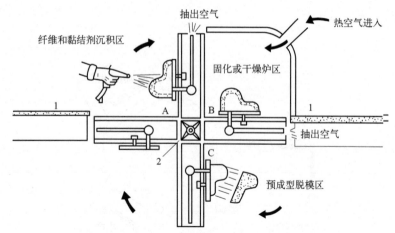

图 3-20 喷射旋转型预成型机的成型工艺示意图
1—楼板；2—旋转轴

① 树脂糊混合物的制备 在预成型和压制过程中使用的树脂混合物一般采用间歇混合法制备。进料顺序为树脂、单体、引发剂和填料。为使混合时产生的气泡在成型前逸出，使用前放置 1h；为防止树脂混合物在容器中凝胶化，混合物必须在 5h 内用完。树脂糊混合物的黏度一般控制在 15000～35000mPa·s。

② 检查预成型质量 主要包括预成型的松动、质量的均匀性和黏结剂的均匀性。

③ 模具的准备 主要是模具表面和剪切边的清理。

④ 准备称重 调整预制成型坯的重量，并添加局部加固材料。

⑤ 树脂混合物的灌注 将树脂混合物以一定的方式倒入预成型件中，可以在将预成型件放入模具之前或之后填充树脂混合物。最基本的灌注类型是"X"型，从一个角落移动到另一个角落。最终的灌注方法取决于制件的形状、总尺寸或面积以及制件曲率的复杂程度。

⑥ 压力合拢 压力机合拢采用二速系统，快合速度 125mm/s，慢合速度 1.55mm/s。

⑦ 成型压力 一般成型压力为 1.75～2.8MPa。

⑧ 固化时间 小型制件的固化时间为 1.0～3.0min，大型制件可达 20min。

⑨ 制件取出 借助压缩空气、铜件和真空装置取出制件。

⑩ 冷却定型 为防止制件翘曲变形，产品脱模后需在夹具上定型。

⑪ 检验与试验 对制件进行全面检验和性能试验。

项目五 半成品的质量指标

半成品的质量对制品性能及成型工艺有很大的影响，其性能包括物理性能、工艺性能和力学性能等指标。其中，物理性能主要包括树脂含量、挥发分含量和不溶性树脂含量；工艺性能主要包括铺覆性、流动度、凝胶时间、收缩性和压缩性等。

任务一 树脂含量（R）

树脂含量又称含胶量，用半成品中树脂，包括固化剂和各种改进剂的质量分数表示。树脂是复合材料的基体，它对复合材料的某些重要性能如热、抗烧蚀、电、耐化学腐蚀等有明显的影响。所以，随着性能要求不同，成型方法和所选用的树脂系统不同，树脂含量可在 20%～60% 的广泛区域内变化。树脂含量应按照制品的性能要求选取。例如，对于缠绕容器，树脂含量在 20% 左右时，容器的纵向强度最好；对于酚醛树脂层压板，树脂含量在 29%±3% 范围内力学性能较好，这是因为树脂含量过低，树脂不足以使各层之间粘接牢固，造成层间强度低；但如果树脂含量过高，在各层之间形成很厚的胶层，当板材受层间剪切时将首先在胶层间破坏，也造成强度下降。同时，如果含胶量过高，压制时容易流胶，也会使性能下降。

对于耐烧蚀材料，一般要求树脂含量在 37%～44% 范围内，尤以 40% 为最佳。在烧蚀过程中，较多的树脂会分解、释放大量气体，从而带走热量，还可以在热解后形成坚固的碳层，保护纤维不易被气流冲掉。

对于耐腐蚀材料，常通过制成多层复合结构，如图 3-21 所示。图中直接与腐蚀介质接触的面是纯树脂层或有表面毡的富树脂层，其树脂含量高达 90%，它与含 70% 树脂的短纤维毡层共同起到耐腐蚀和抗渗漏的作用。耐腐蚀结构的强度主要由含 45% 树脂的方格布的增强层提供。

在电气材料中，树脂含量一般不低于 35%。随着树脂含量的增加，复合材料的击穿强度、表面电阻、体积电阻都有提高，当树脂含量大于 60% 后，即使增加树脂含量，其电性能变化也不大。

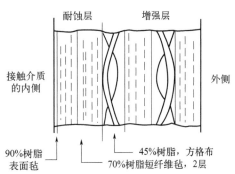

图 3-21　耐腐蚀玻璃钢结构典型示例

综上所述，为了保证制品的质量，必须按照不同的用途和设计要求，在生产过程的主要环节中注意控制树脂含量，其测定方法有以下几种：

① 萃取法　将试样放在索氏萃取器中，用适当的溶剂进行萃取，使半成品中的树脂完全溶解。根据试验前后试样质量的变化，计算半成品的树脂质量含量。

② 溶解法　将试样放入溶剂中，经过一段时间煮沸，使半成品中的树脂完全溶解。根据试验前后试样质量的变化，计算半成品的树脂质量含量。

③ 灼烧法　将试样放入坩埚，在马弗炉中灼烧，烧尽半成品中的树脂。根据试验前后试样质量的变化，计算半成品的树脂质量含量。

试样为尺寸 80mm×80mm 半成品单片。试样不应含有起毛、干纱或颜色不匀等缺陷。每批材料的抽样方式及数量按材料的技术条件规定，数量每批应不少于 3 个。

萃取法和溶解法不适用于其增强材料在溶剂中有增重或减重及 B 阶段程度高的半成品料。灼烧法只适用于玻璃纤维及其织物的半成品。

任务二　挥发分含量（V）

挥发分含量是指半成品中可挥发的成分所占的比例。挥发的成分主要包括：空气中的水分、溶剂、某些树脂（如酚醛）缩聚反应时释放出的水和低分子物（如残存的甲醛和游离酚）。挥发分是制品产生空隙造成性能下降的主要原因（表 3-27）。挥发分对制品工艺性的影响主要表现在对流动性的影响上，挥发物主要是小分子物质，它们的流动要比大分子容易得多，因此挥发分含量高则流动性增加。但在模压工艺中，若流动性过大，则易产生纤维与树脂的离析，造成纤维和树脂分布不均，导致制品局部聚胶和纤维裸露，同时也影响制品尺寸。而挥发物含量过小又造成物料的流动性差，不易成型形状复杂的零件。例如，表 3-28 为挥发分含量对布带缠绕工艺的影响，若挥发分含量高一些，则胶布层之间渗透性好，层间黏着牢固；但挥发分含量过高，又会造成胶布带发黏增加了操作困难。过低则胶布带发硬，胶布带之间不能紧密黏合，制品易出现分层的缺陷。

表 3-27　挥发分含量对弯曲强度的影响

V/%	弯曲强度/MPa
2.5	219
1.5	314
0.9	416
0.6	533

表 3-28　挥发分对布带缠绕工艺的影响

V/%	缠绕工艺			渗透情况
	张力/N	模胎温度/℃	布带温度/℃	
1.81	98~147	40~54	50~55	一般
3.14	98~147	45~58	45	很好
1.50	98~147	70~80	55~65	一般
1.67	98~147	50~60	50~55	一般

挥发分含量应根据不同的树脂类型而定。如对固化反应中放出低分子产物的酚醛树脂，挥发分含量可以放宽到不超过 5%，而对环氧类在固化反应中无低分子产物放出的树脂，其挥发物含量应小于 2%。还与制品的用途有关：用于制造机械零件的半成品中挥发分含量可稍高；用于电气零件的半成品挥发分含量应该尽量低。在布带缠绕、手糊、卷管等依靠树脂层间渗透方式成型的工艺中，半成品的挥发分含量宜稍高，以免层间黏合不牢。在依靠树脂流动成型的模压工艺中，半成品挥发物含量则不宜过高，以免压制时流胶严重致使制品出现瑕疵。特别对于大尺寸制品，因装料量多，若半成品挥发物含量高，则放出的气体总量多，因此应将挥发分含量控制在工艺允许的最低范围。

由以上叙述可见，在半成品生产中，挥发分含量是一个重要参数，它的数值应在出厂单上标明，以便后续工艺选用。

挥发分的测定方法是将试样在一定条件下加热，根据加热前后试样的质量损失计算挥发分含量，并以其所占百分数表示。试样尺寸按等于或相当于 100mm×100mm 的面积计算确定。取样部位在带宽的左、中、右各取一片，试样数量应不少于 3 片。生产控制测定应在机器稳定运行条件下取样。试样不应含有断股、起毛、干纱或颜色不匀等缺陷。每批材料的取样方式及数量由材料的技术条件规定。

任务三　不溶性树脂含量（C）

不溶性树脂含量用来表示半成品烘干过程中树脂的预固化程度（预固化程度也可以用可溶性树脂含量 S 来表示，$S+C=100\%$）。它影响后续工艺中物料的软化温度和流动性。不同的制品成型工艺或在不同气候条件下使用，对半成品的不溶性树脂含量有不同要求。如用于模压和层压的半成品，其不溶性树脂含量要比用于布带缠绕的高。压制时，如果半成品中不溶性树脂含量过低，将因树脂流动性大而导致流胶过多。实践证明 $C<15\%$ 时不宜用于压制；而 $C>65\%$ 时则易产生分层现象。

对不加压或加低压的缠绕工艺，一般不会产生流胶现象。不溶性树脂含量较低时，胶布带软，便于布带粘牢缠紧。所以布带缠绕中一般取 $C<10\%$，但在湿度较大、温度较高的气候下，胶的流动性增大，则不溶性树脂含量要相应提高。表 3-29 列出了不同工艺方法要求的半成品中不溶性树脂含量的参考值。

表 3-29 不同工艺方法要求的不溶性树脂含量

工艺方法	$C/\%$
层压	15~65
模压	15~45
手糊	<10
重叠缠绕	≤6
斜缠	15~20

任务四 树脂流动度

对于树脂预固化程度，可用树脂流动度来表征。流动度是指半成品在一定温度、压力和时间条件下树脂流出的程度。胶布流动度的测定条件因与压制条件接近，对工艺更具有指导意义。预固化程度大，流动度小，树脂难以向纤维中渗透，制品层与层之间往往接触不良；预固化程度小，流动性大，固化时往往严重流胶，制品树脂含量减少，还可能因流动大而影响到制品中的纤维方向。适当的流动性，可以驱除层与层之间的空气，降低复合材料的空隙率，保证树脂的均匀性，提高复合材料的层间剪切强度。

树脂流动度以两片一定大小的半成品按 $[0°/90°]$ 叠合，并在一定温度和压力下保持至树脂完全凝胶，树脂流出量用其所占半成品的质量分数表示。

任务五 黏性

黏性是半成品的主要工艺性能之一。在贮存过程中，半成品性能变差的第一个征兆往往是黏性降低。通常，黏性不合格就认为半成品超过保管期。所以，黏性是半成品质量控制的关键指标，也是确定半成品贮存期的主要依据指标。将两片规定尺寸的预浸料试片依次粘贴在不锈钢板基板上，在规定的温度和湿度条件下，将贴有预浸料试片的基板垂直放置 30min，如果两片预浸料不彼此分离，即认为黏性合格。

任务六 凝胶时间

凝胶时间是树脂从开始反应到失去显著流动性所需的时间，是复合材料成型工艺中的一个重要参数。凝胶时间的测定能够评价热固性树脂组成特性和进行精确的质量控制。将一定大小的预浸料试样放入已预热到试验温度的两片显微镜用玻璃片之间，通过玻璃片对试样施加压力，用探针探测流至玻璃片边缘的树脂，记录从开始加热至树脂不再成丝的时间，即为凝胶时间。

任务七　贮存期

半成品是一种半固化材料，其树脂基体处在 B 阶段，随着时间的增加，预固化程度会逐渐增大，制品的质量和工艺性都将发生变化；对 SMC 一类经过稠化的半成品，虽然树脂仍处于 A 阶段，但由于树脂中已加入低活性引发剂（低活性引发剂一般要在高温下才能引起树脂的共聚反应），如果 SMC 放置时间过长，即使在常温下引发剂也能缓慢起作用。而半成品制成后往往并不立即使用，存在着运输和贮存问题。促使半成品贮存期间发生变化的外界因素主要是温度和湿度。因此半成品必须遵守贮存要求，控制贮存环境的温度和湿度，确保半成品的质量。若存放超过了规定期限，应重新测量性能指标，只有合乎要求的才能继续使用。

 拓展知识

聚酯模压料（BMC/SMC）的发展及应用

我国 SMC/BMC 的发展已有 50 多年的历史。BMC 于 1967 年开始研制，而 SMC 的研制始于 1975 年。第一批 SMC 产品于 1976 年在北京 251 厂诞生。此后，我国 SMC/BMC 花了十多年的时间，进行艰难的技术探索、原材料改性、设备改良和市场开发工作。受多种因素的制约，SMC/BMC 的发展十分缓慢。

20 世纪 90 年代中期开始，国内 SMC/BMC 原材料供应商纷纷引进 SMC 专用树脂、玻纤及各种助剂，国外厂商也陆续在国内建厂，消化吸收引进的技术与生产设备，同时探索原材料国产化。随着设备的控制水平从简单控制、部分开环到局部实现闭环控制的进步，产品的生产控制精度也随之有了较大的提高，产品的整体水平已大大缩短了与世界先进水平的差距，具备较强的国际竞争力。

SMC/BMC 的应用主要集中在电力/电器、交通运输和建筑领域。

（1）在电力/电器中的应用

SMC 在电力系统中的应用，主要是作为绝缘材料。电工绝缘材料是电机的重要组成部分，它直接影响了电机的技术经济指标，在很大程度上决定了电器运行的可靠性和使用寿命。近年来，国民经济的高速发展，对电工绝缘材料的需求呈快速增长的趋势。玻璃钢除了各种酚醛及环氧绝缘板材外，SMC/BMC 也是重要的绝缘材料。在高压电机、低压电机、电力变压器、互感器、高压开关设备、低压电器、电力电容器、电子组件的绝缘和治具、夹具、垫板等方面都有大量的应用。SMC/BMC 等绝缘材料主要应用在高、低压电机及特殊电机的绝缘，电力变压器、互感器、高压开关设备的绝缘，低压电器、电力电容器、电子组件的绝缘，夹具、垫板的绝缘等方面（图 1）。

（2）在低压电器中的应用

低压电器是 SMC/BMC 的重要应用领域，在近十年来一直保持较高速的增长。在浙江，从事 SMC/BMC 电气/电器生产的企业不仅数量多，规模也大。

乐清市是中国低压电器之乡，拥有电器开关及相关配套（图 2）企业 5000 多家，也是我国最

图 1 BMC/SMC 绝缘制品

大的电器开关生产和出口基地。乐清树脂厂是我国多年来SMC/BMC产量最大的企业，现在乐清 SMC 材料生产厂家有 5 家，生产 BMC 材料的厂家有 50 余家，其中年产量3000～6000t 的厂家有 4 家，1000～3000t 的厂家有 10 多家，其余大约都在 1000t 内。其他像无锡新宏泰公司、宁波华缘公司、江苏兆鋆新材料公司、浙江天顺玻璃钢公司等都是国内 SMC/BMC 电器生产企业中综合实力的佼佼者。

（3）在交通运输中的应用

SMC/BMC 在交通运输中的应用主要是指在铁路客车及汽车工业中的应用。

众所周知，在德国、英国、法国、瑞士、澳大利亚、日本等国家的列车上，SMC 早已获得了广泛的应用。而在我国，近年来高速铁路建设的发展突飞猛进，也带动了SMC 在铁路车辆中的应用。SMC 在铁路客车上的应用主要是侧顶板、墙板、卫生间和洗手间（图 3）。

图 2 SMC 低压配电柜

近十年来，我国 SMC 在汽车工业中的规模化应用主要在重型卡车的驾驶室外覆盖件上，部分在面包车上也有应用。

（4）在建筑中的应用

SMC 在建筑上的应用主要有整体卫生间、屋面瓦、水箱、格子梁和建筑外墙装饰、保温等。我国 SMC 浴缸的生产始于 1990 年。直到 2005 年以前，每年生产 1 万～2 万套 SMC 整体浴室，SMC 年用量 3000～4000t。近 20 年来，尤其是自 2006 年以来，苏州科逸住宅设备公司专业规模化生产 SMC 整体卫浴设备。振石集团华美复合新材料公司也是一家以生产 SMC 建材制品为主的企业，除生产工程车辆外覆盖件、电器及轨道交通等零件外，其主要的建材产品是各种 SMC 门、洁净车间空气净化系统的格子梁和整体卫生间等。

图 3　铁路客车侧墙板

 思考题

1. 常用的半成品有哪些？各自选用哪些纤维和树脂系统？用哪些方法成型？
2. SMC 是什么？其主要组成和作用是什么？
3. 挥发分含量对制品性能和成型工艺有什么影响？如何确定挥发分含量？
4. 确定不溶性树脂含量的原则有哪些？
5. 半成品贮存过程中，影响性能变化的因素有哪些？
6. 什么是预浸料？其特征有哪些？
7. 预浸料的基本要求有哪些？

模块四

低压成型工艺

低压成型技术是复合材料物料或半成品/预浸料在常压或低压（0.1~0.7MPa，最高不超过2MPa）下加工固化成型的工艺技术。成型工艺过程为：首先将赋予一定形状的物料或预浸料放置到敞开式模具内，然后施加低压或不施加压力，使树脂流动渗透增强材料，在常温或加热下固化成型，脱模后再对制品进行必要的辅助加工即可得到产品。

低压成型所用的设备简单、投资少、见效快。一般轻质材料（如木材、石膏、复合材料、铸铝、水泥等）均可做模具材料，模具制造周期短、成本低。此工艺技术既适用于大型薄壁制品整体结构的制造，又适用于批量小、需频繁改变尺寸与形状制品的制造。该技术只需简单的工具和模具以及适宜的场地便可生产，有时还可以进行制品的现场加工，方便灵活，适用性强，非常适合乡镇企业和个体企业选用。尽管有众多新型成型技术出现，但低压成型技术在复合材料成型上仍在应用，其发展势头坚挺，是一种"经久不衰"的工艺方法。但这类工艺技术的缺点是生产效率低、劳动强度大、生产周期长，制品质量在很大程度上依赖于操作人员的经验和技能，而且质量重复性差。

本模块主要介绍低压成型中的手糊成型、喷射成型和铺层成型。

项目一 手糊成型

手糊成型又称手工裱糊成型或接触成型，是热固性树脂基复合材料制品较早的成型方法之一。此法是在涂好脱模剂的模具上，一面手工铺设增强材料一面手工涂刷树脂，直到所需厚度为止，然后经过固化、脱模而制得制品（图 4-1）。

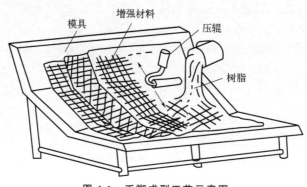

图 4-1 手糊成型工艺示意图

手糊成型是树脂基复合材料生产中最早使用和最简单的一种工艺方法。用手糊成型方法可生产波形瓦，浴盆，冷却塔，储槽，储罐，风机叶片，各类渔船和游艇、微型汽车和客车壳体，大型雷达天线罩及天文台屋顶罩，设备防护罩，雕像，舞台道具，飞机蒙布、机翼，火箭外壳、防热底板等大中型零件。

任务一 工艺特点

手糊成型工艺的最大特点是以手工操作为主，适于多品种、小批量生产，且不受制品尺寸和形状的限制；操作技术简单，工人经短期培训即可掌握。但这种成型方法生产效率低，劳动条件差且劳动强度大；制品质量不易控制，性能稳定性差，制品强度较其他方法低。手糊工艺生产需要根据产品的要求合理选用原材料，进行正确的结构设计和工艺设计，同时还要注意对各工序的质量检测、监控，才能保证制品的质量。因此，要求操作人员对手糊制品的结构设计、使用环境与产品性能及原材料的性能特点有更深入的了解，需具有较强的手糊技术和较为丰富的手糊经验。随着计算机技术在复合材料成型加工中广泛应用，各类先进成型方法不断涌现，但是手糊成型工艺仍占据较稳固的地位，其制品仍占据较大的市场份额，哪怕是在发达国家，手糊成型工艺还在沿用，而且还保持着坚挺的发展势头，特别是大型或超大型制品，如工艺塑像、汽车车体、船壳体、整体式浴室等（如图 4-2）的制备大都采用手糊成型技术。

任务二 原材料的准备

手糊成型中，常使用的原材料主要有纤维布，通常用量最大的是玻璃布，不管哪种规格，使用之前均须进行表面处理，即脱蜡和涂偶联剂处理，还必须防止纤维织物受潮或被污染。树脂体系以热固性树脂为主，需要添加固化剂、催化剂、增稠剂以及某些填料等进行调配，并控制黏度和凝胶时间等参数。因此对于原材料，需要进行充分准备。

(a) 工艺雕塑

(b) 人物塑像

(c) 观光车

(d) 船体

图 4-2　部分手糊成型的大型制品

一、胶液准备

根据产品的使用要求确定树脂种类，并配制树脂胶液，胶液的工艺性是影响手糊制品质量的重要因素，胶液的工艺性主要是指胶液黏度和凝胶时间。

1. 胶液黏度

手糊成型树脂黏度控制在 $200 \sim 700 \mathrm{mPa \cdot s}$ 之间。黏度对手糊作业影响大，黏度过高不易涂刷和浸透增强材料；黏度过低，在树脂凝胶前会发生胶液流失，使制品出现缺陷。黏度可通过加入稀释剂调节，环氧树脂一般可加入 $5\% \sim 15\%$（质量分数）的邻苯二甲酸二丁酯或环氧丙烷丁基醚等稀释剂进行调控。

2. 凝胶时间

对于手糊成型，一般要求手糊作业结束后树脂应能及时凝胶。如果凝胶时间过短，由于胶液黏度迅速增大，不仅增强材料不能被浸透，甚至会发生局部固化，使手糊作业困难或无法进行；反之，如果凝胶时间过长，不仅延长了生产周期，而且导致胶液流失，交联剂挥发，造成制品局部贫胶或不能完全固化。因此在手糊作业前必须做凝胶试验控制凝胶时间。但应注意，胶液的凝胶时间并不等于制品的凝胶时间。因为制品的凝胶时间除与引发剂、催化剂或固化剂用量有关外，还受下列因素影响：

① 胶液体积　胶液体积越大，反应放出的热量越不易散失，凝胶时间越短。

② 环境温度与湿度　气温越高，湿度越小，凝胶时间越短；反之，气温低，湿度大，凝

胶时间长，在温度低于 15℃时，会发生固化不良现象。

③ 制品厚度与表面积大小　若制品较薄，表面积很大，则凝胶时间比厚度较厚、表面积较小的制品的凝胶时间要长。因此，对于用胶量大的厚壁室温固化制品，应采用量少而多次配胶的原则，以延长胶液的凝胶时间。

④ 交联剂的损失　交联剂在胶液配制、糊制过程中会蒸发损失，导致交联剂不足，凝胶时间增长，制品固化不完全，所以在成型大表面积制品时，为避免交联剂蒸发损失，要注意缩短凝胶时间。

⑤ 添加剂　如果树脂胶液中加入某些物质，如填料、橡胶、硫、铜与铜盐、苯酚或酚醛树脂等，即使是少量的，也可抑制聚合反应，延长凝胶时间，有时甚至会导致完全不固化。

因此，综上所述，制品的凝胶时间主要考虑上述因素，通过合理的胶液配方来调控，一般多采用改变催化剂用量来调控。有关聚酯树脂凝胶时间与环境温度、催化剂用量间的关系可参考表 4-1。

表 4-1　不饱和聚酯树脂凝胶时间、环境温度、催化剂用量间的关系

环境温度/℃	萘酸钴的苯乙烯溶液用量/%	凝胶时间/h
15～20	4	1～1.5
20～25	3.5～3	1～1.5
25～30	3～2	1～1.5
30～35	1.5～0.5	1～1.5
35～40	0.5～1	1～1.5

此外，为了使凝胶时间得到有效利用，配胶时应该将树脂与固化剂以外的组分先调好搅匀，在施工前加入固化剂，搅匀后马上使用。

环氧树脂胶液使用胺类固化剂时，凝胶时间短，常采用活性低的固化剂，如二甲基苯胺、二乙基丙胺、咪唑、聚酰胺等与伯胺类共用来调节凝胶时间。活性低的固化剂要求较高的反应温度，而伯胺类反应温度较高，二者共用，可利用伯胺反应的放热效应促进低活性固化剂反应，从而达到减少伯胺的用量、延长树脂凝胶时间、满足手糊作业时间的要求。

3. 树脂胶液的配方

（1）不饱和聚酯树脂胶液配制

常用配方见表 4-2。

表 4-2　常用不饱和聚酯树脂配方（质量份）

配方组分	原料配方编号				
	1	2	3	4	5
不饱和聚酯树脂	100	100	100	85	60
引发剂 H（或 M）	4(2)	4(2)	—	4(2)	4(2)
促进剂 E	0.1～4	0.1～4	—	0.1～4	0.1～4
引发剂 B	—	—	2～3	—	—
促进剂 D	—	—	4	—	—

续表

配方组分	原料配方编号				
	1	2	3	4	5
邻苯二甲酸二丁酯	—	5～10	—	—	—
触变剂	—	—	—	15	40

注：1. 引发剂 H—为 50％过氧化环己酮二丁酯糊。
　　2. 引发剂 M—过氧化甲乙酮溶液（活性氧10.8％）。
　　3. 促进剂 E—含 6％萘酸钴的苯乙烯溶液。
　　4. 引发剂 B—二叔丁基过氧化物。
　　5. 促进剂 D—10％二甲基苯胺的苯乙烯溶液。

配制方法：按配方比例先将引发剂和树脂混合均匀，操作前再加入催化剂搅拌均匀；加入引发剂的树脂胶液，贮存期不能过长；一般加入引发剂 H 或 M，贮存期均为 8h，加入引发剂 B，贮存期可达 3～4d，配胶量要根据施工面积大小和施工人员多少而定，一次配胶量以 0.5～2kg 为宜。

（2）环氧树脂胶液配制

常用配方见表 4-3。

表 4-3　常温固化环氧树脂配方（质量份）

树脂种类 编号	1	2	3	4	5	6	7	8	9	10	备注
环氧树脂 E-51，E-44，E-42	100	100	100	100	100	100	100	100	100	100	
乙二胺	6～8										
三乙烯四胺		10～14									
二乙烯三胺			8～12								
多乙烯多胺				10～15							室温固化
间苯二胺					14～15						
间苯二甲胺						20～22					
酰胺基多元胺							40				低毒
120#								16～18			加热
590#									15～20		固化 60℃
591#										20～25	12h

注：空白代表不加入。

配制方法：先将稀释剂和其他辅助剂加入环氧树脂中，搅拌均匀备用。使用前加入固化剂，必须搅拌均匀。一次配胶量一般以 0.5～2kg 为宜。

二、增强材料准备

手糊成型所用增强材料主要是布和毡，为提高它们和基体的黏结力，必须进行表面处理和形状剪裁。

对于表面处理，主要是热处理或化学处理，去除增强材料中的吸附水和浸润剂，如石蜡乳剂。

对于形状剪裁，结构简单的制件，可按模具型面展开图制成样板，按样板裁剪。对于结构形状复杂的制品，可将制品型面合理分割成几部分，分别制作样板，再按样板下料。注意必须按设计规定的纤维方向进行布的剪裁，例如：要求各向同性的制品，要将布纵横交替铺放；单向布的经向应与制品强度要求的方向一致；对于 0°/90°/45°方向的铺层，必须保证各方向布的层数及铺放顺序。

同一铺层需要拼接时，对于外形要求高的受力产品，可采用对接，但各层接缝应错开。一般制品可采用搭接。

剪裁布的大小应根据产品性能要求和操作方便酌情处理，同时必须注意布的经济使用。例如：圆环形制品，将布剪成圆环形是困难的，可沿与布经向成 45°角方向剪成布带，利用此方向布的良好变形能力，糊制成型；圆锥形制品，须将布裁剪成扇形进行糊制。

三、胶衣糊准备

胶衣糊是用来制作表面胶衣层的，可以提高制品的表面质量，延长使用寿命。胶衣树脂种类很多，应根据使用条件进行选择和配制。例如：33 号胶衣树脂，是有良好耐水性的间苯二甲酸型胶衣树脂；36 号胶衣树脂，是制造不透明制品用的自熄性胶衣树脂。胶衣层树脂胶液配制：33 号胶衣树脂 100 质量份，引发剂 H 4 质量份，促进剂 E 2～4 质量份。胶衣树脂的性能指标：外观颜色均匀，无杂质，呈黏稠状流体；酸值（以 KOH 计）在 10～15mg/g 之间；凝胶时间为 10～15min；触变指数：5.5～6.5；贮存时间：25℃，6 个月。

四、制品厚度与层数计算

1. 制品厚度的预测

手糊制品厚度可用下式计算：

$$t = mk$$

式中　t——制品（铺层）厚度，mm；

　　　m——材料质量，kg/m^2；

　　　k——厚度常数，$mm/(kg \cdot m^{-2})$（即每 $1kg/m^2$ 材料的厚度），k 值见表 4-4。

表 4-4　材料厚度常数 k 值

性能	玻璃纤维			聚酯树脂				环氧树脂		填料-碳酸钙		
	E 型	S 型	C 型									
密度/(kg/m³)	2.56	2.49	2.45	1.1	1.2	1.3	1.4	1.1	1.3	2.3	2.5	2.9
k/[mm/(kg·m²)]	0.391	0.402	0.408	0.909	0.837	0.769	0.714	0.909	0.769	0.435	0.400	0.345

【例 4-1】　某手糊玻璃钢制品，壁由 5 层 $800g/m^2$ E 型玻璃布糊制，玻璃纤维含量（质量分数）为 55%，树脂密度为 $1.3g/m^2$，求该制品壁厚。

解：

树脂与玻璃布质量比：(100−55) /55=0.818

树脂质量：0.818×5×0.8=3.27kg/m²

玻璃布厚度：5×0.8×0.391=1.564mm

树脂厚度：3.27×0.769=2.515mm

铺层总厚度：1.564＋2.515＝4.079mm

【例4-2】 某玻璃钢制品由一层300g/m² E型玻璃毡和4层600g/m² E型玻璃毡铺成，树脂胶液含40％填料（密度2.5g/m²）、60％聚酯树脂（密度1.2g/m²），树脂含量为70％，求铺层总厚度。

解：
玻璃毡总质量：1×0.3＋4×0.6＝2.7kg/m²
树脂与玻璃毡质量比：70/(100−70)＝2.33
树脂质量：2.7×2.33＝6.29kg/m²
填料质量：6.29×(40/60)＝4.19kg/m²
玻璃毡厚度：2.7×0.391＝1.056mm
树脂厚度：6.29×0.837＝5.265mm
填料厚度：4.19×0.4＝1.676mm
铺层总厚度：1.056＋5.265＋1.676＝8mm

2. 铺层层数计算

$$n=\frac{A}{m_f(k_f+ck_r)}$$

式中　A——手糊制品总厚度，mm；
　　　m_f——增强纤维单位面积质量，kg/m²；
　　　k_f——增强纤维的厚度常数，mm/(kg·m^{-2})；
　　　k_r——树脂基体的厚度常数，mm/(kg·m^{-2})；
　　　c——树脂与增强材料的质量比；
　　　n——增强材料铺层层数。

【例4-3】 某玻璃钢制品由0.4mm中碱方格布（$m_f=340g/m²$）和不饱和聚酯树脂（密度1.3g/cm²）糊制，含胶量为55％，壁厚10mm，求布的层数。玻璃纤维$k_f=0.408$mm/(kg·m^{-2})，$k_r=0.769$mm/(kg·m^{-2})。

$$c=\frac{55}{100-55}=1.222$$

$$n=\frac{A}{m_f(k_f+ck_r)}=\frac{10}{0.34×(0.408+1.222×0.769)}=22层$$

任务三　设备及工具

手糊成型中，主要是通过纤维剪裁，贴合于模具上，并利用涂刷辊等糊制工具，将树脂与纤维进行压制浸渍。

一、模具

1. 模具的基本类型

在手糊成型中最常用的模具为阳模、阴模、敞口式对模和组合模等（见图4-3）。
① 阳模　此模工作面向外凸起。这种模具制备的制品内表面质量高，尺寸精度好。此模操作方便，便于通风处理，质量易于控制，是手糊成型中最常用的一种模具类型。

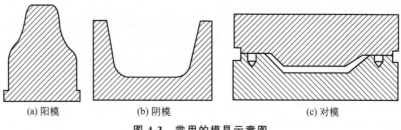

(a) 阳模　　　　　　　　(b) 阴模　　　　　　　　　　　(c) 对模

图 4-3　常用的模具示意图

② 阴模　此模工作面向内凹陷，主要用于制备外观质量要求高、尺寸精度高的制品，但操作起来不如阳模方便，且通风不便。

③ 敞口式对模　此模是由阳模和阴模两部分组成，且带有溢料/飞边隔槽，利用定位销定位。此模主要用于制备对外观质量要求高（外壁和表面光滑、表面粗糙度低）、壁厚均匀、无缺陷的高精度制品，但此模成型过程中要上下翻动，操作难度大，也不能成型大尺寸制品。

④ 组合模　此模是为了成型加工结构复杂的大型制品，或者为了便于脱模，把模具分成几部分制造，然后组合拼装在一起的模具。常见的有石蜡-金属组合模、抽芯模和活络模等。

2. 模具的制备

模具的制备首先要根据制品尺寸精度进行选材。对那些尺寸精度要求高、生产批量大、对模具寿命要求长的小尺寸制品，应选用钢材或铝材等金属材料来制造模具。常用的金属材料有铸铁、铸铝、铝合金和碳钢等。模具制成后通常要进行镀铬、镀镍等表面处理。金属模具的优点为：使用寿命长、表面粗糙度低、尺寸精度高、可加压加热、模具不会变形；但成本高，加工周期长，质量大不易搬运。需要注意的是，在成型加工不饱和聚酯制品时，不应选择黄铜或镀铜材料制造模具，因为黄铜会对不饱和聚酯固化起阻聚作用。

对于批量小和大型或特大型制品用模具，一般选用非金属材料制造，制造成本低，也容易搬运，而且不受腐蚀。常用的材料有木材、石膏、石蜡、混凝土和复合材料等，其优点是价格低廉、加工方便、周期短、耐腐蚀性好、不影响制品固化等；缺点是使用寿命短，有的只能一次性使用，制品尺寸精度较差。

除了选材外，模具的结构设计还应合理，既能满足制品结构要求，又便于脱模。

3. 几种非金属模具的制造

金属模具是其他成型工艺最常用的模具。手糊成型用金属模具的制造加工，与其他金属模具基本相同，在此就不加赘述，现仅对几种非金属模具进行介绍。

① 木质模具　木质模具对原材料的选择要求是木质坚硬，无疤痕，便于加工，经表面抛光处理后表面质量高、粗糙度低、光滑耐用，通常选用柚木、银杏木、红松木和胡桃木等。制造时根据模具设计和制品设计要求，按已制好的过渡模具加工而成。模具加工成型后，用腻子填补模具表面缝隙等缺陷，再进行抛光处理，最后再用紫胶或其他密封胶进行密封处理，备好待用。此模具适用于大型制品成型。

② 石膏模具　石膏模具常用半水石膏铸造而成，但为提高模具强度和刚性，通常以石膏∶水泥＝7∶3的比例制造石膏模具。石膏与水泥加水混合均匀后，便可铸造成型，制备的石膏模具也应进行表面抛光处理、密封处理方可使用。此模具也适用成型大型制品。

③ 混凝土模具　此模具制备较为容易，成本低、强度高、不变形、耐用性佳，可反复多

次长时间使用。但质量太大，不易搬动，所塑造而成的模具，表面要进行磨光、填缝、补眼和密封等处理方可使用。此类模具适用于成型规则、光滑的形状或结构不太复杂的大中型制品。

④ 复合材料模具　此类模具所用原材料为树脂基体与填料。常用的树脂为环氧树脂和不饱和聚酯树脂体系等，填料为氧化铝、石英粉、碳化硅、铝粉、铁粉、金属晶须或粉末等，树脂含量 30%～40%、填料含量 60%～70%，混合后用过渡模具制成。固化后再进行抛光、密封处理和热处理后便可投入应用。此模具精度高，线膨胀系数和收缩率小，适用于成型表面和精度要求高的形状或结构较为复杂的中小型制品。

⑤ 石蜡模具　此模具制造工艺比较简单。制造时，应在石蜡中加入 3%～10% 的硬脂酸，以减少模具收缩变形，提高模具强度，同样也应使用过渡模具塑造而成，也应进行表面处理方可使用。此模具主要用于制造精度要求不高、形状较为复杂、脱模比较困难的小型制品。

二、糊制工具

1. 涂刷工具

① 羊毛辊（见图 4-4）　羊毛辊有长毛辊和短毛辊（毛长分别为 15mm 和 4mm），长毛辊多用在树脂浸渍，其规格（辊直径×辊长度）有 38mm×100mm、38mm×125mm、38mm×150mm、38mm×200mm，狭窄部位涂胶用辊子为 15mm×75mm 或 15mm×100mm 两种。

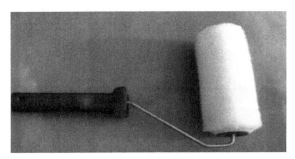

图 4-4　羊毛辊

② 马海毛辊　这也是一种羊毛辊，呈绿色且毛短，用于树脂浸渍和驱赶气泡。用在表面毡成型和方格布成型中，除气泡效果最好。辊子直径有 15mm、24mm 和 38mm 三种，辊子长度有 75mm、100mm、150mm 和 200mm 等几种。

③ 猪鬃辊（见图 4-5）　猪鬃辊适宜驱赶气泡用。猪鬃较硬，只需轻轻接触成型面便可排除裹入的气泡。直径为 20mm 和 50mm，辊长有 25mm、50mm、75mm、100mm 和 150mm 等规格。

④ 螺旋辊（见图 4-6）　由铜、铝或硬塑料等材料制成。辊上开有螺旋形沟槽，各个沟槽互相平行。螺旋辊的脱泡性好。辊直径为 10mm、12mm、16mm 和 30mm，长度为 25mm、50mm、75mm、100mm 和 125mm 等若干种规格。不锈钢制深槽螺旋辊适用于厚壁制品糊制脱泡用，用于喷射成型大型制品驱赶气泡效果也较好。

⑤ 拐角辊（见图 4-6）　适于深拐角圆弧部位或小圆弧部位涂胶和脱泡用。

⑥ 毛刷　在狭窄或小拐角处浸渍树脂和驱赶气泡使用毛刷较好。辊和毛刷在每次使用后均应及时清洗干净，避免所沾黏的树脂固化使辊子或刷子的毛粘连变硬而无法使用。

⑦ 刮勺　刮腻子时可用刮勺或抹子。刮勺可用金属、塑料和橡胶等材料制作，其形状大小应根据腻子的硬度、用量和填补部位的形状来确定，且要操作使用方便。

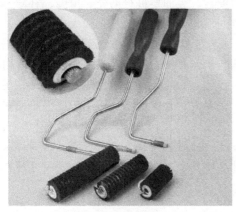

图 4-5　猪鬃辊

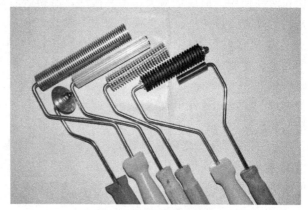

图 4-6　螺旋辊和拐角辊

2. 钻孔切割工具

① 切割工具　各种锯片（如圆锯、带锯、线锯）均可用来切割制品飞边和修整形状尺寸。锯片由电动机驱动，有固定式和手携式两种。

② 钻孔工具　用钻床或手电钻实现制品的打孔。

③ 打磨工具　通过打磨对制品的尺寸、形状和表面进行较细致的加工，有粗磨和细磨之分。粗磨指用砂纸、锉刀或机械（如砂轮）打磨制品上的毛刺。粗磨时要从工件中央开始，逐渐向外延伸打磨，不断用水冷却冲洗。细磨指用水砂纸或研磨机来抛光制品表面。

任务四　手糊成型工艺流程

手糊成型的工艺流程为在模具工作面上涂敷脱模剂，喷涂或刷涂胶衣树脂，将剪裁好的玻璃布铺设到模具工作面上，喷涂或刷涂树脂胶液，达到需要厚度之后，定型固化，脱模，修整制品，检验（见图 4-7）。

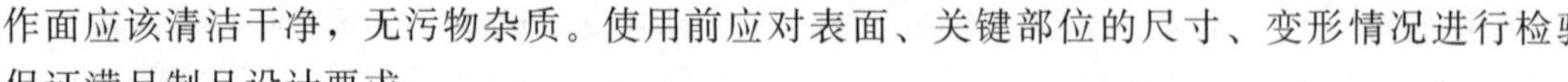

模具 → 涂脱模剂 → 糊制胶衣 → 铺层玻璃布 → 刷胶液 → 成型 → 固化 → 脱模 → 修缮 → 检验 → 制品

图 4-7　手糊成型工艺流程图

一、模具处理

应将模具稳固放置于通风良好的室内工作台上，高低程度以操作人员方便程度而定。模具工作面应该清洁干净，无污物杂质。使用前应对表面、关键部位的尺寸、变形情况进行检验，以保证满足制品设计要求。

二、涂脱模剂

根据所用树脂类型、模具形状与结构等因素选择脱模剂。所选用的脱模剂应确保制品在固化后顺利脱模，保持制品表面平整、光洁，又可保证模具完好，且可重复使用。在手糊成型中，一般采用涂外脱模剂的方式。涂外脱模剂时要均匀涂敷，不得漏涂。下面介绍几种外脱模剂的使用方法。

① 涂 PVA（聚乙烯醇）　用毛刷或聚氨酯软泡沫块浸渍 PVA，在模具表面均匀涂刷，刷

完晾约 30min，完全干燥成膜后方可使用。

② 涂脱模蜡 蜡类脱模剂一般用于表面光洁度高的模具。使用时，先清理模具，用软编织物沾蜡，在模具表面均匀画圈涂抹，然后用纱布均匀擦干，除去表面浮蜡再用干净纱布用力抛光，使蜡渗入模具表面小孔中，并在模具表面成膜。首次使用时，须重复涂覆 3 遍，每遍涂覆后须进行抛光。

③ 涂高效脱模剂 高效脱模剂一般应用于表面光洁度较高的模具。模具首次使用时，须重复涂覆 3～5 遍，每遍间隔 10～20min，最后一遍涂覆后须用干布将模具擦拭光亮，并静置 1h 以上再使用。

三、糊制表面层

制品表面需要特制的面层，称为表面层，也称胶衣层，多采用加有颜料的胶衣树脂，也可采用加入粉末填料的普通树脂代替，或直接用玻璃纤维表面毡增强树脂制成。表面层树脂含量高，故也称富树脂层。胶衣层厚度通常控制在 0.25～0.5mm，或用单位面积用胶量控制，为 300～500g/m² 。胶衣层不宜太厚或太薄，太薄起不到保护制品作用，太厚容易引起胶衣层龟裂。

胶衣层通常采用刷涂和喷涂两种方法。涂胶衣一般为两遍，必须待第一遍胶衣基本固化后才能刷第二遍，两遍刷涂的方向最好垂直。待胶衣层开始凝胶时，应立即铺放一层较柔软的增强材料，最理想的为玻璃纤维表面毡，既能增强胶衣层（防止龟裂），又有利于胶衣层与结构层（玻璃布）的黏合。胶衣层全部凝胶后，即可开始手糊作业。

四、糊制结构层

糊制结构层时，应先刷一层树脂，再将裁好的玻璃布或其他纤维纺织品按规定铺设好，并用辊轮压平，再涂树脂，再压平，不得有皱褶，如此重复，直到制得所需厚度为止。

1. 纤维铺层

纤维取向不同、铺层顺序不同等都会造成制品强度差别很大，所以应根据制品使用需求选择合适的纤维增强材料并确定纤维取向和铺层顺序。对于外形要求高的受力制品，同一铺层纤维尽可能连续，切忌随意切断或拼接，否则将严重降低制品力学性能，但往往由于各种原因很难做到这一点，需要采用拼接。铺层拼接的原则是：制品强度损失小，不影响外观质量和尺寸精度；施工方便。拼接的形式有搭接与对接两种，以对接为宜。对接式铺层可保持纤维的平直性，产品外形不发生畸变，并且制品外形和质量分布的重复性好。为不致降低接缝区强度，各层的接缝必须错开，并在接缝区多加一层附加布，如图 4-8 所示。

多层布铺放的接缝也可按一个方向错开，形成"阶梯"接缝连接，如图 4-9 所示。将玻璃布厚度 t 与接缝距 s 之比称为铺层锥度 z，即 $z=t/s$。试验表明，铺层锥度 $z=1/100$ 时，铺层强度与模量最高，可作为施工控制参数。

图 4-8　铺层接缝处理

图 4-9　"阶梯"铺层拼接方式

2. 预埋件及特殊部位处理

当制品中含有预埋嵌件，务必对嵌件进行表面处理，其中包括脱油脂、表面糙化及化学处理等步骤，冬天还应预热嵌件，这样可确保嵌件与制品的黏结率高。放置嵌件时，应在模具上定位放置，确保嵌件几何位置准确。

对于制品模具上出现的锐角、直角、细薄突出的部位或者是开孔处等位置，在铺层过程中，可用树脂胶泥或短切纤维和树脂填充这些部位，进行必要的加固，如图 4-10、图 4-11。

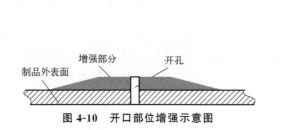 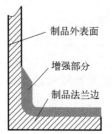

图 4-10　开口部位增强示意图　　　图 4-11　法兰边的增强

3. 壁厚制品的二次铺层

对于壁厚制品，如厚度超过 7mm 的制品，须采取分步或分层固化的措施，避免因固化发热量大，导致制品内应力增大而引起变形和分层。在分次拼接铺层固化时，先按一定铺层锥度铺放各层玻璃布，使其形成"阶梯"，并在"阶梯"上铺设一层无胶平纹玻璃布。固化后撕去该层玻璃布，以保证拼接面的粗糙度和清洁，然后再在"阶梯"面上对接糊制相应各层，补平阶梯面，二次成型固化，如图 4-12 所示。试验表明，二次铺层固化拼接的强度和模量并不比一次铺层固化的低。

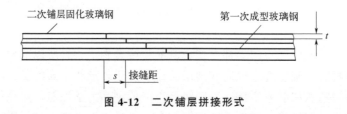

图 4-12　二次铺层拼接形式

此外，对于大表面制品，在铺糊的最后（外）一层表面上应覆盖玻璃纸或聚氧乙烯薄膜，使制品表面与空气隔绝，避免空气中氧对不饱和聚酯胶液的阻聚作用，防止制品表面因固化不完全而出现的发黏现象。

五、固化成型

手糊成型制品通常是采用无压常温固化。制品从凝胶到具备一定硬度和定形，一般需要较长的固化时间，成型后达到脱模强度通常要 24h，若要达到更高使用强度，固化时间要长达一个月之久。表 4-5 为无碱玻璃布增强不饱和聚酯手糊制品的固化时间与制品强度之间的关系。从表中可得，不饱和聚酯手糊制品脱模之后往往要放置一个多月后才能使用。若要加速固化，可对制品加热以缩短其固化周期。加热处理的方式很多，一般小型制品可以在烘箱内加热处理；稍大一些的制品可在固化炉内加热处理；大型制品多采用模具内加热或红外线加热等。

表 4-5　常温固化时间与强度的关系

表 4-5　常温固化时间与强度的关系

时间/d	拉伸强度/MPa	弯曲强度/MPa
5	222	133
10	220	94.2
15	222	129
20	241	178
25	247	177

六、脱模和修整

当制品固化到脱模强度（即制品已具有维持自己形状的强度，在继续固化中不致因自重而发生变形）时便可进行脱模。如手糊聚酯树脂制品，一般在成型后 24h 可达到脱模强度。判断玻璃钢的固化程度，可采用简单方法——测定制品巴式硬度值。一般巴式硬度达到 15HBa 时便可脱模，而尺寸精度要求高的制品，巴式硬度达到 30HBa 时方可脱模。

将制品从模具中撬出时，最好使用木、铜或铝制等低硬度工具，避免划伤模具或制品。大型制品可借助千斤顶、吊车等脱模。对于大尺寸或形状复杂的制品，可采用预脱模方法。这种方法就是，在糊制时先只糊一两层玻璃布，待固化后将其与模具剥离。由于层数较少，剥离是不困难的。已剥离的部分仍然放置在模具上，以后的糊制则在与模具不再粘连的前几层上继续进行。因为模具和制品之间已经脱离，所以很容易把制品从模具上取下，但是该方法成型的制品尺寸精度不能要求太高。

脱模后的制品要进行机械加工，除去飞边、毛刺，修补表面和内部缺陷。机械加工尽量采用玻璃纤维增强砂轮片或金刚砂轮片进行切割，同时可以用水喷淋冷却，防止粉尘飞扬。加工尺寸要求不太高的制品可以在树脂还未完全硬透时，用锋利的铲刀把多余的边料毛刺铲除。制品如需涂漆，应在树脂充分固化后进行。涂漆之前要将脱模剂去除干净，然后按涂漆工艺施工。

任务五　手糊工艺质量控制

影响手糊成型质量的因素，概括起来大致为三方面：组分质量、组分复合过程的成型与固化、制品的辅助加工。因此，在分析及控制手糊成型质量时，应从上述三方面着手。例如，常见的手糊制品质量缺陷主要为：胶衣层质量不佳；纤维浸胶未浸透；纤维与基体黏结不良；存在气泡、分层；股纱扭结与皱折、断股纱与纤维端部松散；纤维方向偏离；纤维铺层顺序错位；固化不充分；翘曲开裂；局部富树脂区；纤维体积含量不当；接缝拼接不良等。

产生上述缺陷的原因有以下几点。

① 纤维方面　纤维（或织物）质量不均；纤维扭结或断头；表面沾污，含湿量过高；纤维质量未达标或内应力过高；石蜡型浸润剂未除掉等。

② 树脂基体　黏度不适宜；浸润性不好，分子量分布、环氧值、酸值、挥发分含量等不合要求；含有杂质等。

③ 施工作业　不按工艺规程操作。

④ 固化工艺　固化剂的纯度、用量不合要求及在胶液中分布不均；常温固化的环境温度、湿度不合要求；热固化的温度及加压时机等不合要求。

⑤ 脱模及后处理工艺　脱模存放、机械加工与连接等不当。

实际生产中，常见的缺陷及其主要原因及改进措施如表 4-6、表 4-7。

表 4-6　胶衣层的缺陷及其主要原因及改进措施

缺陷	产生的原因	改进措施
胶衣黏附于模具	脱模剂不合适	如果是用蜡,要完全干燥,擦光或在蜡上涂层脱模剂
胶衣起皱	胶衣固化不够 环境温度较低,湿度太大	适当增加促进剂用量 提高环境温度、降低湿度
裂纹	厚薄不匀 固化过度	喷涂均匀 调整固化温度和时间
光泽不好	胶衣层过厚 模具表面抛光不好或污染 过早脱模	调整胶衣层厚度 重新修整模具 胶衣和铺层完全固化后脱模
胶衣表面气泡针孔	夹入空气、游离溶剂、胶衣或铺层树脂的放热过多	胶衣树脂配料中混入空气,喷涂前应停留一段时间,保持容器和工作区的清洁
垂直面上胶的流失	触变剂量不够或不均匀,树脂黏度太小	核对树脂黏度;添加触变剂、改进喷射技术使更均匀
剥离	固化过度 脱模剂渗出 厚薄不匀	调整固化温度和时间 将脱模剂擦拭彻底 喷涂均匀

表 4-7　手糊成型制品常见缺陷、产生原因及解决措施

制品缺陷	产生原因	解决措施
表面发黏	① 空气湿度太大	① 最好把环境湿度控制在 75% 以下
	② 水对聚酯和环氧树脂的固化有延缓和阻聚作用	② 若是聚酯树脂,在树脂中加入 0.02% 左右的石蜡,在树脂胶液中加入 5% 左右的异氰酸酯覆盖玻璃纸、薄膜或表面涂一层冷干漆使之与空气隔绝
	③ 制品表层树脂中交联剂挥发过多	③ 避免树脂胶液凝胶前温度高;控制通风,减少挥发
	④ 引发剂和促进剂配比有错,或固化剂失效	④ 严格检查原材料配比,严格控制原材料指标
制品内气泡多	① 树脂用量过多,胶液中气泡含量多	① 控制含胶量,注意胶液混合方式以减少胶液中气泡含量
	② 树脂胶液黏度太大(树脂中稀释剂太少,室温太低)	② 增加稀释剂,提高环境温度
	③ 增强材料选择不当	③ 选择易在树脂胶液中浸渍的增强材料
未固化前流胶	① 树脂黏度太小	① 适当加入 2%~3% 活性二氧化硅,或采用触变性树脂
	② 配料不均匀	② 配制胶液时要充分搅拌
	③ 固化剂用量不足	③ 适当调整固化剂用量
分层和固化不完全	① 玻璃布未经脱蜡处理或受潮	① 尽量选用前处理玻璃布并在使用前进行干燥,若使用含蜡玻璃布,一定要进行脱蜡处理
	② 树脂用量不够,玻璃布铺层未压紧密	② 控制足够的胶液,用力涂刮,使铺层压实,赶尽气泡
	③ 固化条件选择不当,过早加热或加热温度过高	③ 树脂凝胶前不能加热,后固化的升温速度通过实验确定
	④ 固化不完全,往往表现为制品表面发软,强度过低,主要是固化剂用量不足	④ 增加固化剂用量
	⑤ 环境温度过低或空气湿度太大	⑤ 提高环境温度、降低空气湿度

项目二　喷射成型

为了提高手糊成型的效率，减轻劳动强度和增加机械化程度，国外于20世纪60年代开发了喷射成型技术。喷射成型是一种半机械化成型工艺，是将短切纤维增强材料与树脂同时喷涂在型腔上，然后压实固化成复合材料制品的一种工艺（如图4-13）。目前喷射成型在各种成型方法中所占比重很大，美国占27%，日本占16%，用以制造汽车车身、船身、浴缸、异形板、机罩、容器、管道与储罐的过渡层等。

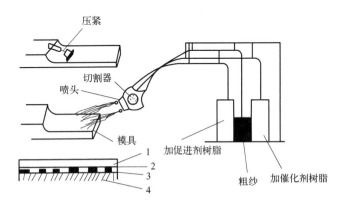

图 4-13　喷射成型示意图
1—层合物；2—胶衣；3—脱模剂；4—模具

任务一　工艺特点

喷射成型是将纤维铺层和树脂涂刷过程分别用纤维切断、喷散和树脂喷涂替代，其有以下特点：①适用于多品种的中小批量生产；②可成型大型制品和形状复杂的制品；③便于一次性整体成型，产品整体性好，无接缝，生产效率比手糊提高2～4倍，生产率可达15kg/min；④成型装有嵌件、加强筋的制品极为方便；⑤具有改变制品壁厚的自由度；⑥也可成型带有胶衣的制品；⑦喷涂成型工艺设备投资相对偏少，由于物料只是喷射到模具上，模具型腔受压力作用较小，可用非金属材料制造模具，制造成本大幅度下降。但是由于喷涂成型通常由人工操作，制品壁厚均匀度不易掌握，对操作人员技术水平和熟练程度要求高，现场污染大，生产环境较差；树脂含量高，制品强度较低。

任务二　原材料的准备

1. 胶液准备

喷射制品采用不饱和聚酯树脂，黏度应在300～800mPa·s，触变度1.5～4，确保胶液在喷射系统中易于喷射雾化、易于浸渍玻璃纤维、易于排除气泡而又不易流失。

2. 纤维准备

纤维一般选用玻璃纤维无捻粗纱，经由前处理，如沃兰或硅烷类表面处理剂处理后再使用，减少切割过程中出现的静电。

3. 胶衣糊准备

因胶衣树脂有触变性，使用时要充分搅拌；涂层厚度应控制在 $0.25 \sim 0.4$ mm；当胶衣层开始凝胶时，立即糊制，待完全固化后脱模；使用胶衣树脂层时，应防止胶衣层和玻璃钢之间有污染或渗进小气泡。

厚度及层数计算，与手糊成型一致，此处不做赘述。

任务三 设备及工具

喷射成型所用的设备是喷射机，主要由树脂喷射系统和纤维切割喷射系统组成。所采用的模具和糊制工具与手糊成型基本一致，在此不做赘述。

一、树脂喷射系统

喷射工艺的主要设备是树脂喷射机。树脂喷射机按喷射压力不同分为高压（液压）喷射机和低压（气动）喷射机。气动型是空气引射喷涂系统，靠压缩空气的喷射将胶液雾化并喷涂到芯模上。部分树脂和引发剂烟雾被压缩空气扩散到周围空气中（如图 4-14 所示），因此这种型式已很少使用了。液压型是无空气的液压喷涂系统。靠液压将胶液挤成滴状并喷涂到模具上。因没有压缩空气喷射造成的扰动，所以没有烟雾，材料浪费少，如图 4-15 所示。对于树脂的单位时间喷射质量，可通过不同规格的喷嘴来控制，即改变喷嘴直径来改变单位时间内树脂的流量。

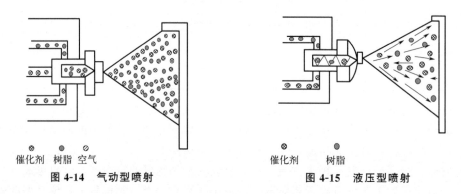

催化剂　树脂　空气
图 4-14　气动型喷射

催化剂　　　树脂
图 4-15　液压型喷射

根据树脂和引发剂的混合方式不同，又可分成枪内混合和枪外混合。此外，还有专门喷射胶衣的胶衣树脂喷射机或胶衣和玻纤混合喷射机，具体如表 4-8。

表 4-8　按胶液的喷射与混合方式分类喷射机的种类

形式		内容	特点
胶液喷射方式	高压型	用泵把树脂送入喷枪,利用泵压进行喷射	树脂和引发剂罐为敞开式
		用空压机将高压空气送至树脂罐和引发剂罐,树脂和引发剂在液压力作用下经喷枪喷射	树脂及引发剂罐是密闭的
	气动型	树脂、引发剂或它们的混合物由气流经喷嘴吹出并雾化	—
胶液混合形式	内部混合型	将树脂与引发剂分别输送至喷枪内,在出口前混合喷出	—

续表

形式		内容	特点
胶液混合形式	外部混合型	由一个喷嘴喷出预先混有催化剂的树脂(甲组分),另一个喷嘴喷出引发剂或引发剂-树脂混合液(乙组分)。两者均呈雾状在空中相互混合	—
	已混合型	将事先已调配好的含催化剂和引发剂的树脂,由一个管道送至喷枪喷出	—

根据喷射动力和胶液的混合方式,有 5 种形式的喷射系统结构。

① 泵压枪外混合喷射系统［图 4-16(a)］ 加有引发剂的树脂和加有催化剂的树脂分别装在两个储罐 3-A 和 3-B 内,用压力泵分别从两罐中提取定比例的树脂输送至喷枪 4,靠泵压使树脂雾化并在喷枪外混合均匀,同时带走玻璃纱团和经短切的玻纤 5 一道喷射在模具表面上。

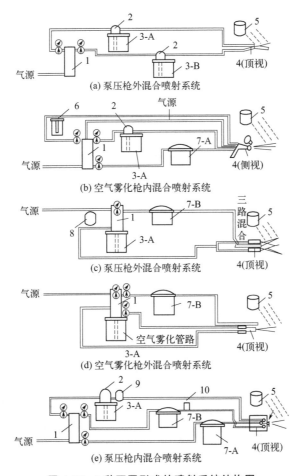

图 4-16 5 种不同形式的喷射系统结构图

1—压缩空气调节器;2—泵;3—储罐(A—树脂加催化剂,B—树脂加引发剂);4—喷枪;5—玻璃纱团和短切玻纤;
6—引发剂注射器;7—压力罐(A—溶剂,B—引发剂);8—缓冲室;9—树脂贮存器;10—引发剂贮存罐

② 空气雾化枪内混合喷射系统［见图 4-16(b)］ 加有催化剂的树脂装在储罐(3-A)内由泵输送,引发剂装在注射器 6 内,用压缩空气输送,同时由另一管道输送压力空气至喷嘴。树脂、引发剂和短切玻纤在喷枪内进行混合雾化并喷射至模具上。

③ 泵压枪外混合喷射系统［见图 4-16(c)］ 引发剂储存在压力罐(7-B)内,加有催化剂

的树脂（3-A）由泵增压分成两路，泵压使之雾化，它们与引发剂在枪外进行混合。

④ 空气雾化枪外混合喷射系统［见图 4-16(d)］ 催化剂和树脂贮存在容器 3-A 内，依靠空气雾化，引发剂贮存在压力罐 7-B 内，它靠泵压雾化，两组分在枪外混合。

⑤ 泵压枪内混合喷射系统［见图 4-16(e)］ 与第 3 种喷射系统相似。不同处在于树脂由一个管路输送，在枪内混合，同时有专门管路提供清洗剂对喷枪进行清洗。

二、玻璃纤维切割喷射器

玻璃纤维切割喷射器是喷射成型机的主要组成部分。它将由纱团引出的连续纤维切短为喷射成型所需的长度并连续地喷洒在成型模具上，其工作性能直接影响喷射成型机的正常工作。

图 4-17 为一种三辊气缸活塞加压式纤维切割喷射器的外形图，图 4-18 为其结构简图。主要由气动马达、切割辊、垫辊、牵引辊、气缸活塞、机壳及盖板等零部件组成。整个纤维切割腔除纤维进出口外，腔体内部是密封的。切割辊套装在气动马达的输出轴上。气动马达与机壳连接。切割辊的外圆柱表面开有若干条轴向沟槽，用于安装和固定刀片，刀片磨损后可以调换。切割辊一般由轻金属材料制造。垫辊通过轴承支承在小轴上，小轴的两端卡在机壳和机壳盖板的长槽中，垫辊外圆与切割辊接触，两气缸活塞分别压住小轴的两端。当气缸上部输入一定压力的气体时，就可保证垫辊和切割辊之间具有一定的接触压力。接触压力根据刀具磨损及纤维切断情况来确定，通过调节进入气缸的气体压力来调控，一般调节压力在 0.2～0.3MPa。目前所用垫辊通常是在金属辊外面包覆一层具有优良力学性能和适宜硬度的橡胶。切割辊的旋转由气动马达驱动，而垫辊则靠它与切割辊接触产生的摩擦力来带动。为防止进入切割器的连续纤维在切割过程中发生掉落现象，还设置一牵引辊。它的作用是与垫辊一起连续地向切割辊和垫辊间输送纤维。牵引辊通过滚动轴承支承在偏心小轴上，它与垫辊的接触压力靠调节偏心小轴的偏心位置来实现，以保证正常输送纤维。牵引辊靠垫辊的摩擦力带动旋转。纤维是在旋转的切割辊和垫辊之间被切断并被喷射气流吹散而连续向外喷出，通过改变切割辊上的刀片数量，即可改变短切纤维的长度。

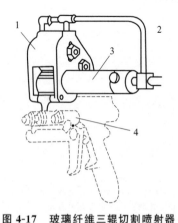

图 4-17 玻璃纤维三辊切割喷射器
1—机壳；2—进气管；3—气动马达；
4—喷枪

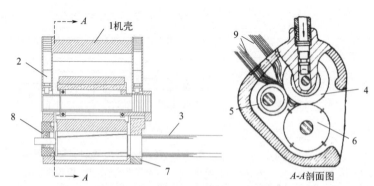

图 4-18 玻璃纤维三辊切割器结构图
1—机壳；2—气缸活塞；3—气动马达；4—垫辊；5—牵引辊；
6—切割辊；7—盖板；8—轴承；9—玻璃纤维

由上述可知，树脂喷射机由喷枪、树脂及引发剂储罐（或料桶）、树脂泵、压缩空气气源管路、支架及悬臂等部件组成。除气源外，全套系统可安装在活动小车上（如图 4-19）。

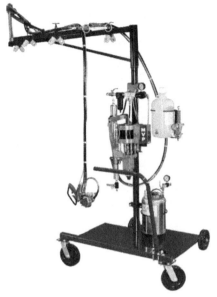

图 4-19 树脂纤维喷射成型机

任务四 喷射成型工艺流程

喷射成型工艺，是将不饱和聚酯树脂分别与催化剂和引发剂混合，并采用喷枪混合喷出（或各自喷出并于枪外混合），同时将玻璃纤维无捻粗纱用切割机切断并由喷枪中心吹出，与树脂一起均匀沉积到模具上，待沉积到一定厚度，用压辊碾压，使纤维浸透树脂、压实并除去气泡，最后固化成制品，其工艺流程如图 4-20。其中，模具处理、脱模剂涂刷、树脂、纤维混合后辊压、固化、脱模修整与手糊成型一致，现主要介绍树脂和纤维喷射混合工艺过程。

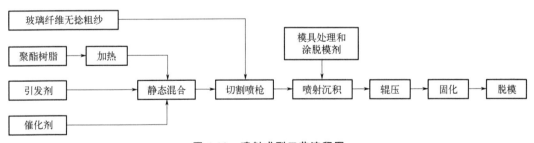

图 4-20 喷射成型工艺流程图

一、喷射混合工艺过程

① 原料的选配　首先通过配料设备分别量取所需树脂材料、复合纤维增强材料、催化剂、引发剂、固化剂等，并将称量的各原料保存备用。

② 纤维切割　调节喷枪切纱器上的刀片，一般使纤维长度保持在 25～50mm 之间，小于 10mm，制品强度降低；大于 50mm 时，纤维不易喷散。制品纤维含量控制在 28%～33%。低于 25% 时，辊压容易，但强度太低；大于 45% 时，辊压困难，气泡较多。当纤维切割不准，需要调整切割辊与支承辊间隙时，为使纤维喷出量不变，也要调整气压。如必要时，需要用转

速表校检切割辊转速。

③ 喷射混合　树脂喷射与纤维切割喷射同时进行，混有的不饱和树脂从喷枪两侧（或在喷枪内混合）喷出，同时将切断玻璃纤维由喷枪中心喷出，与树脂混合均匀沉积在模具上。

④ 辊压脱泡　待沉积厚度一定，用外力辊压，使树脂浸润纤维，除去气泡，固化得到制品。

二、注意事项

① 成型温度控制在 20～35℃为宜，过高导致固化过快，系统易堵塞；过低导致树脂浸润不均。

② 为避免压力波动，喷射机应由独立管路供气，气体要除湿。

③ 树脂胶贮罐温度要根据需要进行保温保压，维持胶液黏度适宜，应在 300～800mPa·s，触变度 1.5～4，确保树脂易于喷射雾化、易于浸渍玻璃纤维、易于排除气泡而又不易流失。

④ 喷射时，注意胶液和玻璃纤维的出量，调整气压，达到规定的玻璃纤维含量，并保持稳定。在满足这一条件下，喷射量太小，生产效率低；喷射量过大，影响制品质量。喷射量与喷射压力和喷嘴直径有关，喷嘴直径在 1.2～3.5mm 之间选定，可使喷胶量在 8～60g/s 之间调变。

⑤ 控制喷枪夹角，不同夹角喷出来的树脂混合交距不同，对树脂与引发剂在枪外混合均匀度影响极大。为操作方便，选用 20°夹角为宜。喷枪口与成型表面距离 350～400mm。确定操作距离主要考虑产品形状和树脂胶液飞失等因素。如要改变操作距离，则需调整喷枪夹角，以保证树脂在靠近成型面处交集混合。

⑥ 控制喷雾压力，保证两组分树脂均匀混合。压力太小，混合不均匀。压力太大，树脂流失过多。压力的选取同胶液黏度有关，例如黏度在 200mPa·s 时，雾化压力为 0.3～0.35MPa。压力可通过简单试验确定，当压力合适时，喷在模具上的树脂无飞溅，夹带的空气少，气泡能在 1～2min 内自行消失，喷涂面宽度适中。

⑦ 调节纤维与树脂的喷射扇面，确保被切断的纤维在落到模具上之前与树脂充分混合，避免制品中纤维和树脂的分布不均。由于纤维切断器与喷枪中心组装的误差，常出现纤维与树脂的散落区域不重合现象［图 4-21(a)］，导致出现纤维堆积区或富树脂区。若切断器平面与树脂喷射扇面夹角不协调，则出现树脂分布扩宽［图 4-21(b)］或树脂分布过窄［图 4-21(c)］现象。为实现纤维和树脂均匀混合［图 4-21(d)］，应正确调节切断器纤维的喷射出口与树脂混合系统喷射扇面的夹角。

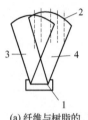

(a) 纤维与树脂的　　(b) 树脂分布扩宽　　(c) 树脂分布过窄　　(d) 纤维和树脂均匀混合
　散落区域不重合

图 4-21　喷射纤维与树脂汇合时的几种现象

1—喷嘴；2—纤维；3，4—树脂射流面

⑧ 喷枪移动速度均匀，不允许漏喷，走位合理，避免覆盖。

⑨ 喷完部位适当辊压，修整毛刺，及时排出气泡。

任务五 喷射成型工艺控制

表 4-9 列出了喷射制品的缺陷、产生的原因和改进措施。

表 4-9 喷射成型制品缺陷、产生的原因与改进措施

缺陷	原因	改进措施
垂流	树脂黏度、触变度低	提高黏度和触变度,当厚度大于 5mm 时,该措施效果不好
	喷涂时的玻纤体积大	避免误切;提高树脂喷出压力;缩短玻纤切割长度;使喷枪接近型面进行喷涂
	玻纤含量低	提高玻纤含量
	玻纤软	使玻纤变硬,降低苯乙烯溶解性
浸渍不良	树脂黏度高	使黏度降低到 800mPa·s 以下
	树脂与玻纤喷涂直径不一致	调整喷涂直径
	玻纤含量高	降低含量
	凝胶快	减少引发剂用量,调节作业场温度
固化不均	树脂反应性过高	降低反应性
	引发剂分散不良	调整引发剂喷嘴(外混合式) 检查喷射器、混合器和贮存器(外混合) 降低喷射间风速 使用稀释的引发剂、增加喷出量
损耗多	玻纤硬	软化或调换
	喷射过度	调整喷射角度和喷射距离 缩小喷涂直径 减缓成型模旋转和喷枪移动速度
	玻纤和树脂的喷涂直径不一致	调整喷涂直径
气泡	脱泡不充分	加强脱泡作业,使脱泡工序标准化
	树脂浸渍不良	增添消泡剂
	玻纤含量高	降低含量
	脱泡程度判断困难	模具做成黑色,以便观察脱泡效果

项目三 铺层成型

铺层成型又称铺设成型,是采用手工铺叠方式,将半成品/预浸材料(无纬布、无纬带、编织物等)按预定方向和顺序在模具内逐层铺贴直至所需的厚度(或层数),经加热加压固化、脱模、修整而获得制品的过程。以高强度、高模量的碳纤维、硼纤维、芳纶、超高分子量聚乙烯纤维等纤维与环氧树脂复合,用铺层工艺制成的高级复合材料已广泛用在飞机、导弹、卫星和航天飞机上,如飞机舱门、壁板、隔板、整流罩等。有的已代替金属材料作为主承力构件,这些制品多为薄壁件,也可以制成工字梁、几形件等型材。

任务一　工艺特点

铺层成型的制品强度较高，而且可以根据不同方向的受力情况制成强度各向异性的产品。在铺贴时，纤维的取向、铺贴的顺序及层数可以按照等强度或等刚度原则，根据优化设计来确定。另外，还可以通过控制制品的含胶量来控制制品的厚度或质量。采用加热、加压的方式固化铺层制品，层间黏结质量比常温常压的手糊制品高。采用计算机控制铺层程序或用机械手代替人工铺层，可以大大提高生产效率并获得铺层方向准确的高质量制品。

任务二　原材料的准备

1. 增强材料及其表面处理

不同的增强材料需要采取不同的表面处理方式。

① 玻纤布　0.4mm 中碱无捻粗纱方格布，经表面处理，烘干备用。

② 碳纤维　T-300，密度 1.75g/cm^3，拉伸强度 2800MPa，经表面处理后备用。

③ 芳纶　Kevlar-49，密度 1.44g/cm^3，拉伸强度 3820MPa，经表面处理后备用。

④ 金属纤维不锈钢丝网　孔径 0.172mm，丝径 0.081mm，单位面积质量 0.32kg/m^2。用 HCl 溶液浸泡一定时间后，用水冲洗，干燥备用。

⑤ 聚酰胺纤维　脱脂后用 10% NaOH 溶液于 90~95℃下加热 10min，冲洗、烘干、冷却、密封待用。

2. 树脂配制

根据复合材料的功能性设计要求，将填料及助剂与树脂等均匀混合，备用。

任务三　设备及工具

在低压成型工艺中，用于加压固化的主要设备有真空泵、空气压缩机、热压罐和液压罐。具体在项目四中予以详细介绍。

任务四　铺层工艺流程

铺层成型的工艺流程如图 4-22 所示，可以分为半成品剪裁、铺贴、预压实、装袋、固化、修整和机械加工等。

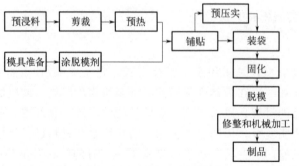

图 4-22　铺层工艺流程图

1. 半成品剪裁

预浸料的剪裁根据制品的设计要求，将预先制备的预浸料按一定形状、尺寸和纤维方向剪裁。通常先按图样制成样板，再按样板剪裁。在大量生产时，剪裁也可用机械化甚至计算机控制，即采用剪切模精确地裁切每层预浸料，这样既可保证尺寸的精确度，又大大提高了效率。最后，再按设计要求的厚度以及预浸料加压时的实际压缩量确定铺层层数。

2. 铺贴

铺贴的基本步骤如下：将第一层预浸料从一端向另一端平稳铺放在模具上（有隔离薄膜的一面朝上）；揭去预浸料的隔离薄膜；按模具修整预浸料的尺寸，使预浸料与模具能紧密贴覆；铺贴时，预浸料的衔接部位应留有一定的搭接宽度（20～25mm）；对已铺贴的预浸料加热，使其变软而具有较大的粘贴性，以便它可以随模具变形；用刮刀轻轻刮平预浸料的皱纹并除去两层之间的气泡。

重复以上操作直至铺完所需层数。手工铺贴应严格按照预定的纤维方向，否则会因纤维方向不准而使板材在固化后出现翘曲。当层数较多时，应在铺贴过程中及时作好施工记录，避免差错。

3. 预压实

对于层数较多的厚叠层件，在成型中应有预压实工序。为了排除截留在层间的空气并将叠层件压实，可以在不加热的情况下对叠层件进行一次压缩。采用袋压固化时，最好在固化前借助真空袋抽真空，再放入热压罐施加 0.6～0.7MPa 的外压力。

4. 装袋

装袋是将铺层件装入压力袋，从而通过袋子将压力加载到铺层上面的工艺操作。装袋是一项技术性很强的操作，不仅是将铺层件装入，还要在铺层件外覆盖吸胶布以吸收固化时挤出的多余树脂，口袋与模具周边要严密贴合不能漏气。有的制件虽然铺贴质量好，但由于装袋工作欠妥而造成了制品报废。因此装袋是铺贴成型的关键步骤之一。装袋完毕，需缓缓抽真空，通过观察真空度下降的快慢来检查系统的气密性是否符合要求。

5. 固化

铺贴工艺常采用加热加压固化。加压方式有袋压、热压罐、液压釜、压机以及橡胶模膨胀加压等。常用的加热设备有固化炉、加热模具等。固化规范包含温度、压力、升温速度、加压时间以及保温时间，各类制品的固化规范根据树脂体系和制品结构确定。

6. 修整和机械加工

在铺贴过程中，由于树脂尚未固化，预浸料需用剪刀或刀具进行修剪。对固化后的制品则要求使用专门的修整和切割工具，一般使用碳化钨砂轮。短直线切割采用金刚石或碳化钨砂轮，特型铣采用金刚石或碳化钨铣刀，表面磨削与铣切使用碳化硅砂轮或碳化钨铣刀。目前比较先进的切割方法是高压水刀切割和激光切割等方法。

项目四　低压成型的固化方法

固化时加压的目的是使制品的结构密实，防止分层并驱赶因水分、挥发分、溶剂和固化反应的低分子产物形成的气泡，挤出多余树脂，控制一定的树脂含量，并使制品在冷却过程中不发生变形等。手糊和铺贴制品所加的固化压力都比较小，一般在 2MPa 以下。压力的确定主要取决于采用的树脂类型和预浸料中不溶性树脂的含量，通常把胶液的初始黏度作为确定压力大小和加压次数的依据。如果所需压力小而胶液黏度又较大，则固化中可一次施加全压，这样可使各层预浸料的位置相对固定，并紧密贴合。如果所需压力较大而胶液黏度又较小，可采用两次加压的办法，第一次在预热阶段加全压的 1/3 或 1/2，第二次在树脂即将凝胶之前施加至全压。两次加压可以避免胶液在凝胶前大量流失而造成含胶量不均匀的现象。因此，不同的制品需要采用不同的压力固化方法。

任务一　真空袋法

真空袋法是在固化时利用抽真空产生的大气负压对制品加压，其过程为：在手糊或铺贴的毛坯外层（不接触模具的一面）覆盖一层由柔性材料制成的加压膜，把毛坯密闭在加压膜和模具之间，然后抽真空形成负压，大气压通过加压膜对毛坯加压。采用这种方法一般可产生 0.05～0.07MPa 的压力，加压膜的尺寸应大于模具约 1.5 倍，这样在加压膜与模具之间可以有较大的空间。抽真空时，外界大气压通过加压膜施加到制品各部位，从而防止毛坯内各层错位和变形。加压膜与模具间的连接应牢固紧密，一般用弓形夹夹紧，粘接周边应使用密封材料。然后，通过管嘴与导管和真空泵相连，经过试抽（真空压力在 0.065～0.078MPa 甚至更高）没有发现明显漏气现象，才能将整个装置放入加热炉中加热，或通过模具内的电热丝加热使制品固化。对于小型制品，可将毛坯连同模具一同装入由柔性膜制成的真空袋内。真空袋法可以很好地驱除挥发物，比在常温常压下固化的制品强度高且致密性好。

由于真空袋法产生的压力小，因此只适于压力对强度和密度影响不大的环氧树脂和聚酯树脂。酚醛树脂的制品由于固化过程中有气体产生，采用真空袋方法加压较难使制品内部密实，且易发生鼓泡现象。真空袋法多用于凹模成型（见图 4-23），用此法固化可使制品表面较光滑，精度较高。凸模成型的制品，只在制品的形状复杂而外表面质量要求不高时方可采用。

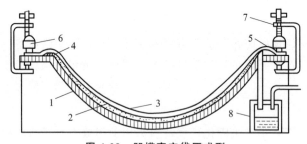

图 4-23　凹模真空袋压成型
1—模具；2—毛坯；3—橡皮毯；4—气体收集器；5—垫圈；6—螺栓；7—弓形夹；8—树脂收集槽

任务二　压力袋法

用压力袋法固化制品，是通过向压力袋通入压缩空气实现对制品加压，压力可达 0.25～0.5MPa 或更高。与真空袋法一样，压力通过压力袋均匀地沿法线方向作用到制品表面，由于压力较高，对模具的强度和刚度要求也高，还需考虑传热效率，故模具一般采用轻金属制造，加热方式通常采用模具内加热（通过电热丝）的方法，凹、凸模均可用压力袋来实现加压固化（见图 4-24）。压力袋法对制品施加的压力比真空袋法高，有利于压实毛坯，提高制品的物理力学性能。由于压力袋法设备简单，可适应于各种尺寸的制品，因此得到了广泛的应用。为了排除固化中释放的低分子物，生产中常把真空袋法和压力袋法结合使用。

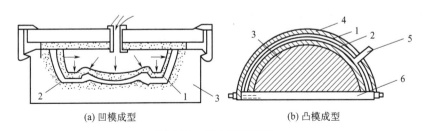

(a) 凹模成型　　　　　　　　(b) 凸模成型

图 4-24　压力袋成型法

1—橡皮袋；2—毛坯；3—模具；4—外壳罩（钢制）；5—接管嘴；6—底板

任务三　热压罐法

热压罐法是目前国内外先进树脂基复合材料常见的固化成型方法之一，是航空复合材料制品高温固化成型的关键工艺。热压罐成型法形成于 20 世纪 40 年代，直到 60 年代才逐步得到推广使用，主要应用于航空航天、国防、电子、汽车及其他车辆、船艇、运动器材等复合材料领域。热压罐法可用于金属/胶接构件和树脂基高强度玻璃纤维、碳纤维、硼纤维、芳纶纤维等复合材料制品的制造。

热压罐（见图 4-25）是一个圆筒形的金属压力容器，一般卧式放置。通过压缩空气加压，压力一般控制在 1.5～2.5MPa 范围内。利用热空气、蒸汽或模具内加热元件所产生的热量加热，使制品固化。由于同样要抽真空，因此也设有真空装置，将模具和真空装置装在小车上送入热压罐内，真空装置的导管应有足够的刚度，在高压下不会被压扁而影响抽真空效果。

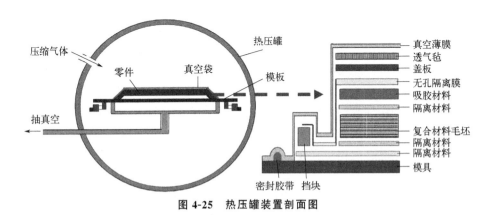

图 4-25　热压罐装置剖面图

用热压罐法可以制得高质量的复合材料制品，许多大型和复杂的部件，如飞机机身、机翼、卫星天线反射器、导弹再入体与级间体和蜂窝结构制品等，均普遍采用热压罐法，图 4-26 为 Vought 飞行器公司用于制造波音 787 机身的大型热压罐。热压罐的缺点是质量较大且结构复杂，设备投资费用高。

图 4-26 目前世界上最大的热压罐（直径 **9.1m**，长 **23.2m**）

任务四　液压罐法

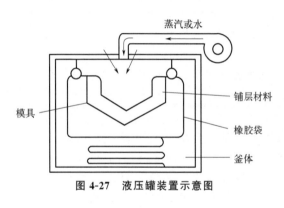

图 4-27　液压罐装置示意图

液压罐法也是一种专用的复合材料加热加压固化方法，主要是利用一个直立放置、内部充水作介质的密闭罐体，通过水温和水压对制品加温加压，压力可以达到 2MPa 甚至更高，温度达 250℃，同时还可以通过装入真空装置对工件进行抽真空排气，如图 4-27。液压罐法与热压罐法工作情况基本相似，不同之处在于它是通过液体（水）对工件加热加压，可以提供更高的压力。经液压罐加压固化的制品致密性好。液压罐也是大型设备，投资费用很大。

任务五　热膨胀模塑法

热膨胀模塑法利用阴模（如金属）和阳模（如硅橡胶）间不同的线膨胀系数，在加热过程中，合模后的阳模由于其线膨胀系数较大，升温会带来较大的变形，但是这个变形受到阴模的限制，从而在模具间产生了巨大的压力，进而实现对制品的加压。该方法于 20 世纪 70 年代中期发展起来，用来成型碳纤维/环氧树脂高级复合材料。

对于热膨胀模塑法，可以将预铺层好的预浸料放入对模中，也可以直接在模具上剪裁铺叠预浸料，然后与橡胶型芯、阴模组合在一起（见图 4-28）。最后，将组合好的模具放入烘箱或加热炉内加热固化成型。

热膨胀模塑法不需要外部压力源，克服了热压罐和液压罐造价高、占地面积大和操作技术复杂等缺点，但这种方法只适用于小零件和型材的加压成型。应该注意的是热膨胀模塑法中的压力与所加的温度有关，这就要求所选用的热膨胀材料的热膨胀性能与树脂凝胶点相匹配。热膨胀模塑法不需使用吸胶系统，因而所使用的预浸料中树脂不必过量，这样既节省了树脂，又节省了吸胶系统所用的辅助材料和铺设吸胶系统所费的工时，从而简化了工艺过程，并降低了制造成本。

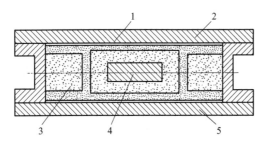

图 4-28 盒型件成型组合断面示意图
1—盒型件；2—上模板；3—硅橡胶模；4—金属芯块；5—下模板

 拓展知识

国产大飞机：整装待发，只待适航

国产大型客机 C919 于 2017 年 5 月 5 日 14 时在上海浦东国际机场首飞，（图 1）这是中国首次按照国际标准研制、拥有自主知识产权的大型客机，标志着我国民用航空领域的一次重大跨越。C919 为双发涡扇中型机，为干线客机，长 38.9m，连翼展 35.8m，高 12m，最大起飞质量为 72t，最大可容纳 190 人之多。

图 1 C919 首飞

C919 的 15% 机身采用了树脂基碳纤维复合材料，复合材料应用部件包括水平尾翼、垂直尾翼、翼梢小翼、后机身（分为前段和后段）、雷达罩、副翼、扰流板和翼身整流罩等（图 2）。如此大规模地采用碳纤维复合材料，国内尚属首次。在 C919 复合材料结构件中，有大尺寸复合材料壁板结构（水平尾翼、垂直尾翼）、蜂窝三明治夹层结构（活动面）、大曲率变截面（后机身）等复杂结构，加之尺寸很大，使得制造难度增加。

C919 是国内首个使用 T800 级高强碳纤维复合材料的民机型号。这是民用大型客机首次大面积使用这种材料，而这种材料在传统大型客机的使用率只有 1% 左右。C919 所使用的树脂基碳纤维材料质量轻，同等强度的前提下，它的质量能比一般传统材料轻 80%；它的疲劳寿命也更长，一般金属材料的使用寿命为 20 年或 6 万个飞行小时，而它可以达到 30 年或 9 万个飞行小时，结构寿命可以提高 50%。

C919 以高达 50% 的国产率上架，打破了欧美在大型客机领域的垄断地位，是超出预期的成功。作为一款商业用途的飞机，C919 使用国际一流的发动机与航电、飞控技术以增强稳定性，并以此加大通过美欧主导的适航认证的概率，更为之后的大规模国产化积累了经验。

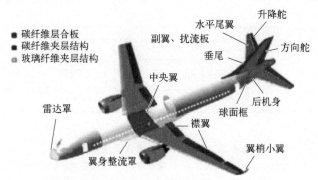

图 2   复合材料在 C919 飞机上的应用部位

  思考题

1. 简述手糊成型工艺的特点及使用范围。

2. 一般 GRP 手糊制品固化分为哪几个阶段？如何判断固化程度？

3. 胶衣层的作用是什么？如何避免胶衣层龟裂？

4. 喷射成型的工艺特点、应用范围及过程控制是什么？

5. 配制胶液的凝胶时间跟糊制品的凝胶时间为什么不一致？

6. 制品的壁厚和铺贴层数如何计算？

7. 铺贴加压固化有哪些方法？各有哪些优缺点？

8. 铺贴成型制品出现卷曲，请分析可能的原因。

模块五

模压成型工艺

  模压成型工艺是一种古老的工艺技术，早在20世纪初就出现了酚醛塑料模压成型。模压成型工艺具有生产效率较高，制品尺寸准确，表面光洁，可一次成型结构复杂的制品，无需进行有损制品性能的二次加工，制品外观及尺寸的重复性好，容易实现机械化和自动化等优点。模压工艺的主要缺点是需要高强度、高精度、耐高温的金属模具，模具设计制造复杂，需要压力控制的液压机，投资高；制品尺寸受设备限制，一般只适合制造批量大的中小型制品。

  由于模压成型工艺具有上述特点，已成为复合材料的重要成型方法，在各种成型工艺中所占比例仅次于手糊/喷射和连续成型，居第三位。近年来由于SMC、BMC和新型模压料的出现以及它们在汽车工业上的广泛应用，实现了模压成型的专业化、自动化和高效率生产，制品成本不断降低，使用范围越来越广泛。模压制品质量可靠，主要用作结构件、连接件、防护件和电器绝缘件，广泛应用于工业、农业、交通运输、电气、化工、建筑和机械等领域。

项目一 模压成型原理及特点

任务一 基本原理

模压成型工艺是将一定量的模压料（粉状、粒状、纤维状或纺织品半成品等）放入金属对模中，在一定温度和压力下，固化成制品的一种方法。模压成型中，随着温度变化，模压料呈现不同阶段的特性，包括塑化（或熔化）、流动充满模腔和树脂固化。在模压料充满模腔过程中，不仅树脂流动，增强材料也会被树脂粘裹着一起流动，直至填满模腔，因此模压成型工艺需要的成型压力较其他工艺方法高，属于高压成型。

任务二 工艺特点

与低压成型工艺相比，模压成型工艺的特点如下：①原料的损失小，不会造成过多的损失（通常为制品质量的 2%～5%）；②制品的内应力很低，且翘曲变形也很小，收缩率小且重复性较好，力学性能较稳定；③可在给定的模板上放置模腔数量较多的模具，可以一次成型结构复杂的制品，生产率高，便于实现专业化和自动化生产；④成型设备造价较高。

项目二 原材料及设备

任务一 模压料的种类及其工艺性

模压成型工艺中，原材料主要是预混或预浸的纤维或织物半成品，如模块三中所介绍的短纤维模压料、块状模压料、预浸胶布等，将这些半成品按照模具形状进行剪裁或剪碎，放入金属对模中，即可进行模压成型。

这些模压料在受热、受压过程中，树脂发生流动、交联、固化、冷却定型，这些过程都会影响模压成型的工艺操作过程、模压制品的尺寸精度和力学性能。这些影响因素称为模压料的工艺性能，具体概括为流变性、收缩性和压缩性。

一、流变性

在成型过程中，物料在温度和压力作用下，发生流动和变形的行为称为流变性。模压料发生流变行为主要是由树脂黏度改变所致。对于热塑性树脂，加热使树脂黏度降低，达到黏流状态，并在压力作用下充满模腔成型，再通过冷却使其定型得到制品。与热塑性树脂不同，加热热固性树脂一方面使物料熔融、黏度降低，在压力作用下产生流动变形，充满模腔；另一方面，加热使树脂中具有活性基团的组分发生交联反应，使黏度升高，失去流动性，直至完全固化。因此，需要研究模压温度对热固性模压料的黏度/流动性的综合影响，以便于使模压料更好地充模、固化，得到最佳的制品。

图 5-1 为温度对热固性聚合物流动性的综合影响。可以看出，随着加工温度升高，聚合物

黏度下降，流动性增大，即在较低温度范围内，温度对黏度的影响起主导作用；当温度超过 T 后，温度升高，熔体的流动性迅速下降，这是因为此时聚合物的化学交联反应起主导作用。因此，温度对流动性的影响是由黏度和交联速度两种互相矛盾的因素决定的。因而，在模压工艺中，物料充满模腔的最佳温度，应该是产生最低黏度而又不引起迅速交联的温度。虽然实际无法精确控制此温度，但至少在发生凝胶之前应完成充模定型。对注射模压，必须严格控制各段温度，注射时最佳温度应在 T 或稍低，模具温度应高于 T，这样物料注入模具后才能立即交联固化。

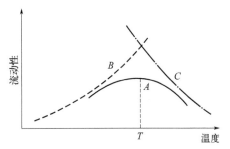

图 5-1　温度对热固性聚合物流动性的综合影响

A—总的流动曲线；B—黏度对流动性的影响曲线；
C—固化速度对流动性的影响曲线

　　除了上述影响因素外，模压料中聚合物的结构、组成及质量指标也显著影响着模压料的流变性，具体如下：

1. 聚合物的结构

　　聚合物的结构是指聚合物的分子链结构和链的极性、分子量大小和分子量分布等，它们都对黏度产生明显的影响。聚合物链的柔性越大，链越易卷曲，缠结点越多，链的解缠和滑移越加困难，即在流动时的非牛顿性越强。聚合物分子中支链结构直接影响黏度，尤以长支链对熔体黏度影响最大，因为长支链能增加与其邻近分子的缠结，长支链也增大了聚合物黏度对剪切速率的敏感性。聚合物的分子量越大，分子间相互作用也越大，作为流动单元的链段数量增加，链段间相互作用也相应地增加。因此，聚合物黏度随分子量增加而增大。虽然分子量较大的高聚物的力学性能也较好，但黏度大对加工不利，所以生产中采取加入低分子物质（溶剂或增塑剂）的方法来降低分子量大的聚合物黏度。在平均分子量相同时，熔体的黏度随分子量分布增宽而降低。

2. 模压料的组成

　　模压料的组成严重影响其流动性能。模压料中，含胶量或可溶性树脂含量增加，流动性增大。挥发分含量对流动性的影响更加明显。挥发分含量增加，物料流动性增加，但当挥发分含量过高时，极易引起成型时树脂大量流失，制品收缩加剧，甚至发生翘曲、表面出现气泡、波纹、流痕、粘模、表面光洁度下降等弊病。当挥发分含量过低时，物料流动性将显著下降，制品成型困难。所以应保持适当的挥发分含量。模压料中增强材料的形状、含量对流动性影响也很大。常用增强材料有纤维、带、布、毡等形式，纤维流动性较差，而带、布、毡成型时几乎不流动。同是纤维状模压料，短纤维比长纤维流动性好，但纤维长时制品的强度高。对于形状复杂的制品，可混合使用不同形态的模压料以兼顾对制品强度和成型的要求。

二、收缩性

　　制品从模具中取出后，因冷却或其他原因引起尺寸的减小称为收缩性，这是任何种类模压料固有的性质。只要收缩是规则的，即可在设计压模时预留收缩量，使收缩后的制品形状和尺寸恰好符合要求，对制品性能及使用并无影响。但是，不规则的收缩会引起脱模困难，或造成制品翘曲变形甚至开裂。

　　模压料的收缩程度可以用收缩率来表示。收缩率分为实际收缩率和计算收缩率两种。实际收缩率为模具空腔或制品在压制温度下的尺寸与制品在室温下的尺寸之间的差别。计算收缩率为室温下模具空腔尺寸与制品尺寸之间的差别。公式如下：

实际收缩率：

$$Q_实 = \frac{a-b}{b} \times 100\%$$

计算收缩率：

$$Q_计 = \frac{c-b}{b} \times 100\%$$

式中　a——模具空腔或制品在压制温度下的尺寸，mm；

　　　b——制品在室温下的尺寸，mm；

　　　c——模具空腔在室温下的尺寸，mm。

模压料在模压过程中所发生的收缩应用实际收缩率表示。计算收缩率是设计模具空腔尺寸的一个重要依据，也是影响制品尺寸精确程度的一个重要参数，制品发生收缩的基本原因大致分为以下几点。

1. 热收缩

热收缩是由于制品与模具的温度和线膨胀系数的差异而产生的。热胀冷缩是大多数物质的固有特性，它也是引起制品热收缩的主要原因。因为模压制品的线膨胀系数比模具材料大［塑料的线膨胀系数为 $(25\sim120)\times10^{-6}℃^{-1}$，钢材为 $11\times10^{-6}℃^{-1}$］，因此，制品冷却时的收缩率大于模具的收缩率，结果使得制品尺寸小于模具尺寸。热固性塑料线膨胀系数与成型收缩率的关系见表 5-1。

表 5-1　热固性塑料线膨胀系数与成型收缩率的关系

成型材料		线膨胀系数/ $(\times10^{-5}℃^{-1})$	收缩率/ %
树脂	增强材料		
酚醛	木粉	3.0~4.5	0.4~0.9
酚醛	玻璃纤维	0.8~1.6	0.1~0.4
DAP	玻璃纤维	1.0~3.6	0.1~0.5
环氧	玻璃纤维	1.1~3.5	0.1~0.5
聚酯	玻璃纤维	2.0~3.5	0.1~1.2

注：DAP—邻苯二甲酸二烯丙酯。

2. 弹性恢复

制品固化后受压力作用而产生可恢复的弹性变形，脱模时压力撤销，此部分变形的弹性恢复使得整个收缩率减小。

3. 固有收缩率

热固性树脂由于在进行缩聚（或聚合）反应时产生交联结构，分子链段靠近使结构紧凑，或由于低分子物的逸出，均引起体积收缩。这种收缩引起的体积缩小是不可逆的。

制品最后显示的收缩率是上述诸因素综合作用的结果。而这些作用因素主要跟所采用的原材料、加工装备和加工工艺有关，具体为：

（1）原材料

模压料中树脂和添加物的种类与含量直接影响收缩率的大小。常用树脂中收缩率最小的是环氧树脂，酚醛树脂与聚酯树脂收缩率较大。这是因为环氧树脂体系固化前密度比较大，而固化后的网状结构又不太紧密，固化过程中没有低分子物质放出。聚酯树脂由于用苯乙烯作交联剂，固化前树脂体系的密度比较小，在固化过程中苯乙烯单体转化时，分子距离变化很大，因此体积收缩率较大。酚醛树脂由于固化时有水分子放出，故体积收缩率也比较大。纤维的加入，可以降低物料的收缩，这是因为纤维的热膨胀系数与树脂的热膨胀系数相差一个数量级。但是，正是由于这种差异，黏结在一起的纤维和树脂会因收缩性不匹配而产生内应力。这种内应力会使模压制品出现表面波纹、翘曲、裂纹和空隙等缺陷。为消除上述缺陷，应减缓升温速度或延长模压保温时间，或加入与树脂收缩相适应的有机填料作"缓冲剂"。

无机填料是模压料中的另一类添加物，它在物料中起填充空间和增量的作用，同时还能赋予制品各种性能，实际上起着功能性添加剂的作用。无机填料是粒度极小的颗粒，分布在聚合物的分子间隙中，对聚合物的结构收缩形成了"障碍"，因而降低了聚合物固化的结构收缩。同时，无机填料的热膨胀系数比高聚物的要低很多，填料的加入相应地减少了树脂的用量，即在复合材料中减少了收缩大的组分含量，因而也使制品收缩减小。

以不饱和聚酯模压料为例，加入热塑性树脂作为"缓冲剂"，如聚醋酸乙烯酯、聚甲基丙烯酸甲酯或聚苯乙烯，可以减小甚至抵消树脂收缩率。当模压料加热固化时，热塑性树脂发生热膨胀形成内压力，此时聚酯分子中双键发生交联，相当于聚酯分子在内压力下进行固化，因此聚酯在未固化收缩前就被固定下来，即热塑性树脂热膨胀力阻止了聚酯固化时的收缩；降温时，由于周围热固性树脂已经固化，因此热塑性树脂只能局部微化收缩，而不能整体收缩，最终起到了降低收缩的作用（图5-2）。

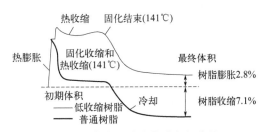

图 5-2 普通不饱和聚酯与低收缩不饱和聚酯固化时的体积变化

但是，热塑性树脂的存在使固化时间延长，放热峰温度下降，对不饱和聚酯树脂交联网络起到增塑作用，从而降低了树脂体系的强度。因此要控制热塑性树脂添加量，一般在5%（质量分数）左右，其粒径以小于$30\mu m$为好。

（2）制品形状和模具结构的影响

薄壁制品易变形，厚壁制品由于内外受热不均匀收缩也严重，变壁厚制品各部分收缩不一致。因此设计制品时应尽量避免制品尺寸的突然变化。模具结构设计合理可提高作用在物料上的压力，增大流动性以减小收缩。此外，模具受热均匀、传热快，可使物料充分受热，内外温差小也能降低收缩。

（3）成型工艺参数的影响

成型工艺参数主要指模压温度、保温时间和压力。随着模压温度的升高，线膨胀系数变大，制品的收缩率也随之增加。但延长模压时间使树脂交联密度增大却能引起线膨胀系数减小。在一定范围内提高压力使制品压得密实，减少了树脂交联时的收缩空隙，也可减少制品的收缩率。试验证明，温度、压力和保温时间对制品收缩率的影响近似呈线性关系。在模压中采用预压、预热、放气等手段，排除水分及低分子物质，也有助于降低制品的收缩率。

三、压缩性

模压料的压缩性用压缩比来表示。压缩比是指模压制品与装模压料二者比容的比值，即

$$压缩比 = \frac{模塑料（或坯料）的比容}{制品的比容}$$

模压料的压缩比恒大于 1。SMC 和 BMC 的压缩比都比较小，十分有利于加料。纤维状模压料的压缩比最大可达 6~10，由于它形态蓬松，不易形成紧密的堆积，给装模带来了困难。使用压缩比大的模压料时需要设计大的装料室，不仅增加了模具质量，压制中还过多消耗了热量。一般在成型前采取预压措施使其成为坯料。对装料量很多的制品（特别是厚壁制品），也可采取分次装模和预加压的方法来克服装模困难。

任务二　模压设备

模压成型的主要设备是液压机，通过液体（油或水）来传递压力，提供产品成型时所需的压力和开模脱出制品时所需的脱模力。

一、液压机的选择

液压机一般由机身、工作油缸、活动梁、顶出结构、液压传动机构和电气控制系统组成。为加工出合格的成型产品，应选择合适的液压机，一般考虑以下因素。

① 吨位　选择成型制品压机时，应根据制品至少承受的单位压力选择最小压力吨位。对于偏心产品或深度尺寸较大的产品，压力吨位可按制品投影面积承受 7~10MPa 的单位压力来计算。

② 行程　压机行程是指压力机活动梁可以移动的最大距离。压机的最小范围不应小于 960mm，对应的压力机开口尺寸为 1200mm。对于大型压机，上述尺寸应相应增加。

③ 台面尺寸　对于小吨位压机，工作台尺寸为 750mm（从左到右）×960mm（从前到后）；对于较大吨位的压机，最小台面尺寸应为 1200mm（从左到右）×9600mm（从前到后）。

④ 台面精度　当压机的最大吨位均匀施于 2/3 台面区域时，活动横梁和压机台面被支撑在支架的四个角上时，其平行度为 0.025mm/m。

⑤ 压力增长　压机压力从零增长到最大吨位，所需时间最长为 5s。

⑥ 压机速度　压机速度可以是双速和三速系统。使用双速系统时，高速推进速度为 7500mm/min，慢速闭合时，速度为 0~250mm/min，其间可调节速度。采用三速系统时，高速推进速度为 10000mm/min，中速推进速度为 2500mm/min，慢速关闭时，速度为 0~375mm，速度可调。

二、SMC 制品专用压机

SMC 多用来制造大型薄壁或结构不规则的高深度制品，所需成型压力和温度较低，但成型时间短，需要在一定程度上控制流程状态，因此针对 SMC 制品的成型特点出现了专用的 SMC 液压机。SMC 专用液压机总压力高，工作台面大，活塞空载运行速度高，并具有多种加压速度，对上、下工作台面的平行度和刚度要求高。

SMC 专用压机可分为两种：一种是成型小型制品（相对一般的 BMC 制品而言要大一些）用的压机；另一种是成型大中型制品用的压机。由于 SMC 材料本身的特点以及它最大的应用领域汽车工业的独特要求，对 SMC 成型压机的要求更加严格。SMC 尤其适合生产表面积很大的薄壁制品，因而要求压机必须有"三大"，即大工作台、大工作行程和大吨位，同时必须有良好的刚性，能承受较大的偏心载荷，以及精密的确保压机台面平行度的控制装置，以保证材料在高温成型过程中，两半模具始终保证有理想的平行度，从而使制品厚度在一定范围内仍保持均匀。

项目三 模压工艺流程及质量控制

模压成型工艺流程包括模具的准备、嵌件放置并预热、模压料预热、裁切和计量、加料、合模、排气、固化、脱模和清理模具等步骤，如图 5-3。

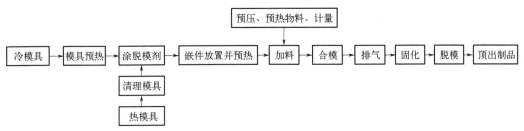

图 5-3 模压成型工艺流程示意图

任务一 工艺流程

热固性模压制品通常由物料准备或预处理、成型制品和后处理三个阶段组成。

一、模压料预处理

1. 预热与预压

压制前对模压料预先加热处理称为预热，目的是增加模压料的流动性，改善成型工艺性，从而提高模压制品性能（表 5-2）。模压料预热方法有：加热板预热、红外线预热、电烘箱预热、远红外预热及高频预热等。电烘箱预热温度一般在 80～100℃，易于控制、恒定，使用方便，但物料内外受热不均，最好具有热鼓风系统。红外灯预热温度一般不超过 60～80℃，热效率高，物料受热均匀。但温度范围受一定的限制。预热时间可按实际需要控制，一般不超过 30min。

表 5-2 预热对线型酚醛模压料制品性能的影响

压制温度 /℃	预热情况	冲击强度/ (kJ/m²)	弯曲强度 /MPa	马丁耐热 温度 /℃	布氏硬度/ (kgf/mm²)	24h 吸水率 /%
175	未预热 预热	98 109	9.8 10.7	100 110	100 125	100 74
190	未预热 预热	111 118	10.3 11.5	101.7 124.3	120 140	61 50

模压料预压成型，是将模压料在室温下预先压成与制品相似的形状，然后再进行模压。预成型操作可缩短成型周期，特别是对于压缩比大的模压料，预压能减少称量料体积，降低压缩比，改善劳动条件，提高生产效率，并且能减少称量料中的空气，改善传热，缩短固化时间，使纤维和树脂进一步混合，使制品性能稳定均匀。

2. 裁切计量

为提高生产效率及确保制品尺寸，需要对模压料进行准确的计算，裁切得到准确的装料量。但要做到这一点往往很困难，一般是预先进行粗略的估算，然后经几次试压找出准确的装料量。装料量等于模压料制品的密度乘以制品的体积，再加上 3%～5% 的挥发物、毛刺等损耗。制品的体积常采用下列方法进行粗略估算：

① 简化计算法　将复杂形状的制品凭经验简化成一系列的标准几何形状，同时将尺寸也作相应变更后再进行计算。

② 密度比较法　当有与制品形状、尺寸相同（体积相同）的金属或其他材料制品，可以利用两种材料的密度和质量的对比关系，求出用量。

③ 铸型比较法　先在成型制品的金属模具中，用树脂、石蜡等材料铸成制品形状，再根据铸型制品质量、密度及模压制品的密度，求出模压制品的装量。

二、脱模剂选用

模压中使用的脱模剂有内脱模剂和外脱模剂两类。直接模压中多用外脱模剂或内外脱模剂结合使用。外脱模剂是在装料前直接涂刷在模具的成型面上。酚醛型模压料多用油酸、硬脂酸等；环氧及环氧酚醛型模压料多采用硅脂或有机硅。在满足脱模要求下应尽可能少用且应涂刷均匀，以免降低制品表面质量。

三、放置嵌件

嵌件一般由金属制成，可对制品起增强作用，使用嵌件的制品力学性能提高较大。也有的是为了给制品赋予导电、导热特性或其他功能特性而加入嵌件。嵌件放置前，应进行预热。通常是用手放置嵌件，放置位置要准确、稳定，若是小型嵌件亦可用钳子或镊子安装。一件制品可以用一个嵌件，也可放置几种不同的嵌件，其位置不得放错，不得歪斜，一定要使嵌件稳定，必要时应加以固定，防止位移或脱掉，否则达不到使用嵌件的目的，反而会造成制品的报废，甚至会损害模具。

四、加料

加料前，应首先检查型腔内是否有油污、飞边、碎屑和其他异物。将准确计量的物料，按型腔形状加入，对某些流动阻力大的部位应尽可能填满，并注意难以充模部位（如凸台、细小孔眼、狭缝及开口附近），应多加些物料。为了排气方便，最好将物料中间突起，并在嵌件周围预先放上物料并压紧，这样可减少料流对嵌件的冲击力。将模压料预压成制品形状，可以使加料更为方便。

五、合模排气

合模分为两步，凸模未接触物料前，需低压（1.5～3.0MPa）快速合模，这样可以缩短周期和避免物料发生变化；当凸模接触物料之后，应开始放慢合模速度，改用高压（15～30MPa）慢速合模，以免损坏嵌件，并使模内空气排出。

为了使模内的空气、水汽及挥发分等小分子物质尽可能排除，在模具闭合后，有的还需要将模具开启一段时间，这个过程称为排气。排气操作应迅速，一定要在物料尚未凝胶前完成，否则物料凝胶硬化，失去可塑性，此时即使打开模具也排不了气，即使提高温度和压力也不可能得到理想的制品。排气可以缩短固化时间，而且能提高制品的力学性能和电性能。为了避免制品的分层现象，排气过早过迟都不好，过早达不到排气的目的，过迟物料表面已固化，气体排不出来。

六、压制固化

在温度、压力和时间的共同作用下，树脂交联固化成坚硬的不熔不溶制品。

1. 温度

温度是热固性模压料交联成型的重要条件之一。温度越高，固化速度越快，固化时间越短，保压时间越短。根据模压工序，温度又可分为装模温度、升温速度和最高模压温度。

（1）装模温度

装模温度是指模压料装入模具时候的温度。在该温度下，模压料中的溶剂小分子物质能够快速挥发去除，使物料易于流动，并且树脂不致发生明显的化学变化。因此需要根据模压料中所用溶剂的挥发温度来选择装模温度，确保在此温度下，低分子物质能够快速挥发去除。为使物料表面温度不致发生突变，使物料内外温度均匀，应在装模温度下停留一段时间，方可进行升温等后续操作。模压料的挥发物含量高，不溶性树脂含量低时，装模温度较低。反之，要适当提高装模温度。氨酚醛、酚醛环氧型模压料一般在 $80\sim90℃$。制品结构复杂及大型制品装模温度一般宜在室温至 $90℃$ 范围内。

对于快速成型的模压料，由于不存在后续的升温工序，装模温度即是模压温度，温度较高，如镁酚醛模压料装模温度在 $150\sim170℃$。

（2）升温速度

所谓升温速度即由装模温度到最高压制温度的升温速率。对快速模压工艺，装模温度就是压制温度，不存在升温速度问题。而在慢速压制工艺中，需慎重选择适宜的升温速度，尤其在成型较厚制品时更为重要，由于模压料本身导热性差，升温过快，在制品中易造成内外固化不均匀而产生内应力，甚至可能导致与热源接触部位的物料先固化，从而阻碍内部固化时产生的气体向外排出。对氨酚醛树脂的小尺寸制品升温速度可采用 $60℃/h$，中等尺寸制品一般采用 $10\sim30℃/h$。

（3）最高模压温度

模压温度目前主要根据树脂的放热曲线来确定。树脂在固化过程中会放出或吸收一定的热量。差热分析仪（DTA）与差示扫描量热仪（DSC）可以记录树脂固化过程中的吸热/放热量，从而判断出树脂反应的程度，为模压温度的确定提供依据。表 5-3 和表 5-4 为氨酚醛树脂差热分析结果以及相应温度的固化程度。从表中可以看出，氨酚醛树脂在 $80℃$ 时才开始发生缩聚反应，$145\sim150℃$ 反应最为激烈，$180℃$ 时树脂固化反应逐渐完成。为保证树脂固化反应达到要求的程度，应将模压温度定在 $180℃$ 左右或稍高。

表 5-3 氨酚醛树脂差热分析结果

型号	固化过程		
	峰始温度/℃	峰顶温度/℃	结束温度/℃
1	80	145	185
2	80	145	175
3	80	145	178
4	80	145	180
平均	80	145	180

表 5-4　氨酚醛树脂固化程度

温度/℃	固化开始	100	110	120	130	140	150	160	170	180	完全固化
差热分析测得的固化程度/%	0 (80℃)	5.5	12.3	17.9	28.8	41.2	59.0	79.5	90.5	96	100 (215℃)
固化程度/%	0 (90℃)	—	—	—	—	45.8	62.6	75.1	87.6	95.1	100 (230℃)

　　表 5-5 给出了常用树脂的最终固化温度范围。需要指出，树脂固化过程的差热曲线其峰值大小和形状与仪器的扫描速度有关，扫描速度（升温速度）越快，曲线峰值温度越高，峰形越陡，如图 5-4。表 5-6 列出了环氧 E-51/二乙烯三胺体系在不同升温速度下的峰值温度。复合材料的固化过程是在恒定的温度下进行的，因此，为接近固化工艺的实际情况，应找出升温速率趋于零的峰值温度。可将不同升温速率下测得的结果连成直线，利用外推法求得所需的温度值，如表 5-6 中最后一行。在确定模压温度时，还应考虑模具的传热效率、纤维的吸热以及制品厚薄等因素，一般先取模压温度稍大于树脂的固化温度，再通过工艺-性能试验最后确定合理的模压温度。

表 5-5　几种树脂的固化温度

树脂品种	镁酚醛	氨酚醛	钡酚醛	硼酚醛	环氧酚醛	聚酯	F-64 环氧 NA 型
温度/℃	155～160	175±5	130±5	200	170±5	120～150	230

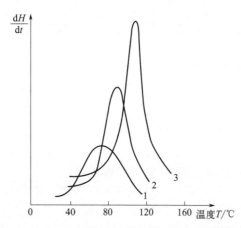

图 5-4　环氧 E-51/二乙烯三胺体系不同升温速率下的放热曲线 （DSC）

1—升温速率 2℃/min；2—升温速率 5℃/min；3—升温速率 10℃/min

表 5-6　环氧 E-51/二乙烯三胺体系固化 DSC 数据

升温速率/ (℃/min)	峰始温度 T_i/℃	峰顶温度 T_p/℃	结束温度 T_e/℃
10	52	107	143
5	40	87	123
2	22	73	110
0 (外推法)	16	65	102

模压过程中的加热方法，常用蒸汽法和电热法。蒸汽法是上下模内直接通蒸汽，此法升温快、冷却方便，缺点是设备复杂。电加热法是用电热丝加热模具，此法温度可升很高，但均匀性差，易自控，设备显得整洁，但不易冷却。

2. 压力

压机作用于模具上的压力的作用有：

① 使物料在模腔中加速流动；

② 增加物料的密实性；

③ 克服树脂在缩聚反应中放出的低分子物质和物料中其他挥发分所产生的压力，避免出现肿胀、脱层等缺陷；

④ 使模具紧密闭合，从而使制品具有固定的尺寸、形状，减少毛边；

⑤ 可防止制品在冷却过程中形变。

（1）压力大小

模压压力的大小不仅取决于物料种类，而且与模温、制品的形状，以及物料是否预热等因素有关。对物料来说，流动性越小，固化速度越快，所需模压压力越大；物料的收缩率越大时，所需模压压力越大，反之所需的成型压力小。可见模压压力是受物料在模腔内的流动情况制约的（主要受温度的影响）。

一般增大模压，除增加流动性之外，还会使制品更密实，成型收缩率降低，性能提高。但模压压力增加太多时，对模具使用寿命有影响，并增大设备的功率损耗，甚至影响制品的性能；而过小时，模压压力不足以克服交联反应中放出的低分子物的膨胀，也会降低制品的质量。

为了减少和避免低分子物质的不良作用，在闭模压制不久，就应卸压放气。厚壁制品，物料的流动性好，但反应过程中放出的低分子物质较多，仍需使用较大的成型压力，也要提高模具温度，以增大物料流动性。

通过适当提高模温，使物料的流动性增大，可降低模压压力，但不适当地增高预热温度，物料会因发生交联反应，造成熔体黏度上升，抵消了较低温度下预热增加流动性的效果，反而需要更大的模压压力。表 5-7 为各种模压料的模压压力。实际工艺中的模压，是进行同样工艺-性能试验最后确定合理的模压压力。

表 5-7　各种模压料的模压压力

模压料名称		成型压力/MPa
镁酚醛模压料		28.8～49.0
环氧酚醛模压料		14.7～28.8
环氧模压料		4.9～19.6
聚酯模压料	一般制品	0.7～4.9
	复杂制品	4.9～9.8
片状模压料	特种低压成型料	0.7～2.0
	一般制品	2.5～4.9
	复杂深凹制品	4.9～14.7

（2）加压时机

加压时机，是指在装模后经多长时间、在什么温度下进行加全压。合理选用加压时机是保证制品质量的关键之一。加压过早，树脂反应程度低，分子量小，黏度低，在压力下极易流失，在制品中形成树脂集聚或局部纤维裸露。加压过迟，树脂反应程度过高，分子量急剧增大，黏度过大，物料流动性差，难以充满模腔，形成废品。只有在树脂反应程度适中，分子量增大所引起的黏度增加适度时，才能使树脂和纤维一起流动，得到合格制品。最佳加压时机应选在树脂激烈反应放出大量气体之前。可采用下述三种方法来确定：

① 凭经验　操作者可以将树脂拉丝时视为加压时机。

② 根据温度指示　当接近树脂凝胶温度时进行加压（树脂凝胶温度可用 DSC 测定）。

③ 按树脂固化反应时气体释放量　树脂在固化过程中放出相当可观的挥发物气体量，通过试验可以作出树脂挥发分的放气曲线，根据试验曲线，在大量气体放出之前的温度下加压，可以阻止气体集中排出，防止制品出现肿胀、开裂等缺陷。

图 5-5 氨酚醛树脂固化过程中气体释放曲线有三个主峰。第一个主峰在 90～100℃ 范围内为溶剂峰，大部分溶剂集中在这一时期内排出，其峰腰较窄、尖锐。为便于溶剂挥发，预热时间应长些，而温度可低些。第二个主峰在 110～120℃ 范围内，称为缩合峰。在此时期内树脂开始剧烈反应，放出大量热和气体。为使气体和热量放出不过于集中，必须放慢升温速度，第三个主峰在 160～170℃ 范围内，称为后期深度固化峰。在此温度下新生成的羟甲基发生缩合反应生成亚甲基键，同时放出水及残存的氨气，放出的气体量占总量的 40%。通过对氨酚醛的气体释放曲线分析，可确定其加压时机的温度范围应为 110～130℃，即在大量气体释放之前，一次加全压是适宜的。表 5-8 为几种常用模压料的加压时机。

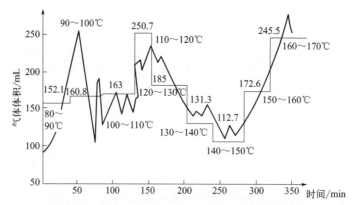

图 5-5　氨酚醛树脂固化过程中气体释放曲线（等速度升温 1℃/6min）

表 5-8　几种常用模压料的加压时机

模压料	镁酚醛模压料（快速成型用）	氨酚醛模压料（慢速成型用）	环氧酚醛模压料		
			小制品	中制品	大制品
加压时机	合模 10～50s，在成型温度下加压。加压方式：多次抬模放气反复充模	在 80～90℃ 装模后 30～90min 在（105±2）℃ 下一次加全压	80～90℃ 装模后 20～40min 在（105±2）℃ 下一次加全压	60～70℃ 装模后 60～90min 在 90～105℃ 下一次加全压	80～90℃ 装模后 90～120min 在 90～105℃ 下一次加全压

（3）时间

聚合物固化所需时间就是指物料在模具中从开始升温、加热、加压到完全固化为止的这段时间。模压时间与物料类型（树脂种类、挥发物含量等）、制品形状、厚度、模具结构、模压工艺条件（压力、温度），以及操作步骤（是否放气、预压、预热）等有关。一般情况下，模压温度升高，固化速度加快，所需模压时间减少，因而模压周期随模温提高而缩短。

模压压力对模压时间的影响虽不及温度那么明显，但也随模压压力的增大模压时间有所减少。

由于预热减少了物料的充模和升温时间，所以模压时间要比不预热的短些。通常模压时间随制品的厚度增加而增加。

模压时间的长短对制品的性能影响很大，时间太短，树脂固化不完全（欠熟），制品物理力学性能差，外观无光泽，制品脱模后易出现翘曲变形等现象。延长时间，一般可以使制品的收缩率和变形减少，制品的其他性能也有所提高。但过分延长模压时间，不仅延长成型周期，降低生产率，多耗热能和机械功，还会使物料过热，制品收缩率增加，树脂和填料之间会产生内应力，制品表面发暗并起泡，从而造成制品性能下降，严重时会造成制品破裂。因此应合理规定模压时间。表 5-9 为几种典型模压料的模压保持时间。

表 5-9　几种典型模压料的模压保持时间

模压料	快速模压料			慢速模压料			
	镁酚醛	改性酚醛	聚酯料团	环氧酚醛	氨酚醛	硼酚醛	F-46 环氧 NA 型
保持时间/ (min/mm)	0.5～2.5	1.0～1.5	1～2	3～5	2～5	5～18	5～30

七、脱模

脱模通常是靠顶（出）杆来完成的，带有成型杆或某些嵌件的制品应先用专门的工具将成型杆等拧脱，而后再进行脱模。

八、清理模具

由于模压时可能在模具里留有一些残存的物料及掉入的飞边，所以每次模压后必须将模具清理干净，如果模具上附着物太牢可以用铜片/铜刀清理，也可用抛光剂拭刷等，清理后涂上脱模剂以便进行下一次模压。

九、后处理

为了进一步提高制品的质量，制品脱模后，常需在较高温度下进行处理，后处理温度的高低视物料的种类而异。后处理的目的是：

① 保证制品完全固化；

② 减少制品的水分及挥发分，提高其电性能；

③ 消除制品的内应力等。

后处理烘干时由于挥发性物质进一步排出，也会使制品收缩，发生尺寸变化，有时甚至产生翘曲和裂缝，因此必须严格控制后处理条件。

任务二　模压成型问题及缺陷

由于实际成型加工中还要受到人员操作、机器设备运转、物料质量和工作环境等因素的影响，在模压成型实际操作中不像理论预测的那样会达到理想结果，特别是操作人员如果对工艺条件掌握不好，模具设计不合理或者对材料的加工特性了解不够等，都会给制品造成缺陷，影响其质量。为了确保模压制品质量，节约原材料，延长模具使用寿命，必须及时发现成型加工中出现的问题，并及时解决。

一、短切纤维模压料制品常见的缺陷及原因

短切纤维模压料成型加工中常见缺陷、产生原因与解决方法如表 5-10 所示。

表 5-10　短切纤维模压料制品的常见缺陷、产生原因与解决方法

常见缺陷	产生原因	解决方法
制品表面起泡及内部鼓包	物料中挥发物含量太大	将物料适当干燥或预热
	模具温度过高或过低	调节模具温度
	成型压力小	增加成型压力
	保温时间不够	延长保温时间
	模具内有其他气体	降低闭模速度,模具开设排气槽,将料预热
	物料压缩比太大,含空气多	进行预压,改变加料方式
	加热不均匀	改进加热装置
制品翘曲、变形	固化不足	增加保温时间
	模具型腔温差大,制品内应力、收缩率不一致	调节模具温度
	制品结构形状复杂,造成固化和冷却不均匀	调整配方;优化制品结构设计和改进成型工艺;脱模后在整型模具内冷却
	物料流动性太大,物料内水分及挥发物含量高	预烘物料后使用
裂纹	金属嵌件过多或过大	调整配方;优化制品结构设计和改进成型工艺
	预热温度不合适	调整预热方式和预热温度
	结构设计不合理	优化制品结构设计和改进成型工艺
	顶出不当	改进顶出装置
	物料不符合质量要求	严格控制物料质量
	成型温度不合适,冷却速度过快	调整成型温度,降低冷却速度
缺料	物料流动性过大或过小	控制物料的流动性,严格控制物料质量,及时调整工艺
	加料量不足	增加加料量
	成型压力不足	增加成型压力
	模具型腔温度过高,物料固化太快	降低温度
	溢料	缓慢加压,选择合适的加压时机
粘模	脱模剂不合适	调整配方,模具型腔表面涂刷脱模剂
	成型温度低	提高成型温度
	固化不良	增加保温时间
	模具型腔表面有损伤	修整模具
飞边过厚	加料过多	准确加料
	物料流动性太差	改进流动性
	模具设计不合理	改进设计或修整模具
	溢料孔堵塞	精心清理模具

常见缺陷	产生原因	解决方法
表面颜色不均匀	模具温度不均匀,局部过高	调整模具温度
	模具温度过高,使有机颜料分解或材料老化	降低模具温度
	流动性较差,纤维分布不均匀	调整流动性,调节压力和闭模速度
	原材料混有杂质或操作时有污染	避免污染,去除外来杂质
	脱模剂和材料起反应	改用惰性脱模剂

二、SMC/BMC 制品常见的缺陷及原因

SMC/BMC 制品常见缺陷、产生原因及解决措施如表 5-11 所示。

表 5-11　SMC/BMC 制品常见缺陷、产生原因及解决措施

常见缺陷	具体说明	产生原因	解决措施
模腔未充满	模具边缘部位未充满	加料不足	增大加料量
		成型温度太高	降低成型温度
		压机闭合时间太长	缩短闭合时间
		成型压力过低	加大成型压力
		加料面积过小	增大加料面积
	模具边缘少数部位未充满	加料不足	增加加料量
		模具闭合前物料损失	更细心放料
		上、下模配合间隙过大或者配合长度过短	缩小配合间隙,增加配合长度
	虽然整个边缘充满,但是某些部位未充满	加料不足	增加加料量
		空气未排出	改进加料方式
		盲孔处空气无法排出	改善模具结构或增加成型压力
焦化	在未完全充满的位置上,制品表面呈暗褐色或黑色	被困的空气和苯乙烯蒸气受压缩使温度上升达到燃点	改进加料方式,使空气随料流出,不发生聚集;若斑点出现在盲孔处,需要修改此处的模具结构
内部开裂	—	厚壁制品个别层间存在过大的收缩应力所致	减小铺料面积;降低成型温度
表面多孔	—	加料面积过大,表面空气因为流程过短而无法排出	减小铺料面积;在大的料块上增加小的料块,使空气容易排出
鼓泡	在已经固化的产品表面有半圆形鼓起	片材间聚集空气	减小加料面积
		温度太高导致单体蒸发	降低模具温度
		固化时间太短	延长固化时间
	厚壁制品的表面有半圆形鼓起	内应力使个别层间扯开	减小加料面积;降低模具温度

续表

常见缺陷	具体说明	产生原因	解决措施
强度降低	—	产生熔接痕	改变料块形状
		在具有较长流程区某方向上强度下降	用增加加料面积的方法缩短流程
	—	形成切口	去除切口
		顶出面积过小	增加顶出面积
		顶出杆数量过少	增加顶出杆数量
		粘模,未完全固化	见"粘模"项;延长固化时间或提高固化温度
粘模	制品难以从模具中拖出,在某些部位材料粘在模具上	模具温度太低	提高模具温度
		固化时间太短	延长固化时间
		使用新模具或者长期不用的模具	模具使用前涂脱模剂
		模具表面太粗糙	模具表面抛光
	制品某些部位材料粘在模具上,且制品表面有微孔和伤痕	加料面积过大,空气未能排出,且空气阻碍固化	减少铺料面积,在大块料上面加小块料
模具磨损	在已经固化的产品表面有暗黑斑点	模具磨损	表面镀铬
翘曲	制品稍有翘曲	在固化和冷却过程中产生翘曲	制品在夹具中冷却;在配方中增加低收缩添加剂
	制品严重翘曲	由于特别长的流程导致纤维取向,产生翘曲	增加铺料面积;在配方中增加低收缩添加剂
表面起伏	在与流动方向垂直的长度方向,薄壁产品表面产生波纹,或者由于厚度差大而产生不规则的表面起伏	制品的复杂设计妨碍了物料的流动	可以用以下方法改善: a. 增加压力; b. 改变模具结构; c. 改变加料位置; d. 在配方中增加低收缩添加剂
	在制品表面或者筋、凸起部位背面的凹痕	成型过程中的不均匀收缩	配方中加入低收缩添加剂
表面发暗	表面没有足够的光泽	压力太低	加大压力
		模具温度太低	提高模具温度
		模具表面不理想	模具镀铬
流痕	表面局部产生波纹	模具结构设计不合适	改进模具结构设计
		模具温度太低	提高模具温度
		纤维在极长流程或者不利流动处发生取向	加大铺料面积,缩短流程
		由于一边缘过度的压力降低,引起模具移动	改进模具导向

三、层压板制品常见的缺陷及原因

以胶布为原料的层压板在生产过程中常见缺陷、主要原因及解决措施见表 5-12。

表 5-12　层压板常见缺陷、主要原因及解决措施

常见缺陷	主要原因	解决措施
层压板表面麻花或不平整	胶布可溶性树脂含量太小,树脂流动性差;浸胶温度不均匀,胶布横向树脂可溶性不均匀	制作胶布时,提高可溶性树脂含量,调整浸胶机温度
	玻璃布受潮,局部浸润性不好,难以浸渍	浸胶前,玻璃布应烘干,调整浸胶机
	热压时预压时间长,加压太迟	调整压制工艺,寻找合适的加压点
	压制时的压力过小,不能使树脂均匀流动	增加压力使树脂均匀流动
板材表面有树脂裂纹	压制时中心部位温度过高,热应力引起裂纹	调整压机加热板的温度
	树脂分布不均匀,在树脂较多的地方由热应力造成裂纹	浸胶时应使胶布的含胶量均匀
板材表面粘钢板	没有放面布,或面布中润滑剂含量太少	注意选好面布
	钢板的光洁度太差	在钢板上涂一层脱模剂,及时更换不平整的钢板
	脱模温度太高	调整脱模温度
	胶布树脂流出太多	调节加压时机避免树脂流出太多
板材分层	树脂质量不好,黏结性能差	加强各工序质量和中控检查
	胶布过老,热压时间太短且压力过低	压制时保持应有压力,避免加压太晚
	胶布中夹有杂质	保持胶布清洁
表面树脂积聚	压制时制品内外的温度差太大,导致制品中间和边缘、面布和里布的树脂流动性都产生差异	压制时物料不能升温过快或过高;施压(尤其是预压阶段)尽可能小而及时
	胶布的含胶量不均匀	使胶布尽可能浸胶均匀
压制时胶布滑出	胶布的含胶量不均匀,叠合胶布不是高低搭配,以致压制时随树脂流动而滑动	使胶布浸胶均匀且注意铺层方式,压制板四周采用机械挡板或金属框架,限制胶布滑移
	胶布可溶性树脂含量太高	降低胶布可溶性树脂含量
	在压制时升温、加压时间过早	延迟升温、加压时间
	起始压力过大	降低起始压力
	使用的玻璃布不合要求	控制玻璃布质量
板材翘曲	压制时物料升温、冷却速度过快,导致板材内应力集中	适当降低升温、冷却速度
	脱模温度过高,板材产生热应力	降低脱模温度
	叠合、铺层的方案不合理,纤维排列方向不对称	叠合、铺层时片材合理选配
	胶布的纤维发生形变,浸胶时张力不均匀	调整浸胶设备
	使用的玻璃布不合要求	更换玻璃布
厚度偏差大	胶布含胶量不均匀,老嫩不均匀	在铺叠物料时有效地搭配物料,控制浸胶布质量
	加热板的温度不均匀以及该板的位置倾斜	调整设备及加热板的温度分布

拓展知识

湿法模压工艺

采用合适且少量的材料，选用最经济的工艺，将制品用在合适的部位，实现预定的设计目标，令产品达到理想的性能成本比，始终是复合材料从业者的努力方向。近年出现了一些新的模压工艺，生产效率、产品品质大为提高，成本显著降低。湿法模压（wet compression molding，WCM）是由德国克劳斯玛菲公司于 2013 年面向市场推出的新型模压工艺。意大利康隆公司和德国迪芬巴赫公司相继开发了湿法模压技术，采用在复合毡或纤维布表面喷涂聚氨酯或者涂刷环氧树脂，进行快速模压成型。2018 年，克劳斯玛菲公司推出新的全自动湿法模压系统，与传统人工方法相比，该系统生产时间减半，精准度大大提升。图 1 所示为湿法模压工艺。

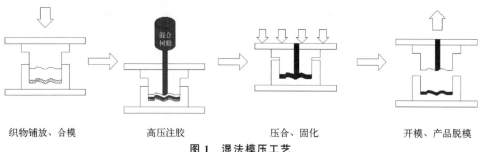

织物铺放、合模   高压注胶   压合、固化   开模、产品脱模

图 1 湿法模压工艺

湿法模压在压机之外就将混合树脂涂于纤维增强体表面。这使得压机外的树脂浸渍工序和压机内的树脂固化工序能够同时进行。同时，树脂（通常为环氧树脂）由于固化前无需接触热模具，因此活性也会更高，研究显示湿法模压工艺能够将压制周期缩短 180s，明显高于 HP-RTM（高压树脂灌注成型）。

湿法模压成型需要的设备主要包括：树脂计量泵、注胶机（或喷射成型机）、混合头、液压机。图 2 所示为树脂浸渍织物的两种方式。图 3 所示为喷涂树脂浸渍织物。

  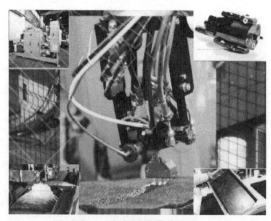

液态喷涂   液态浇注

图 2 树脂浸渍织物的两种方式   **图 3 喷涂树脂浸渍织物**

国内方面，2018 年，廊坊康得复合材料有限责任公司从意大利康隆公司引进了两条湿法模压生产线（见图 4），进一步推动了国产汽车、民用航空、风电、轨道交通、船舶等高端技术装备和民用领域的轻量化发展进程。

图4 廊坊康得复合材料有限责任公司从意大利康隆公司引进的湿法模压生产线

 思考题

1. 压模工艺的特点及适用范围有哪些?
2. 简述短切纤维模压料的质量指标及生产控制条件。
3. 简述模压料的工艺性及其影响因素。
4. 低收缩添加剂作用机理是什么?
5. 模压工艺压制前的准备包括哪些内容?压制制度包括哪些内容?
6. 模压温度选定过高或过低有什么弊病?恒温的含义是什么?它主要取决于哪些因素?
7. 加压时机的含义是什么?合理确定加压时机的意义是什么? 如何确定加压时机?

模块六

树脂灌注成型工艺

树脂灌注成型（resin transfer molding，RTM），是将树脂注入闭合模具中，对铺覆的增强材料进行浸润，最后固化成型的方法，是近年来发展迅速的，适宜多品种、中批量、高质量先进复合材料制品生产和成型的工艺。它起源于 20 世纪 40 年代末，最初是因成型飞机雷达罩而发展起来的。RTM 工艺虽然成本较低，但技术要求高，特别是对原材料和模具的要求较高，而且存在着气泡难以排尽、纤维浸润性差、树脂流动出现死角等问题，因此当时未能得以大规模推广。

到了 20 世纪 80 年代，各国对生产环境的要求日益严格，如对工作区苯乙烯的限量浓度要求在 50mg/m³ 以下。为此，厂家不得不放弃传统的手糊和喷射成型工艺，寻找符合环保法规的低苯乙烯挥发量的工艺。随着原材料和模具技术的发展以及成型技术的不断进步，加上 RTM 的诸多优点，如制品尺寸精确，外形光滑，可制造高质量复杂形状的制品；空隙率小（0% ~0.5%），纤维含量高；模具的设计与制造容易，造价低；成型过程中挥发分少，环境污染小；模塑压力比 SMC 小，效率高，生产自动化适应性强，成本低等，受到各国重视。日本将 RTM 推荐为最有发展前途的工艺之一，美国设置了用于培训 RTM 专业人才的学校。20 世纪 90 年代初开始，掀起了对 RTM 工艺及理论研究的高潮，RTM 设备、树脂和模具技术日趋完善。在美国，RTM 以每年 20% ~25% 的增长率增长，并且增长率还在继续增大，将成为 21 世纪复合材料行业的主导成型工艺之一。

项目一　RTM 原理及特点

任务一　基本原理

　　RTM 工艺的基本原理如图 6-1，在一定的温度和压力下，低黏度的液体树脂被注入铺有预成型坯（增强材料）的模腔中，浸渍纤维，固化成型，然后脱模。整个工艺过程包括两个部分：预成型坯的加工/铺设，树脂的注入和固化。由于这两步可分开进行，因此 RTM 工艺具有高度的灵活性和组合性，便于实现材料的设计，操作工艺简单。RTM 工艺的注射操作一般要求在 1/4～1/2 树脂凝胶时间内完成，灌注时间为 2～15min，灌注压力为 0.3～0.7MPa。

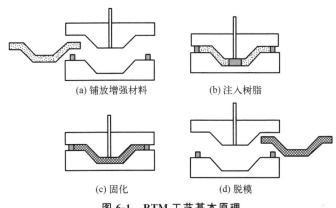

(a) 铺放增强材料　　　　(b) 注入树脂

(c) 固化　　　　(d) 脱模

图 6-1　RTM 工艺基本原理

任务二　工艺特点

　　由 RTM 工艺的原理与过程可知，RTM 工艺有以下主要优点。

　　① 工艺操作灵活　RTM 工艺分增强材料预成型坯加工和树脂注射固化两个步骤，这两个步骤可分开进行，具有高度灵活性和组合性。

　　② 增强体的设计自由度大　增强材料预成型体可以是短切毡、连续纤维毡、纤维布、无褶皱织物、三维针织物以及三维编织物，并可根据性能要求进行择向增强、局部增强、混杂增强以及采用预埋盒夹芯结构，可充分发挥复合材料性能的可设计性。

　　③ 适用的树脂黏度小　RTM 工艺采用了与制品形状相近的增强材料预成型技术，纤维/树脂的浸润一经完成即可固化，因此可用低黏度快速固化的树脂，并可对模具加热，进一步提高生产效率和产品质量。

　　④ 成本低、质量高　RTM 是闭模成型工艺，增强材料与树脂的浸润由带压树脂在密闭模腔中快速流动来完成，而非手糊和喷射工艺中的手工浸润，又非预浸料工艺和 SMC 工艺中的昂贵机械化浸润，是一种低成本、高质量的半机械化纤维/树脂浸润方法。

　　⑤ 成型压力小　RTM 一般采用低压注射技术（注射压力<0.4MPa），有利于制备大尺寸、复杂外形、两面光洁的整体结构制品。模具可根据生产规模的要求选择不同的材料，以最大程度降低成本。

⑥ 工作环境清洁 RTM工艺的闭模树脂注入方法可极大减少树脂中有害成分对人体和环境的毒害，满足各个国家对苯乙烯等有害气体挥发浓度越来越严格的限制。

作为一种新型的纤维增强复合材料成型方法，RTM还有许多问题需要深入研究。但是，与目前已有的复合材料加工方法相比，它显示出很大的优越性。表6-1是RTM、手糊成型和SMC模压成型三种加工方法的特点比较。

表 6-1 RTM、手糊成型和 SMC 模压成型的特点比较

特点	RTM	手糊成型	SMC 模压成型
表面质量	很好	一般	很好
强度	极好	良好	一般
可否方向性增强	是	是	否
单模具单位时间生产量/(件/h)	1.5~5	0.2	4~6
模具成本/美元	100000	20000	>500000
模具寿命(生产件数)/件	20000	2000	10000
环境污染情况	闭模系统,污染小	开模系统,污染大	闭模系统,污染小
苯乙烯挥发量	$<5 \times 10^{-6}$	苯乙烯总量的 5%~10%	中等
材料浪费量	<2%	>5%	<2%
废品率	0.1%~0.5%	1%~2%	0.5%

但是，RTM也有一些不足之处，如加工双面模具初期费用高，对增强材料预成型坯的投资大，对模具中设置要求严格等。

由于RTM具有上述特点，使其几乎可以应用到所有现有的复合材料应用领域，特别是在大型结构部件的制造上，呈现出了明显的优势，得到了越来越多的应用。

项目二 原材料的准备

任务一 树脂胶液

RTM工艺中，对于树脂的选择，首先要根据制品的性能，其次要根据RTM工艺要求。一般来说，适合RTM工艺的理想树脂有以下特点。

1. 黏度低，凝胶时间长

树脂黏度一般要求在 $120\sim500 \text{mPa·s}$，黏度低可使树脂以较小的流动阻力快速充满模具空间，而且还有利于树脂对增强材料的浸渍。凝胶时间一般为 $5\sim30 \text{min}$，保证在树脂固化前完全充满模具并浸渍增强材料。

2. 具有良好的固化反应性

在固化反应中少产生或不产生挥发物和其他不良副反应，固化速度适宜（固化时间不超过 60min），固化放热低（固化温度在 $80\sim150℃$），固化收缩小。

3. 具有高性能特性

树脂应具有高耐热性和耐湿性、高强度、高模量和高韧性，在一些特殊场合，还应具有低介电损耗、高电导率、优良的阻燃性等功能。

目前可用于 RTM 工艺的树脂有：不饱和聚酯树脂、乙烯基酯树脂、环氧树脂、双马来酰亚胺树脂（BMI）和热塑性树脂。表 6-2、表 6-3、表 6-4 为常用的不饱和聚酯树脂的性能特性。

表 6-2 英国 Joton Polymer 公司的 Norpol 42-10 型不饱和聚酯树脂性能

性能	纯树脂	玻璃纤维毡增强	
		25～30	35～40
纤维含量（质量分数）/%	0	25～30	35～40
拉伸强度/MPa	70	110	160
拉伸模量/GPa	3.7	8.0	10.3
断裂伸长率/%	3.5	2.0	2.2
弯曲强度/MPa	140	155	215
弯曲模量/GPa	3.6	7.2	10
冲击强度/(kJ/m^2)	12	—	—
热变形温度/℃	67	—	—
密度(23℃)/(g/cm^3)	1.1	—	—
黏度(23℃)/(mPa·s)	180～210	—	—
凝胶时间(23℃)/min	12～18	—	—

表 6-3 意大利 Alusuisse 公司 Disititron 型不饱和聚酯树脂性能

性能	黏度(25℃)/(mPa·s)	纤维含量（质量分数）/%	凝胶时间(75℃)/s	热变形温度/℃	拉伸强度/MPa	拉伸模量/GPa	断裂伸长率/%	弯曲强度/MPa	弯曲模量/GPa
Disititron 211182	700	30	170	95	60	3.8	2.5	100	3.7
Disititron 441	450	35	210	75	70	3.6	3	130	3.8

表 6-4 金陵帝斯曼树脂有限公司生产的 RTM 专用树脂性能

品牌	产品牌号	类别	黏度/(mPa·s)	凝胶时间/min	热变形温度/℃	拉伸强度/MPa	断裂伸长率/%	特性说明
Synolite	1777-G-4	邻苯	185	28～31	91	80	4.1	用于真空辅助注射成型，具有优良的浸渍性能，适合制造结构复杂制品
Synolite	4082-G-22	邻苯	185	9～15	63	70	2.0	力学性能好，玻璃纤维浸渍性能优良，固化性能好，放热峰低
Palatal	P6-988KR	邻苯	325	15～25	70	70	3.5	高延伸率，高冲击强度，流动性能好

任务二 增强材料

RTM 工艺对增强材料的要求如下：

① 适用性强，易形成与制品相同的形状，其分布应符合制品结构设计的要求。

② 增强材料铺好后，位置和状态应固定不动，不因合模和注入树脂而变动。

增强材料的种类有玻璃纤维、碳纤维、碳化硅纤维和芳纶纤维等。在 RTM 工艺中，由于纤维要经受带压树脂的冲刷，因此，为保证制品质量，宜采用长纤维或连续纤维作为增强材料。这些纤维先通过预成型加工制作成片状或预成型坯形态的增强材料，再用于 RTM 工艺，目的是加快增强材料的铺模速度。所以，预成型加工是一个关键步骤，它的进步是 RTM 技术得以迅猛发展和广泛应用的一个重要原因。

增强材料预成型加工方法有：手工铺层、编织法、针织法、热成型连续原丝毡法、预成型定向纤维毡法、CompForm 法和三维编织技术等。其中，三维编织技术的发展源于单向或双向增强材料所制得的复合材料结构形状不分层的整体编织物，从根本上消除铺层、层压复合材料的严重分层现象，而且由于其力学结构的合理性和可设计性，使得复合材料的强度、刚度、抗损伤性、抗烧蚀性等性能得以全面提高，从而可满足在汽车、航空航天等领域用作主受力件的迫切需要。针对三维编织物的特点，RTM 工艺是三维编织复合材料成型的最有效方法。根据三维编织物的形状制成模具，将预成型坯装入模腔，同时控制了纤维体积含量和制品形状；预成型坯中纤维束间的空隙为树脂的灌注提供了通道，而且三维编织体很好的整体性提高了预成型坯耐树脂冲刷的能力。

任务三　辅助材料

辅助材料包括脱模剂、填料、催化剂和引发剂。RTM 工艺对脱模有较高的要求，要求脱模容易、表面粗糙度低。脱模剂主要有蜡、硅脂和聚乙烯醇等。在树脂中加入填料不仅可降低成本，增加刚度，而且能降低收缩率。目前常用的填料有 $CaCO_3$、$Al(OH)_3$、滑石粉、玻璃微珠等。但是填料的加入会对树脂黏度产生很大影响，当填料含量较高时可加入触变剂以改善树脂体系的流变性能。催化剂和引发剂的加入有助于树脂的固化成型。

项目三　设备及工具

任务一　模具

在 RTM 工艺中，模具设计与制作的质量直接关系到制品质量、生产效率和模具寿命等。因此，模具制作技术是 RTM 工艺中一个极为重要的环节。RTM 工艺对模具的一般要求如下：保证制品尺寸、形状和精度以及上下模匹配的精度；具有夹紧和顶开上下模的装置及制品脱模装置；在模压压力、注射压力及开模压力下表现出足够高的强度和刚度；模具材料能经受树脂固化放热峰值的温度；具有合理的注射孔、排气孔，上下模具密封性能好；寿命要长，成本要尽量低廉。具体有以下几方面注意事项。

1. 材料

模具材料视制品批量与复杂程度可选用钢、铝合金、铜合金及环氧复合材料。目前用得最多的是环氧复合材料，其次是钢与铝合金。钢耐热性能最佳。

由于 RTM 充模速度慢、充模压力较低（140～345kPa），模具压紧力也较低（同类制件条件下，约为 SMC 的 1/40，为热塑性复合材料注射成型的 1/100）。因此，对模具强度要求也不高。另外，RTM模具加热温度较低（50～60℃），所以，环氧树脂（中间和边框可用木材或铝合金加固）RTM模具得到了广泛应用。对于大批量或表面质量要求高的RTM制件，可用钢、锌铝合金或是镀镍钢壳模。使用金属模使RTM表面质量高的特点更加突出。表6-5为常用RTM模具类型及特点比较。

表6-5　常用RTM模具类型及特点比较

模具类型	聚酯模具	环氧模具	电铸镍模具	铸铝模具	钢模
模具材料	不饱和聚酯玻璃钢	环氧玻璃钢	电铸镍铜合金表层＋环氧玻璃钢	铸铝	模具钢
加热方式	较少加热	电热、水或油加热	电热、水或油加热	电热、液体介质加热	电热、液体介质加热
成型温度/℃	室温～60℃	室温～80℃	60～80℃	60～100℃	60～140℃
翻转性	容易变化	中等	中等	良	精确
气孔	有	有	无	需要后加工	无
精度	一般	稍好	较高	较高	高
模具寿命/件	＜500	＜1000	2000～10000	＞10000	＞20000
模具维护周期	短	稍长	稍长	较长	长
制造周期/d	20～40	30～60	40～60	20～40	40～90
模具成本/万元	1	2～3	8～10	6～14	10～30

2. 密封

RTM模具的密封并不是很困难，但是如果解决不好，会产生严重的质量问题（如表面或内部产生气泡）。目前，RTM模具使用两种形式的密封（见图6-2）。图6-2(a)是采用O形圈密封，主要用于复杂形状的模具分型面密封。图6-2(b)是采用夹紧密封，主要用于简单模具分型面密封（如分型面为同一平面）。

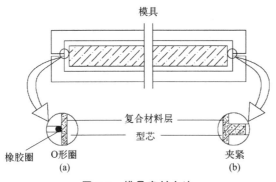

图6-2　模具密封方法

3. 排气与出料口

RTM模具的排气口一般与出口设计为同一位置，这是RTM的一大特点。RTM模具不像热塑性复合材料注射成型模具那样为一密封腔（相对于很小排气缝而言），其出口一般设计在充模料流终端。这是因为 RTM 充模速度慢，其出口既可作为排气口，又可作为观察充模是否结束的窗口。在制作高质量 RTM 制件时，甚至让出口流出一定量的树脂以后才算充模完全结束。因为这样可以改善树脂对纤维的浸渍程度以及排尽微观气泡，既改善了纤维与树脂的物理结合强度，又改善了制件的密实程度。但是，其代价是浪费树脂（一般达 1/3～2/3 模制品质量）。

4. 脱模

RTM 模具设计的另一重要问题是制件脱模。尤其是使用环氧树脂模具时，内脱模剂（已加入 RTM 树脂中）几乎没有多大作用，一定要使用外脱模剂。这些外脱模剂通常以涂层形式涂敷在模具表面，主要有蜡、硅脂及聚乙烯醇。不同的 RTM 树脂体系对脱模剂的要求也不一样，如聚酯通常需要每隔几次模塑后，重新喷涂脱模剂。

任务二　注射体系

树脂注射设备包括加热恒温系统、混合搅拌器、计量泵以及各种自动化仪表的注射机。按混合方式注射机可分为单组分式、双组分加压式、双组分泵式和加催化剂泵式四种。现在用于批量生产的注射机主要是加催化剂泵式。

图 6-3 为瑞典 Aplicator 公司制造的 RI-2 设备，它使 RTM 工艺朝高质量、高速度的全系统生产方面迈了一大步。它既可以用于制造高玻璃纤维含量的结构件，也可以生产 A 级表面的汽车部件。RI-2 有一个单冲程液压泵，两个输送气缸，其中一个输送气缸用于输送树脂，另一个用于输送催化剂。还有一个专用的输入阀直接将泵和模具连接起来，混合料就由该阀流进，没有溶剂和树脂暴露于工作区。该系统及喷枪都由一台程控机（PLC）控制。所有的注射参数都可预先设定，供生产选择。注射在一个连续的冲程内进行，可避免传统活塞泵中因压力下降以及流量脉动引起的问题。控制注射量既可以用压力，也可以用流量。通过一个设置在喷枪或模具内的压力传感器，可以在注射过程中以设定的压力注射。

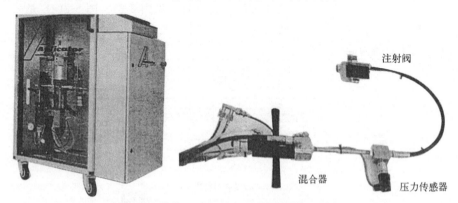

注射阀
混合器
压力传感器

图 6-3　瑞典 Aplicator 公司制造的 RI-2 设备

美国液控系统（Liquid Control Systems）公司制造的 Multiflow RTM 设备（图 6-4），可对从几克到数百千克的反应树脂体系进行计量、混合并注射进低压闭合模内。这种机器的特点是有一台 Posiload 正向转换活塞泵，它使黏度的测量精确度达 ±（0.1%～0.5%），且在温度、压力或材料黏度变化时不受影响。这种泵没有大多数泵采用的输入检验阀，通过真空辅助，可确保计量管完全充满料。

Multiflow CMFH 型设备可用于制造大型增强材料部件，树脂输入量为 45kg/min，适用于多种树脂体系，包括聚酯树脂、环氧树脂、聚氨酯树脂和甲基丙烯酸树脂。它可以注射未稀释的 MEKP 和 BPO 乳剂，使物料中催化剂浓度达 0.5%。泵压力比（树脂与催化剂体系的压力比）（1：1）～（200：1）。该机可处理的填料种类多，包括碳酸钙、氢氧化铝以及空心玻璃微珠，计量精确度不受闭模引起的反向压力的影响。

美国 Glas Craft 公司生产的 RTM 设备（图 6-5），是国内引进较早的一种相对简单的注射设备。该系统的特点为在 18913-00 型 11：1 的物料泵上安装了 SP-85 催化剂伺服泵。催化剂和树脂以容积计量，通过 LI 喷枪进行混合和分配。18913-00 型物料泵是一种双球往复式泵，采用一个 13cm 直径的汽缸，行程为 10cm，能达到的最高灌注速率为 9.5L/min。即使在低操作压力下，它也有输出能力，可满足物料的需求。SP-85 催化剂泵是一个不锈钢正向置换泵，可在 0.5%～4.5% 的范围内准确分配催化剂。它有一个紧固的联动机械，可以很容易地调节微量的催化剂百分含量。LI 内混合喷枪的特点在于有一个新颖的混合头和 18cm 长的静态混合管。它们组合在一起可以使树脂和催化剂在低压下得到很好的混合，保证制品均匀、连贯固化。这套系统还有一个催化剂流量监测器，如果流体压力偏离正常设定值，则报警器响，系统被切断。

图 6-4　液控系统公司制造的 Multiflow RTM 设备

图 6-5　Glas Craft 公司最新的 RTM 设备

项目四　RTM 工艺流程及质量控制

RTM 的工艺流程如图 6-6 所示。先在模腔内铺放增强材料预成型体、芯材和预埋件，闭合锁模，然后在压力或真空作用下，将树脂注入模腔内，浸渍纤维，固化后脱模，最后进行二次加工等后处理工序。

任务一　工艺流程

1. 模具关闭与锁紧

当增强材料铺设好后，需要对模具进行锁模。模具的关闭与锁紧主要考虑其效率与模腔压

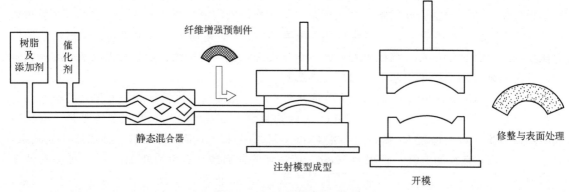

图 6-6　RTM 工艺流程示意图

力。使用机械与气、液压装置可明显提高模具开关的效率，易于实现自动化。锁模压力可由以下几个因素决定：成型件的有效表面积、充模压力和成型件的表面状况。由于 RTM 充模压力低（140～345kPa），因此只需低压锁紧系统。

2. 混合、注射和充模

RTM 的混合系统中有三个储罐，分别装有基本树脂体系、催化剂以及引发剂。与此配套的三个柱塞可完成吸料、注射及三个组分的定比计量。注射系统除了考虑定比计量和注射压力（140～345MPa）外，还要计算充模时间，以确定注射速度（即流量）。对于充模时间，需要其比树脂凝胶化时间短，两者之间需留有安全时间余量，以保证在树脂发生反应前已完全充模。

在此阶段中，充模前各组分的混合物是靠注射时液体的动量发生碰撞混合完成的。但是 RTM 的注射速度慢，光靠碰撞混合不足以混合均匀。因此，需要增加一个静态混合器。

另外，充模的快慢对 RTM 的质量影响也是不可忽略的重要因素。纤维与树脂的结合除了需要用偶联剂预处理纤维以加强树脂与纤维的化学结合力外，还需要树脂与纤维良好结合，即要求树脂与纤维之间不能夹杂气泡。充模时间长、充模压力小和一定的充模反压有助于改善 RTM 的微观流动状况，减少树脂与纤维之间的微量气体。但是，长的充模时间降低了 RTM 的效率。因此，平衡充模速度和 RTM 质量这一对矛盾，是目前的研究热点之一。

3. 反应和固化

RTM 的树脂反应体系具备热固性复合材料的三个特征，即：反应一旦引发，速度很快，制件迅速凝固成型；反应前需要能量，模具一般要求处于加热状态；一旦发生反应，会放出很多反应热，这期间模具需要散热。由于从树脂反应到开模取出制件、安置下一个制件的增强预制件需要一定时间，这期间可以让模具散热。所以，RTM 模一般只设置加热系统。RTM 的固化时间实际上定义为加入催化剂到凝固成型所经历的时间。制品固化至一定强度就可以开模取出制件而不会导致制件明显的变形。一般的固化时间可控制在 5～45min，具体视模具大小、充模速度等因素确定。

4. 开模和脱模

RTM 的开模需注意控制制件的固化时间及在制件中放出的大量热。对于环氧树脂模具，当来不及散热时，应能及时打开模具取出制件使其散热，否则会由于在制件中产生过热区域而使制件质量下降。

制件的脱模很大程度上取决于模具表面粗糙度、清洁度及脱模剂的合理使用。一般大型制件用气压顶出系统或吸盘引出系统取出制件。

5. 修整与表面处理

由于增强材料需要固定在模具分型面上，因而 RTM 制件都需进行边缘修整。常规的修整方法是采用各种电锯进行切割，目前也有用比较先进的激光或高压水枪等进行切割修整。

RTM 制件表面很光滑，可直接喷漆。当制件表面质量要求很高时，若是用环氧树脂模具制得的制件，表面需先进行抛光处理。

任务二 RTM 成型质量控制

1. 树脂的流动及其模型描述

树脂的流动往往与压力、树脂的黏度、表面张力、纤维的表面处理、纤维的排列、注料口的位置、温度等诸多因素有关。树脂的流动性决定制件质量的优劣、工艺周期的长短，是RTM 工艺研究的主要方向之一。在实际的树脂流动特性研究中，Darcy 定律是最基本的理论公式，其公式如下：

$$v = \frac{K}{\eta} \frac{\mathrm{d}p}{\mathrm{d}x} \qquad (6\text{-}1)$$

式中，v 为树脂的平均流动速度；K 为纤维的渗透率；η 为树脂的黏度；$\mathrm{d}p/\mathrm{d}x$ 为沿流动方向的压力降。

渗透率反映了树脂在纤维介质中流动的难易程度，笼统地表达了树脂、纤维特性及其相互作用对流动的影响。通过实验或模型计算出树脂在纤维介质中各流动方向的渗透率参数，代入Darcy 定律公式，就可利用数学手段对树脂的流动进行模拟。这类模型已在工艺控制、指导模具设计等方面取得了一定的成功。但是，它们还存在着如下缺陷。

① 模型只反映树脂在纤维介质中的宏观流动，并不能解决如何减少制件的气泡或空隙等质量问题。

② 渗透率参数的测试受模具变形、纤维滑动、织物皱纹、排列差异等多种因素影响，其数据有很大的波动性，而模型计算仅适用于排列简单、规整的纤维介质，且忽略了树脂与纤维之间的相互作用，与实际应用相距较远。

③ 模型仅适用于如毛毡等孔隙大小、排布均匀的均相孔隙介质体系，而对非均相孔隙的纤维介质体系不适用。

在非均相孔隙纤维介质中，存在着两种大小规格的孔隙，即纤维束间较大的孔隙和纤维束中纤维之间较小的孔隙，树脂在纤维束间的流动远易于在纤维之间的流动。两种流动的竞争使树脂在纤维介质中的流动行为严重偏离 Darcy 定律。Parnas 等认为，相对于树脂在均相纤维介质中流动的连续方程为：

$$\mathrm{d}v/\mathrm{d}x = 0 \qquad (6\text{-}2)$$

非均相孔隙介质中树脂的流动应修正为：

$$\mathrm{d}v/\mathrm{d}x = q \qquad (6\text{-}3)$$

q 与树脂在纤维束中的流动有关。这意味着对于树脂在非均相孔隙纤维介质中的流动，除了渗透率参数 K 以外，还应引入别的参数进行描述。由于 Parnas 等的流动模型尚处于一维阶段，且需证实，因此，对于非均相孔隙纤维介质中树脂流动的描述还需要进一步研究。

2. 气泡的形成和排出

在 RTM 工艺过程中，树脂并不能理想地流过所有通道、排出气体，从而不能彻底浸润纤维。因此，树脂不可避免地要包裹一些气泡，在制件中形成空隙。过多的空隙（如＞1%）会在很多方面影响复合材料制件的质量，如降低制件的断裂韧性、增大制件的环境敏感性及吸水率、加大强度性能的波动性和分散性及影响制件的可靠性等。所以控制树脂的流动性，减少气泡的形成并尽量排出气泡，是制备高质量复合材料构件的一个重要手段。

在非均相孔隙纤维介质体系中，树脂在纤维束间的流动较其在纤维束中的流动快，因此，即使树脂已经流过，纤维束也未被浸透，其中的气泡被包裹起来形成微气泡，这种现象已被 Parnas 等的流动模型所预测，为 Sadiq、Hayward 等的试验所证实。这些微气泡在压力和树脂流动作用下，可以排出到模具外。在大量的以玻璃布等非均相孔隙纤维介质体系为增强材料的 RTM 工艺试验或成型加工生产过程中观察到，在树脂已注满模腔后的进一步注料过程中，会产生大量的小气泡，其尺寸大小接近于纤维束的大小，数量繁多，可以断定其为纤维束中被包裹气体形成的微气泡，而不是树脂流动前缘形成的宏观气泡，并随树脂不断从出料口流出。为尽量排出气泡，制得孔隙率较小的制件。这一过程往往需要很长时间，甚至大于树脂充模所需时间，影响工艺周期的长短。因此，在选材、工艺控制等方面应尽量使纤维束易于浸透，两相孔隙间的流动差别小，使气泡形成少，且易于排出。

3. 材料对工艺的影响

材料的性能，如树脂的黏度、表面张力、纤维的表面处理、纤维的排列、织物形式，以及树脂对纤维的浸润性等都是影响 RTM 工艺、制件质量的重要因素。强调这些因素主要是为了使树脂能尽快地、充分地浸润纤维，使树脂/纤维体系具有较强的渗透、浸润能力，使制件具有较好的质量和成型周期。在非均相孔隙纤维介质中，纤维束中纤维紧密堆积，树脂在其中的流动落后于整体流动，虽被树脂包围，但由于其中包裹气体而缺乏足够的压力差使树脂较快渗入纤维束。当树脂具有较低的黏度，纤维束易被浸透，纤维表面处理良好，与树脂浸润性能好，以及树脂的表面张力大，形成较大的毛细压力时，树脂易于渗入纤维束，可较好地排出其中的气泡，提高制件质量，并缩短工艺周期。因此，很多研究人员认为，树脂应具有较低的黏度。低黏度意味着树脂在纤维介质中易于流动，特别是在高纤维含量时树脂仍能渗透整个介质并浸润纤维，而不需要太大的压力，从而减少模具的变形和纤维的滑移。工业上多采用对模具加热的方法使树脂降低黏度，但是这样会使树脂的黏度上升速度加快，活性期缩短。

4. 注射压力

目前还没有理论证明 RTM 成型加工中究竟采用何种压力（高压或低压）为佳。据报道，有人主张采用低压注料以利于树脂充分浸润纤维，有人则倾向采用高压注料以利于排出气泡。在实际成型过程中，一般在前期采用低压、慢速注料，以减少树脂在两种孔隙中流动的差别，使纤维束得到充分浸润；而在后期则采用高压、快速注料以排出气泡。此法能使大量的气泡随树脂流出，模腔中残存的气泡在压力作用下被压缩，甚至溶于树脂中，使制件具有较低的孔隙率。

5. 真空辅助手段

发展真空辅助是 RTM 工艺发展的一大趋势。在真空辅助条件下，纤维介质中的气体被抽空，树脂很容易浸透纤维并产生良好的浸润，使制件含有更多的纤维，以提高其剪切强度及弯曲强度，使空隙少，特别是对非均相孔隙纤维介质来说，空气的抽出可大大减少气泡的形成，不仅提高了制件质量，而且简化了工艺，缩短了工艺周期。而一般采用 RTM 工艺成型的制件，剪切强度及弯曲强度较低，空隙率大且分布不均匀，离出口越远，空隙率越大。因此，采用真空辅助手段对提高复合材料制件的强度、降低空隙率、缩短工艺周期具有极大的意义。

项目五　真空辅助树脂注射成型（VARIM）

在 RTM 工艺发展过程中，真空辅助树脂注射成型（VARIM）工艺的开发成功可谓具有里程碑意义，它是因改进产品质量的要求而得到普遍应用的技术。这一技术的应用不仅强加了树脂灌注动力，排出了模具及树脂中的气泡和水分，更重要的是为树脂在模腔中的流动打开了通道，形成了完整的通路。

任务一　基本原理及工艺特点

RTM 以其卓越的工艺性能，已广泛应用于船舶、军事设施、国防工程、交通运输、航空航天和民用工业，其基本原理如图 6-7 所示，在真空负压条件下，利用树脂的流动和渗透实现对密闭模腔内的纤维织物增强体材料的浸渍，然后固化成型。

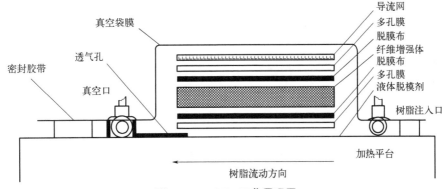

图 6-7　VARIM 工艺原理图

与 RTM 相比，VARIM 只需要单面刚性模具，另一面模具则采用真空辅助介质构成密闭模腔。因此，和传统的模压成型及 RTM 工艺相比，VARIM 工艺具有以下特点：

① 模具制造和选材灵活性强　根据不同的生产规模，设备的更换也非常灵活，产品产量在 1000～20000 件/年之间，经济效益高。

② 制品质量高　可制造表面质量好、尺寸精度高的复杂零件，在大型零件的制造中优势更为明显，具有更好的可重复性。

③ 工艺性能好　真空负压下的树脂将完全渗透、浸渍纤维增强体，可实现高纤维含量、低孔隙率，并且没有二次胶结带来的麻烦。

④ 施工环境更为环保　VARIM 属于闭模成型，限制了交联剂在树脂固化过程中的挥发，对环境几乎无污染。

任务二　原材料及设备

1. 专用树脂

树脂是复合材料成型技术的基础材料，在真空辅助成型中，对基体树脂的要求为：

① 低黏度　仅借助真空即可在增强材料堆积的高密度预成型体中流动、浸润、渗透，一般要求树脂黏度体系在 $100\sim800\text{mPa}\cdot\text{s}$，最佳黏度范围为 $100\sim300\text{mPa}\cdot\text{s}$。

② 适宜凝胶时间　足够长时间的不变黏度，确保良好的工艺操作性，一般对于大型制件，低黏度的时间不少于 30min。

③ 固化条件温和　可以在室温下固化，放热峰值适中。

④ 具备其他物理力学性能　如韧性、抗腐蚀性、阻燃性和可加工性。

2. 模具

VARIM 是使用单面刚性模具，在注射树脂的同时由排出口抽真空的闭模工艺，因此，模具只有一面硬质模板，模具的材质与 RTM 所采用的模具一致。

3. 真空袋膜

常用的真空袋膜主要是耐高温尼龙膜和聚丙烯膜，利用它们的延展性、柔韧性和抗穿刺性，以及较高的耐热温度（具体需考虑树脂性能）和优异的气密性。

4. 密封胶黏带

密封胶黏带是与真空袋膜一起构建真空密闭体系的重要材料。常用的密封胶黏带是以丁基橡胶为基胶，添加耐温的补强剂和增黏剂等助剂的密封胶带。由于后期会受真空压力、高温加热等作用，因此要求材料具有高弹性、表面黏结性以及耐温性等性能，保证在制品成型周期内具有优异的密封性能。

5. 高渗透介质

为保证树脂在真空体系下，能够迅速渗透和流动，需要铺设高渗透介质，从而大幅度提高充模流动速度。通常高渗透介质可采用尼龙网和机织纤维。

6. 剥离层介质

为避免真空辅助介质黏附在制品上，需要在真空辅助介质和制品之间，加铺一层剥离层介质。剥离层介质一般选用低空隙率、低渗透率的薄膜材料，如 PE、PP 多孔膜等。

任务三　常见缺陷及原因分析

1. 气泡和白斑

在 VARIM 工艺中，当树脂在纤维中的宏观流动和微观流动速度不一致时，树脂就会在纤维织物层内发生横向渗透，从而导致局部"包气"的现象，其中在制件的表面层表现出气泡的产生，而在制件的内部层表现出白斑的产生。

局部"包气"现象的产生是因为树脂的宏观流动和微观流动不一致，其中宏观流动前缘的流速与灌注压力梯度有关，灌注压力梯度越大，宏观流动越快；而微观流动前缘的流速与纤维单丝之间的毛细管作用力有关，毛细管作用力越大，微观流动越快。因此，如图 6-8(a) 所示，当灌注压力梯度小于毛细管作用力时，树脂微观流动前缘的流速就会大于宏观流动前缘的流速,此时纤维束内部的树脂发生横向渗透,而将纤维束空隙之间的残余气体包裹,形成大气泡;相反,如图 6-8(b) 所示,当灌注压力梯度大于毛细管作用力时,树脂宏观流动前缘的流速就会大于微观流动前缘的流速,此时纤维束之间空隙的树脂就会向纤维束内部发生横向渗透,而在纤维束内部形成小气泡。为了减少及避免局部"包气"现象的产生,通常需要预先抽真空并在设定的真空度范围内维持一定的时间,从而尽可能地排出密闭模腔内的空气,同时适宜将树脂灌注流道设计成树脂沿着纤维织物垂直(90°)方向流动,而不是树脂沿着纤维织物以平行(0°)方向流动。

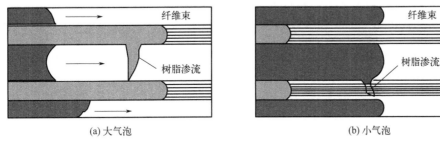

(a) 大气泡　　　　　　　　　　　　　　　　　(b) 小气泡

图 6-8　气泡和白斑缺陷形成的示意图

2. 干斑和干区

在 VARIM 工艺中,树脂在纤维束之间的流动速度不一致,如果树脂灌注流道或纤维织物铺层设计不合理,就会导致"流道效应"或"短路效应"的发生。树脂在低阻力区域的流动速度将会显著大于高阻力区域的流动速度,高达 10~100 倍,从而树脂将主要在低阻力区域内发生流动和渗透,使得高阻力区域内的纤维织物不能充分浸渍甚至完全未浸渍,制件在宏观上表现出干斑和干区的不良现象。纤维织物与树脂之间的浸润性匹配不良、纤维织物局部结构松散或过于紧密或扭曲变形、夹芯芯材与纤维织物之间的空隙过大等原因都可能会造成制件出现干斑和干区的不良现象。

3. 褶皱和翘曲

在铺层阶段,如果纤维织物没有铺设紧密和平整,树脂在灌注过程中就有可能挤压甚至冲散纤维束,导致固化后的制件出现褶皱和翘曲等不良现象。此外,树脂发生凝胶反应和固化交联反应时,会具有一定的体积收缩率,并且会释放出大量的冲散纤维束,在很大的内应力或热应力下导致松散的纤维织物发生扭曲变形,进而引起反应热,出现翘曲的现象。为了消除褶皱和翘曲不良现象的发生,要求纤维织物及预成型件的铺设要展放平整,宜选用体积收缩率小、放热量小的树脂体系,并且采用合理的固化制度和散热循环系统。

4. 过抽和缺胶

在 VARIM 工艺中,为了维持树脂灌注过程仍具有很高的真空度,确保灌注所需真空压力梯度以及制品的质量,需要持续地抽真空排出密闭模腔内、纤维束间空隙的残余气体。如果真空通道设置不合理,或树脂灌注管道设置不合理,抽气的同时就容易将大量的低黏度树脂也抽走,从而导致制品出现大面积缺胶,产生过抽的不良现象。

5. 杂斑和富胶

在铺层阶段,如果在纤维织物层中夹杂团块状物体,将会使局部区域内的纤维织物发生变形,导致树脂胶液出现局部富集,固化后的制件则出现凹凸不平的杂斑。

与缺胶现象相同,富胶现象的产生也主要是由真空通道和树脂灌注管道铺设不合理所致,这是因为树脂在灌注进口处的压力为大气压，而其流动前缘处的压力几乎为零，这样离真空管口越远（即树脂灌注进口），树脂含量越高，相应的纤维含量越低；而离真空管口越近（即树脂流动前缘），树脂含量越低，相应的纤维含量越高。因此，真空通道和树脂灌注管道铺设不合理，或者树脂到达出口处时就立即关闭树脂进口和真空系统，就会导致树脂灌注进口区域出现富胶的现象，大尺寸大厚度制件也将会出现厚度不均匀的现象。

为了削弱上述的富胶现象，需要合理设置真空通道和树脂灌注管道，并且在树脂到达出口处后，关闭树脂灌注进口，而在不出现过抽的情况下，继续维持抽真空一段时间，使树脂压力稳定减小，尽量使制件各区域的树脂含量均匀一致。此外，较大厚度的芯材和加强筋边界处也会出现胶液富集的现象，因此需要铺设一些三角形或梯形材料作为过渡，避免富胶现象的产生。

 拓展知识

···

真空辅助树脂注射制备飞机机翼

俄罗斯伊尔库特 MC-21 是一款商用单通道飞机 ［图 1（a）］，采用了世界上第一个使用非热压罐（OOA）固化真空辅助树脂注射成型技术制造的复合材料机翼，是航空领域开发的新技术。

据介绍，MC-21 的机翼 ［图 1（b）］ 是一个标准的设计，有上下蒙皮，内部有弦，肋骨和桁梁以增强强度。除了翼肋，所有的部件都是复合材料制成的。制造机翼的 Aerocomposite 公司选择使用 OOA 注入方法来生产这些复合材料部件，使得飞机机翼更轻、更薄、更结实。伊尔库特在一份声明中解释说："使用刚性和轻量的复合材料使开发高展弦比的机翼成为可能，并改善 MC-21 的空气动力学，这反过来允许增加机身直径，使乘客更舒适。机翼是使用独特的真空灌注技术制造的，在俄罗斯获得专利。"

 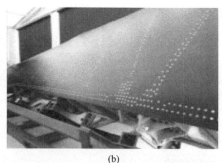

(a)   (b)

图 1　MC-21 飞机和机翼

就机翼本身而言，波音 787 梦幻客机、空客 A380 和波音 777X 都使用碳纤维复合材料，但所有这些机翼和部件都是使用热压罐固化生产的，而制造足够大的热压罐用于航空航天工业是一个昂贵的费用。据悉，一个 12m×24m 的热压罐建造成本约为 4000 万美元，安装成本约为 6000 万美元。而 OOA 技术不需要建造这些巨大的高温烤箱，树脂是通过真空、压力和加热的方式组合固化的，该工艺成本更低，操作更简单，而且由于它有效地消除了材料中的空洞，产品的质量更高。

尽管 OOA 节省了时间和成本，但当前还是很少用于大型飞机部件。在一个以热压罐制造为标准的行业中，放弃传统技术而选择一种尚未被真正尝试和测试的方法是一个勇敢的选择，这是人类航空航天领域中的一个新里程碑。

 思考题

1. 请简述 RTM 成型工艺特点及原理，简述其对树脂体系和纤维增强体系的要求。
2. RTM 成型模具的种类有哪些？
3. 请简述压力对 RTM 成型工艺的影响。
4. 请简述 RTM 与 VARIM 之间的区别。

模块七

拉挤成型工艺

拉挤成型工艺，是将无捻玻璃纤维粗纱和其他连续增强材料（如表面毡、玻璃布等）等与树脂进行浸渍，然后通过一定截面形状的成型模具，并使其在模内固化成型后连续出模，形成复合材料制品的一种自动化生产工艺。由于成型过程中需经过成型模具的挤压和外牵引力的拉拔，因此被称为拉挤成型。

拉挤成型最早于1951年问世于美国，主要生产钓鱼竿和绝缘棒等形状简单的产品。由于只能生产截面形状简单的棒材，又加上成本比金属和木材还高，故未能迅速得到广泛的应用。随着科技的发展，连续纤维增强材料和快速成型树脂的种类不断增多，给连续生产纤维增强复合材料产品创造了极为有利的条件。因此20世纪70年代后，拉挤成型工艺发展迅速，由原来只能生产形状简单的小型产品，到能生产形状复杂、规格较大的产品，得到了广泛的应用。

项目一　拉挤成型的原理及特点

任务一　基本原理及特点

拉挤成型工艺是在牵引设备的牵引下，将连续纤维或其织物牵引拉出，进入浸胶槽中进行树脂浸润，并通过成型模具加热使树脂固化，得到特定固定截面的复合材料型材，并通过定长机切断。它不同于其他复合材料成型工艺，该工艺需要通过外力拉拔浸胶增强纤维材料或者织物，浸胶增强材料进入加热模具进行挤压模塑，并且生产过程完全自动化，生产效率高，产品质量稳定，强度高，是目前发展速度最快的工艺之一。拉挤成型具有以下特点。

1. 工艺简单高效

拉挤的线速度已达到6m/min以上，加上一模可同时拉挤数件产品，更进一步提高了生产效率，适合于高性能纤维复合材料的大规模生产。

2. 增强效率高

在大多数复合材料制造工艺中，纤维是不连续的，导致纤维强度损失极大，即使是连续纤维缠绕，由于纤维的弯曲、交叠等也使其强度有一定损失。例如螺旋缠绕中，纤维的强度发挥一般只有75%～85%。在拉挤中，纤维不仅连续而且充分展直，是发挥纤维强度的理想形式。

3. 质量波动小

拉挤工艺自动化程度高，工序少，时间短，操作技术和环境对制品质量影响都很小，因此用同样原材料，拉挤制品质量稳定性较其他工艺制品要高。有研究表明，拉挤制品的性能波动可控制在±5%之内。

4. 制品长度限制小

拉挤制品的形状和尺寸的变化范围大，尤其在长度上几乎没有限制，仅受生产空间限制，现已生产出长达数千米的光学纤维电缆。

5. 材料利用率高

拉挤成型的原材料利用率在95%以上，而手糊工艺却只有约75%。

任务二　应用领域

拉挤成型制品主要应用在电力、化工、石油、建筑、交通和市政工程等领域。

1. 电力、电气市场

电力、电气方面的应用是最早的拉挤制品市场，目前也是应用拉挤制品最多的领域。近几年不断开发新产品，电力、电气市场仍有潜力，是发展的重点之一。典型拉挤制品有变压器空气导管定位棒、电工梯子、轨道护板、电缆支架、工具手柄等，如图7-1。

2. 化工防腐市场

化工防腐市场是近几年发展最快的市场，拉挤成型工艺特别适用于制造角形、工字形、槽

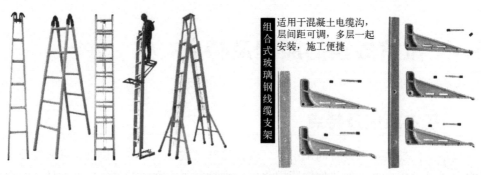

图 7-1　玻璃钢电工梯子和电缆支架

形等标准型材及各种截面形状的管子。同一制品截面上厚度是可变的，制品长度不受限制，在化工厂或有腐蚀性介质的工厂中，典型产品有：管网支撑结构、结构型材、栏杆、格栅地板、天桥和工作平台、抽油杆、井下压力管道、滑动导轮、梯子、楼梯、排雾器叶片、罐类制品内外支撑结构，如图 7-2 所示。

图 7-2　玻璃钢栏杆和格栅地板

3. 建筑结构市场

拉挤制品在建筑方面的应用，欧洲要比美国更多，主要用于某些轻型结构、高层结构物的上层结构或特种用途结构，如活动房结构（图 7-3）、移动式工作台、窗框、窗扇及其部件、轻型桥梁、房屋吊顶结构、电脑实验室、农业市场（如温室结构、带电篱笆、动物粪便处理系统等）。

图 7-3　玻璃钢活动房和窗框

4. 日用品、文体器材市场

拉挤制品在该市场所占比例目前仍占第三位（我国情况与此不同）。国外已经开发的产品有钓鱼竿、曲棍球棒、滑雪板、雨伞柄、撑杆、弓箭和弩弓、运动场坐凳等，如图 7-4 所示。

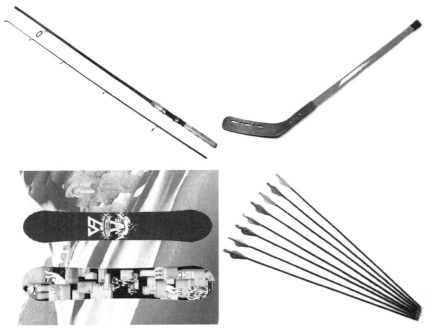

图 7-4 各种玻璃钢体育用具

5. 运输市场

拉挤制品在该领域的主要产品有汽车货架、车内扶手、公共车行李架、汽车制造用输送架、冷藏车结构、隔热壁板、座椅等。玻璃钢汽车行李架如图 7-5 所示。

图 7-5 玻璃钢汽车行李架

项目二　原材料的准备

任务一　树脂胶液

树脂在复合材料中用以黏结增强材料，起着传递载荷和均衡载荷的作用，并且赋予复合材料基本性质，如弯曲性能、压缩性能和耐腐蚀性能等。除了性能外，还要求树脂符合拉挤生产工艺，因此对于树脂，要求其具有：

① 黏度低 一般应低于 2000mPa•s，具有良好的流动性和浸渍性，最好是无溶剂型的，如果必须用溶剂，也应是反应型溶剂。

② 适用期长 最好在 8h 以上，凝胶时间应较长而固化时间应较短。

③ 固化收缩小 要求收缩率在 4% 以下。

挤拉工艺大量使用不饱和聚酯树脂，约占总用量的 90%，其次是环氧树脂或其他改性的环氧树脂。美国 Reichhold 公司有用于拉挤的专用树脂，牌号为 Polylite，其中 Polylite31-20 为硬质高反应性间苯型聚酯树脂，耐热性好，可提高拉挤速度约 5 倍；Polylite92-310 为中间反应性间苯型聚酯树脂，具有良好的耐腐蚀性，适用于直径 25mm 以上的型材制备；Polylite92-311 为硬质高反应性间苯型聚酯树脂，适用于制造有较高耐腐蚀性和韧性的制品。典型拉挤用不饱和聚酯树脂配方如表 7-1 所示。

表 7-1 典型拉挤用不饱和聚酯树脂配方（质量份）

组分	用量	组分	用量
树脂	100	固化剂	3
轻质碳酸钙	15	低收缩添加剂	15
脱模剂	3～5	颜料	1

对于环氧树脂，挤拉所采用的都是室温固化型环氧树脂，主要为双酚 A 与环氧氯丙烷的混合物，黏度在 400mPa•s 以上。由于固化剂对环氧树脂的工艺性和制品性能有较大影响，因此该工艺中，通常选用溶解度较高或熔点高的二酸酐或环胺类固化剂。常用的环氧树脂的牌号为 E-55（616♯）、E-51（618♯、619♯）和 E-44（6101♯），分别对应国外的 Epon826、Epon828 和 Araldite6030。近年来，拉挤工艺专用的环氧树脂发展很快，如美国 Shell 公司开发用于高性能碳纤维复合材料专用环氧树脂 9102 和 9302，可采用高频加热固化，拉挤速度可达 0.9～1.2m/min。典型拉挤用环氧树脂配方如表 7-2 所示。

表 7-2 典型拉挤用环氧树脂胶液配方（质量份）

组分	用量	组分	用量
环氧 9310	100	内脱模剂	0.67
固化剂 9360	33	ASP 填料	20
催化剂 537	0.67		

酚醛树脂由于反应速度慢，并且固化时有副产物水形成，容易使制品形成气泡和空穴。但是由于其优异的耐热、阻燃和电性能，酚醛树脂也逐渐被开发改性用于拉挤成型工艺，例如，河北中意玻璃钢有限公司与常熟塑料厂合作，成功拉出圆棒、角钢等型材，具有良好的应用前景。典型拉挤用酚醛树脂配方如表 7-3 所示。

表 7-3 典型拉挤用酚醛树脂胶液配方（质量份）

组分	用量	组分	用量
酚醛树脂 9450	100	增强剂	0.6
固化剂 C640	6	脱模剂蜡	3
催化剂 P280	5	碳酸钙	10
工业酒精 12	适量		

　　除了常见的热固性塑料外，热塑性塑料，如聚乙烯、聚丙烯、聚酰胺、聚醚醚酮、聚苯硫醚等，也开始受到研究者的关注。与热固性塑料相比，热塑性塑料的韧性更好，成本更低，拉挤速度更快（可达 15m/min），并具有可回收性。但是热塑性塑料需要在高温熔融下才能对纤维进行浸渍，这对现有的拉挤成型设备及工艺提出了新的挑战，有待进一步研究与改进。

任务二　增强材料

　　用于拉挤制品的增强材料多为玻璃纤维及其制品，如无捻粗纱、布带和各种毡片。为了满足特殊的力学性能要求，也可采用芳纶、碳纤维、金属丝网夹层等高级材料，这些纤维及制品必须经过适当的表面处理，并选用与树脂相匹配的偶联剂。拉挤工艺对无捻粗纱的要求为：

　　① 不产生悬垂现象，不影响拉挤作业；

　　② 集束性好，易被树脂浸透；

　　③ 力学性能较高，具有足够强度能承受牵伸力；

　　④ 断头少，不易起毛。

　　拉挤制品的纤维以单方向排布为主，为了适当增加横向强度，有时用横向增强措施，用的较普遍的是毡片和纤维织物，也可采取纤维环向缠绕或螺旋缠绕的方法进行横向增强。近年来，发展了纤维针织物用以代替毡片和粗纱编织物作为增强材料。玻璃纤维针织物以单束纱线连续围绕交叉的形式重叠在一起，并相互缠结固定。针织物的单重均匀，强度高，弹性好且不易悬垂，它可以提高玻璃钢制品的冲击强度和剪切强度，并可加工成定向或三向织物。三向针织物是制造高性能拉挤制品的理想增强材料，可以克服拉挤制品层间剪切强度低和易于沿纵向剖面开裂等缺陷，如玻璃纤维以及玻璃纤维与碳纤维或芳纶混杂的编织物。

任务三　辅助材料

1. 脱模剂

　　在拉挤成型工艺中，脱模剂是必需的，一般使用内脱模剂，有液体、糊状、粉状内脱模剂。通常用的内脱模剂是金属皂类、脂肪酸酯类及聚烯烃蜡类等。内脱模剂最基本的要求是内脱模剂与树脂基体相容，对复合材料制品的物理性能影响较小。内脱模剂这种相容能力取决于内脱模剂的熔点和分子结构，也与物理混合程度有关。

　　脱模剂的用量很小，一般用量为 0.5%～3%，但起的作用大。脱模效果的好坏直接影响产品质量。用量过大，将对制品强度产生不利影响，且使表面粗糙。因此，应根据不同树脂配方、模具状况选择最佳内脱模剂用量。

2. 填料

　　加入填料的目的在于改善树脂的工艺性（如增加树脂的黏度和降低流动性）、改善制品的性能（如减小制品收缩率、增强耐热性和自熄性）和降低成本。通常用的填料都是粉体材料。

3. 分散剂

　　分散剂是由一个或多个颜/填料的基团和类似树脂的链状结构组成。它可以增进颜/填料粒子的润湿，同时稳定分散体，防止胶液絮凝。

　　分散剂应具备以下特性：

① 有较强的分散性，能有效防止填料粒子之间的聚集；

② 与树脂、填料有适当的相容性；

③ 有较好的热稳定性；

④ 有较好的流动性；

⑤ 不易引起颜色漂移；

⑥ 不影响制品的性能；

⑦ 无毒。

4. 阻燃剂

以树脂为基体的复合材料含有大量的有机化合物，具有一定可燃性。当拉挤制品有阻燃要求时，阻燃剂的选用必不可少。阻燃剂是一类能阻止聚合物材料引燃或抑制火焰蔓延的添加剂，通常是磷、溴、氯、锑和铝的化合物，其中氢氧化铝是使用广泛的阻燃剂之一。

阻燃剂根据使用方法可分为添加型和反应型两大类。添加型阻燃剂主要包括磷酸酯、卤代烃、氢氧化铝及氧化锑等，它们是在复合材料加工过程中掺和进去的，使用方便，使用量大，对复合材料的性能有一定影响。反应型阻燃剂是在聚合物制备过程中作为一种原料单体加入聚合体系中，使其接枝/聚合到聚合物分子链上，因此对复合材料的性能影响较小，且阻燃性持久。反应型阻燃剂主要包括含磷多元醇及卤代酸酐等。

5. 着色剂

为了制品美观，通常会加入着色剂。拉挤工艺中在树脂体系内混入色料（通常为无机颜料），一般不使用外着色方法。

项目三 拉挤成型设备

任务一 设备分类

拉挤成型设备的形式多种多样，根据设备的结构形式，可分卧式与立式两种，如图 7-6 和图 7-7 所示。

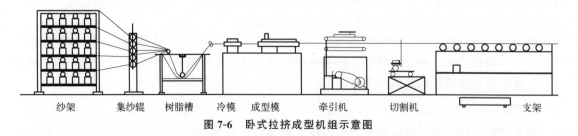

纱架　　　集纱辊　　树脂槽　　冷模　成型模　　牵引机　　　切割机　　　　　　　　支架

图 7-6　卧式拉挤成型机组示意图

图 7-6 为卧式拉挤成型机组示意图，玻璃纤维从纱架引出，经过集纱辊进入树脂槽中浸渍树脂，然后进入预成型模，排出多余的树脂，并在压实过程中排出气泡，再进入冷模，冷模中用冷却水冷却，目的是使树脂处于低温，增大黏度，减少流失。最后进入成型模，玻璃纤维和树脂在成型模中成型并固化，最后由牵引机拉出，切割成所需要的长度。

在市场上，卧式拉挤设备应用比较普遍。卧式生产法中又分为在模具内完全固化和在模具

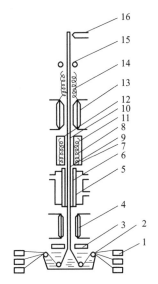

图 7-7 立式拉挤成型机组示意图

1—纱团；2—胶槽；3—挤胶辊；4—预热装置；5—加热水槽；6—预成型模；7—固化槽；
8—低熔点合金；9—成型孔；10—孔道；11—加热导线；12—保温层；13—加热装置；
14—冷却装置；15—牵引装置；16—切割装置

内凝胶。模具内完全固化，即浸胶后的纤维在模具内加热直至完全固化，这样得到的制品表面光滑，但是连续生产的时间长了以后，模内表面被划伤，产品表面有划痕，并且需要较大的牵引力。模具内凝胶，即浸胶纤维在加热的模具内仅达到凝胶状态，然后经牵引拉拔出模具，进入加热炉固化。这种模具内凝胶、出模固化的产品表面虽不光滑，但连续生产需要的拉力小，生产中不易出故障。

图 7-7 为立式拉挤成型机组示意图，玻璃纤维从纱架的纱团 1 引出，经过导向辊进入胶槽 2 中浸渍树脂，然后经过挤胶辊 3 将多余的树脂排出，同时挤出气泡，进入预热装置 4 和加热水槽 5 及预成型模 6，再经过成型孔 9 进入固化槽 7 中固化，固化槽内充满着低熔点合金 8，用加热导线 11 加热，用保温层 12 保温。经保温，已基本固化的产品从孔道 10 出来，进入加热装置 13 使其完全固化，再经冷却装置 14，由牵引装置 15 拉出并由切割装置 16 切割成一定的长度。

立式拉挤设备法主要用于生产中空型材，因为在生产中空产品时，芯模只有一端支撑，水平放置会导致芯模悬臂端下垂，造成中空型材壁厚不均等现象，故而采用立式设备悬挂芯模，避免上述问题。立式设备中，根据玻璃纤维或布带的牵引方向，又分上引式和下引式。

任务二 设备组成

拉挤成型的生产中，不管卧式或立式，其装置部分基本相同，通常有纱架、胶槽、模具、固化炉、牵引设备和切割装置等部分。

1. 纱架

纱架是放置玻璃纤维无捻粗纱的架子，依产品规格不同，需要的纱筒数目不等，纱架有大小之分。纱架结构根据需要可制成整体式或组装式的。纱筒放在纱架上可以是纵向或横向放置。一般情况下含胶量控制在 40% 左右，在不加入其他填料的情况下，产品截面尺寸的 60%

要由玻璃纤维填满。因此，产品尺寸大，需要的玻璃纤维多，纱筒的数目多，纱架就大。为使纱架占地面积小，设计时要求结构紧凑。纱的股数以多为宜，这样可以减少纱筒个数。设计纱架时还要考虑到更换纱筒的方便性。图 7-8 为简易纱架示意图。

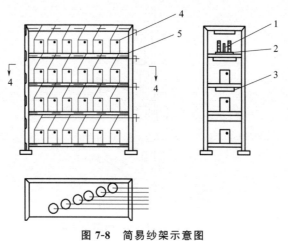

图 7-8　简易纱架示意图

1—轴；2—纱盘；3—分纱栅板；4—纱筒；5—导纱勾

无捻粗纱纱筒 4 装在纱盘 2 上，纱筒 4 在轴 1 上可以自由转动，纱盘 2 用螺钉固定在下面底板上。为了避免纱筒中出来的纱相互拉毛弄乱，纱筒放置在纱架上最好是错开一个角度，呈一斜线。玻璃纤维无捻粗纱从纱筒 4 中引出，经导纱勾穿过分纱栅板 3，分纱栅板将纱均匀排列后再经集束辊把纱合拢，最后经胶槽的导向辊进入胶槽内。

2. 胶槽

胶槽是装树脂用的槽。由纱架引出来的玻璃纤维无捻粗纱，在胶槽内浸透树脂，排出气泡并通过挤胶辊控制树脂含量。

胶槽长度的确定，要求能使玻璃纤维充分浸透树脂。当牵引速度确定后，胶槽越长，玻璃纤维与树脂接触时间就越长，浸渍得越透。另外纤维纱排列越松散浸透性越好。一般胶槽长 0.6～1m。胶槽的宽度，与产品截面尺寸即需要的纱数量有关，需要的纤维多，槽就宽，常用的是 0.5～0.8m，图 7-9 是简易胶槽构造图。

胶槽上方装有将纱引入的导向辊 4，纱经过导向辊后由压辊 6 压入胶槽 7 中。压辊数目可依胶槽长短而定，槽体短可用一个压辊，槽体长可用两个或更多的压辊。浸过树脂的玻璃纤维经过上挤胶辊 13 和下挤胶辊 14，将多余的树脂挤出，并排出气泡。浸有树脂的玻璃纤维互相粘接在一起，当产品形状复杂时，可能给分纱造成困难，为此应在胶槽内装有分纱栅板。

除了上述辊筒浸渍形式外，浸胶还有压纱浸渍和直槽浸渍。压纱浸渍主要通过纱夹、纱孔和压纱杆将纤维压入胶槽浸渍，简单易行，但是对纤维有一定磨损，同时影响纤维的定位和走向。直槽浸渍是利用循环泵，直接向纤维增强材料注射树脂，这样纤维增强材料不用进入树脂浴内进行浸渍，一方面解决了浸渍不匀的难题，另一方面也保证了增强材料的整齐排布。并且封闭的胶槽也能避免敞开式胶槽中树脂易挥发的缺陷，有利于树脂黏度的控制，改善了生产环境和卫生条件。

为保证连续生产，槽体一般采用水夹套式加热设备，以调整树脂的温度，从而控制树脂黏度。

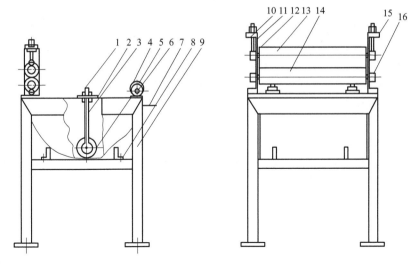

图 7-9　简易胶槽构造图

1—压杆调整螺母；2—压杆支承板；3—压杆；4—导向辊；5—导向辊轴承；6—压辊；7—胶槽；
8—胶槽支承；9—支架；10—上挤胶辊调整螺母；11—下挤胶辊调整螺杆；12—上挤胶辊轴承；
13—上挤胶辊；14—下挤胶辊；15—调整螺杆支架；16—下挤胶辊轴承

3. 模具

模具是拉挤成型中的关键部件之一。根据拉挤成型工艺特点，模具可分为预成型模和成型模两段。预成型模是把由胶槽来的浸有树脂的玻璃纤维在模具中初步成型，并将纤维压实，挤出多余树脂，并排出大量气泡。接着压实后的预成型纤维进入成型模固化定型。不同产品其模具的形状和结构也不同，对于实心产品，仅有外模，对于空心产品，则同时需要外模和芯模两种。

实心产品的模具结构如图 7-10 所示。由预成型模Ⅰ、脱膜剂槽Ⅱ及成型模Ⅲ组成。预成型模不加热，又称为冷模，浸有树脂的玻璃纤维从中通过时，排出气泡和多余的树脂，并将纤维由发散状态自然、流畅地过渡到最终的形状（如图 7-11）。脱膜剂槽用来涂外脱膜剂，目的是为脱模时省力，减小牵引阻力。外脱膜剂常用的有硅油等。在槽 4 和槽 7 中装有脱膜剂，当产品被牵引时，带动鼓轮 8 和槽轮 10 转动，将脱膜剂带到浸有树脂的玻璃纤维成型物的表面，然后进入成型模。成型模是使产品最后定型固化的模具。模具的长度一般根据固化时间和牵引速度来定。例如工艺上要求 3min 固化，牵引速度按 0.33m/min 计算，其模具需要长度为 1m 左右。成型模的上下各装有电热板 12 和 24，电热板内电热元件的排列，依固化时需要的温度规范而定。预成型模、脱模剂槽和成型模三者装在同一底盘 25 上，确保在同一中心线上。

空心型材的模具示意图如图 7-12 所示。芯模 1 固定在轴承 6 上，在轴承支承处用销钉 5 将芯模固定，保证在牵引过程中，芯模不被拉动。芯模的另一端悬壁伸入上模 8 和下模 9 所形成的空间内，与上下模一起构成产品所需要的截面形状。芯模上用顶丝 2 固定分纱器 3，浸有树脂的玻璃纤维，从胶槽中拉出，通过分纱器的孔 4，进入模具中。分纱器将浸胶后的玻璃纤维按截面要求均匀分布。为了减小脱模时芯模造成的阻力，将芯模尾部 200~300mm 处，加工成 1/300~1/200 的锥度。外模入口处，常常是制成喇叭口形状，以便使多余的树脂流回胶槽。

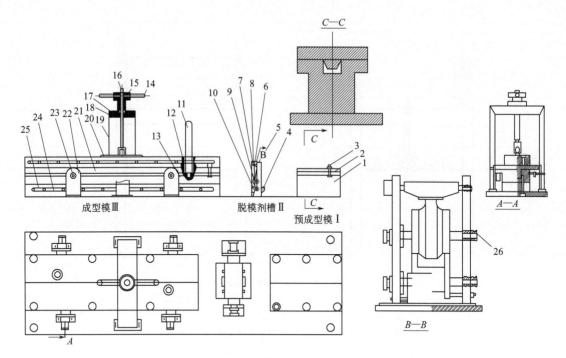

图 7-10　轻型槽钢模具图

1—下模；2—上模；3—螺栓；4—槽；5—支架；6—轴承；7—槽；8—鼓轮；9—调节轴承；10—槽轮；
11—导向柱；12—电热板；13—下模；14—手把；15—螺母；16—丝杆；17—卡圈；18—螺母支座；
19—支架；20—起吊盘；21—上模；22—偏心轮支架；23—偏心轮；24—电热板；25—底盘；26—螺母

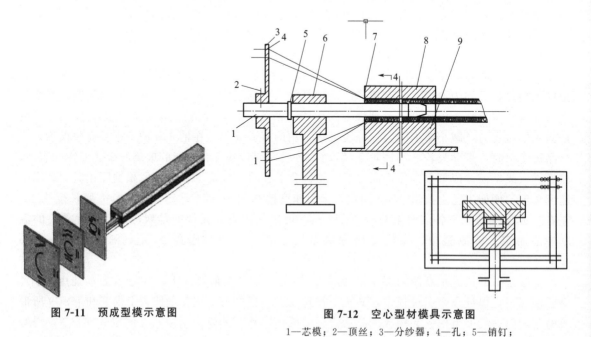

图 7-11　预成型模示意图

图 7-12　空心型材模具示意图

1—芯模；2—顶丝；3—分纱器；4—孔；5—销钉；
6—轴承；7—制品；8—上模；9—下模

　　拉挤成型中，常因某段模具被拉毛，表面不够光滑，造成牵引力过大，甚至导致玻璃纤维
都固化在模具中，牵引机拉不动。因此，对模具的要求是能保证产品质量，提高生产率，减小

牵引力。为避免上述现象产生，一方面，要严格控制固化温度，使产品在将要出模时固化，另一方面，在设计模具时要注意以下事项。

（1）尺寸的确定

拉挤模具的横截面应足够大（大于等于制品截面的10倍），确保模具具有一定的热容，使得加热均匀、稳定。而模具的长度与设备加热能力、树脂特性及配方、制品几何尺寸和拉挤速度有关。典型的模具长度在500～1500mm之间。一般制品截面较小、树脂活性较大的拉挤模具，长度可短些。对固定的制品，增加模具长度可适当提高拉挤速度，提高生产效率，但会导致牵引力的加大。此外，模具长度还受模具加工设备状况的限制。对于中空拉挤制品，芯棒的有效长度为模具长度的2/3～3/4，这样既能保证制品成型的要求，又不至于芯棒过长导致阻力增加，对拉挤生产不利。

模具型腔尺寸取决于制品的尺寸及收缩率，不饱和聚酯树脂/玻璃纤维体系，收缩率一般在2%左右，乙烯基酯树脂、环氧树脂收缩率要低些。填料、玻纤含量的不同，收缩率也有差异。另外，收缩导致异型材的变形问题，在模具设计时也必须注意，并加以补正。如角型材在模具设计时采用90°，生产的制品向内收缩变形，实际角度小于90°，可通过模具设计时把角度放大1°～2°来补偿。

入口设计也是挤拉模具的关键之一，此处纤维束体积缩小，压力升高，常导致玻璃纤维断纤。可通过改变入口处的几何形状来降低压力的升高。常用的入口形状有锥形、圆形和抛物线形，国内目前采用较多的是锥形入口，提高入口的锥度，可降低入口压力升高。

（2）分型面的选择

拉挤模具一般由几块模具拼装组合而成。在模具设计时，正确选择分型面，不仅能保证模具的顺利制作，而且能满足拉挤制品的生产工艺要求和质量要求。在两块模具的接缝处所受应力最大，也是容易产生树脂黏附、堵塞的地方，并且最终在制品的表面出现合模缝，影响表观质量。因此，在满足模具加工制造的前提下，应尽量减少分型面，并且模具合缝棱边不得有损伤，确保合缝严密。

（3）型腔位置的选择

玻纤增强复合材料拉挤成型中，制品离开模具的主动力来自机器后部的牵引装置。在模具设计时，应正确选择型腔位置，尽量使制品的平直部分平行于加热板，并有利于夹具的夹持牵引。例如对槽型材、工字型材，应使腹板平行于加热板方向，而对角型材，最好采用"人"字形取向，保证两边均匀受力。

4. 固化炉

为保证产品质量，需要严格控制固化温度，温度过高，产品表面有裂纹，强度降低；温度过低，树脂又不固化，因此固化温度要控制在适当范围内，最好是使产品在出模具前完全固化。

固化炉的加热方式很多，有红外线加热、高频加热、电阻丝加热、低熔点的金属加热，以及循环蒸汽、油等加热方式。其中电炉丝加热方法的应用比较普遍，因为它结构简单，投资少。红外线、油或蒸汽加热则温度较均匀，故应用也较多。对于厚度超过15mm的产品，可采用高频加热，提高加热效率。

设计固化炉时，除合理地选择加热方法外，还要求固化炉的结构便于操作。

固化时温度是有梯度的，根据固化温度的要求，固化炉应实施分段控温。炉体要有足够的保温层，确保温度稳定均匀。树脂在固化反应过程中有气体挥发出来，所以固化炉应设有抽风装置。

5. 牵引装置

牵引装置的选择，按产品需要的牵引力大小而定。现有的牵引装置：一是上下履带式牵引系统；二是交替往复式牵引系统，如图 7-13 所示。履带式牵引系统价格低廉，但通用性较差，对于复杂形状的产品，需要重新加工包覆在履带上的夹持胶块。交替式往复牵引系统便于更换牵引夹具，适用面更广。

(a) 履带式　　　　　　　　　(b) 往复式

图 7-13　牵引装置

牵引机的牵引速度，随产品尺寸大小而变化，产品截面尺寸大，固化时间长，需要的速度慢，反之亦然。通常速度为 0.4～1m/min，产品长度可根据需要任意选定。

6. 切割装置

切割是在连续生产的过程中进行的。当产品满足需要的一定长度时，拨动产品的端部限位开关，接通了切割电动机电路，切割装置开始工作。切割过程中粉尘很多，操作条件不好，故应装有高效除尘器，通常采用抽风或喷水等除尘措施。

项目四　拉挤成型过程及质量控制

任务一　成型工艺

根据采用原材料的状态不同，拉挤成型工艺可分为干法和湿法成型两种。

一、干法成型

干法成型采用的是预浸纱或各种预浸织物等干态半成品。生产时将预浸料按设计排布后，经导向器牵引，通过预成型模过渡成所需的形状，接着进入加热模具固化成型，最后进行切割等后处理，如图 7-14 所示。干法成型是两步法生产，生产效率和产品质量都比湿法要高。此法适合于批量大、性能要求高，尤其是横向强度也有较高要求的产品。拉挤制品的横向强度可通过编织物、预制毛坯或在入模前增设环向、螺旋缠绕等方式来实现。

二、湿法成型

湿法成型是目前主要的拉挤成型方法，其示意图如图 7-15 所示，将连续纤维排布引入系统中，进行定位、预定型，再进入树脂槽，浸渍树脂，浸渍完毕的纤维/树脂体系进入预成型模具中，挤出多余树脂和气泡，达到制品形状，接着进入成型模具中进行加热固化，最终成型、牵引、切割，得到相应的型材制品。

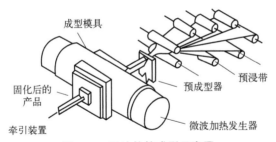

图 7-14　干法拉挤成型示意图

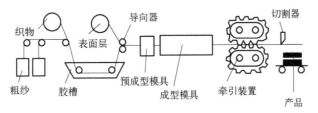

图 7-15　湿法拉挤成型流程示意图

　　所用增强纤维通常为未取向的。如果是多层纤维增强通常使用纤维布、无定向毡、预层压织物等进行横向和轴向增强。也可采用混杂增强材料增强的方式来满足特殊制品的特殊要求。而且通过对纤维的轴向纺织、长纤维缠绕和编织等方式，可生产出具有复杂结构纤维预成型的串联式制品。

　　固化方法有模内固化、炉内固化、高频固化和熔融金属固化等几种。另外，还可以在浸胶后缠绕薄膜或针织物进行环向增强。实际工业生产中，可以根据需要对工艺过程的各个中间环节进行多种选择。下面介绍拉挤工艺中几种模塑-固化的成型方法，如图 7-16 所示。

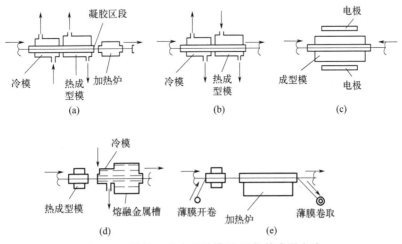

图 7-16　拉挤工艺中几种模塑-固化的成型方法

　　① 成型热模分段固化法　成型热模分段固化法，如图 7-16(a)，物料通过热成型模，树脂受热达到凝胶状态，同时模塑成型，而后进入加热炉固化。这种方法的牵引和模塑过程是连续进行的，因此生产效率较高。制品的质量好坏取决于成型物通过热成型模时是否已达到凝胶状态。如果在热成型模出口处树脂尚未达到凝胶状态，物料就无法成型；有时物料在热成型模出

口处虽已基本定型，但因树脂并未充分达到凝胶状态，在加热炉中固化时因无模具限制其形状，制品也容易变形。因此，必须严格控制模温和牵引速度，以保证物料在拉出热成型模时已完全凝胶，同时要求树脂和增强材料粘接紧密，为此，树脂填料不宜过多，含胶量也应控制适当。成型热模分段固化法通常用于棒材的拉挤成型。

② 成型热模一次固化法 成型热模一次固化法，如图 7-16(b)，即物料通过成型热模时一次完成模塑成型和固化，其后不另设加热炉。其特点是制品表面良好，一般无须二次加工，工艺适应性好，可生产大型构件（包括空心型材等）。但由于制品在模中一次成型，其牵引速度应严格控制且不能过快。该方法一般适于采用不饱和聚酯树脂配方，并要求加内脱模剂。

③ 高频加热模塑成型法 高频加热模塑成型法，如图 7-16(c)，该法与前一种方法一样，物料通过成型模时一次完成定型和固化，但热源采用高频电场。由于高频加热时物料内外均匀受热，故生产厚壁型材也不至于开裂，同时因固化速度快，可提高牵引速度。但模具必须采用在高频电场中不会产生热效应的非极性材料，树脂配方及填料含量也必须经高频固化试验确定。

④ 熔融金属加热固化法 熔融金属加热固化法，如图 7-16(d)，即物料经预成型后进入熔融金属槽固化。槽内为熔融的低熔点金属，金属液既是加热介质又是成型模具，成型物在槽内被其包覆，受金属液所提供的热量和压力，实现定型固化。熔融金属固化的优点是牵引速度可以提高，一次可以并列多根型材。缺点是制品表面比较粗糙，所成型材料的截面几何形状简单，只适用于棒材。

⑤ 薄膜包覆固化法 薄膜包覆固化法，如图 7-16(e)，即物料进入预成型模前，在其表面包覆薄膜，经预成型模成型后，由加热炉加热固化。薄膜的作用是保护制品表面并对制品产生一定的压力。采用这种方法，牵引速度可设置较高，模具成本低，制品表面的树脂层比较均匀。但制品表面不够光滑，需要经过打磨，且生产过程中需消耗一定的包覆薄膜。这种方法多用于生产截面几何形状简单的棒材。

三、主要工艺参数与控制

拉挤成型的主要工艺参数有模腔温度、树脂温度、模腔压力、树脂黏度、固化速度、固化程度、牵引力和牵引速度等，这些参数相互之间有着复杂的牵制，共同组成了庞大又精密的拉挤工艺体系。

1. 模腔温度

模具模腔中的温度是拉挤工艺中的首要参数。由于树脂体系对温度较为敏感，对模腔温度的控制应十分严格。一般来说，模具模腔温度应该高于树脂的固化放热峰（DSC 曲线），以确保树脂能够固化完全。但是很明显，不是模具所有的位置都处于放热峰温度值，例如，模腔入口如果处于放热峰温度值，坯料一入模其表面就固化，内部固化严重滞后于表面，使制品产生严重的内应力，并且制品内部固化产生的气体无法排出而形成了内气泡，这将使得成型、牵引困难，严重时还会产生废品甚至损坏设备。因此需要对模具进行分段设置温度。

浸胶纤维通过加热的模具后，树脂会发生凝胶到固化定型的宏观变化，因此根据树脂在模具中的不同状态，把模具分为预热区、胶凝区和固化区三部分，如图 7-17。

当浸胶纤维进入预热区后，模温对其进行预热至适宜温度，促使其表层与内部温度相近，使得增强材料浸渍的树脂均匀化，方便后续的固化更加完全。同时，该组合体因热胀而产生的液压，可使之紧贴于模具表面，从而使其型材的表面粗糙度降低。但是，如因预热区设置温度不当而使其液压不足时，将影响型材表面质量而易于发生落碎现象，故应设置适宜的预热段温度。一般该段温度低于固化温度 $20 \sim 30 ℃$。在该阶段，黏稠状的浸胶纤维组合体与模具内壁形成黏滞阻力。

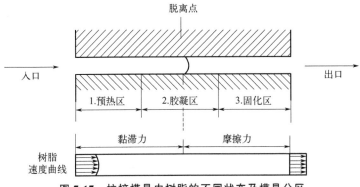

图 7-17 拉挤模具内树脂的不同状态及模具分区

当黏稠状的浸胶纤维组合体经预热至一定温度而进入胶凝区后，组合体从黏稠态经凝胶态、橡胶态，而迅速固化成具有一定力学性能的刚性型材。在设置温度的时候，应该确保树脂的凝胶点与放热峰都能出现在该段内。当胶凝区温度设置不当，会使得树脂的凝胶点和放热峰相继后移时，造成固化程度偏低而影响型材性能及拉挤成型的正常进行。当温度设置过高，固化过于迅速，会使型材产生较大的内应力和收缩。在该阶段，树脂由黏稠到凝胶固化，此时浸胶纤维组合体和模具界面处的黏滞阻力增大，并最终发生突变，即树脂凝胶脱离，组合体与模具之间由黏滞力转变为摩擦力，此时树脂与纤维增强体的速度保持一致，并继续固化。对于胶凝区，一般要求设置的温度要使得凝胶固化分离点出现在模具中部，放热峰出现在中部靠后。

当浸胶纤维组合体经胶凝区进入固化区后，继续受热固化。由于在固化放热后出现不同程度的体积收缩，而使该组合体与模具表面分开，并使其间的摩擦力下降。因此，为进一步降低温差对型材的内应力及其体积收缩的影响程度，固化区的温度应比胶凝区低。

综上，模腔温度分布应两端低、中间高，图 7-18 所示为 DION8101 8300 聚酯模腔温度分布曲线。

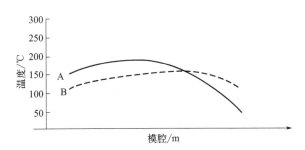

图 7-18 DION8101 8300 聚酯模腔温度分布曲线
A—模具初始温度；B—工艺过程中最佳温度

2. 牵引速度

牵引速度是一个平衡固化程度和生产速度的重要参数。如果牵引速度过快，制品固化不良或者不能固化，直接影响产品质量，表面会有稠状富树脂层；如果牵引速度过慢，产品在模具中停留时间过长，制品固化过度，并降低了生产效率。在保证固化度的条件下，应尽可能提高牵引速度。一般试验拉挤速度在 300mm/min 左右，拉挤工艺开始时，速度放慢，然后逐渐提高到正常拉挤速度。表 7-4 为两种树脂体系典型的工艺参数。

表 7-4　工艺参数举例

树脂体系	树脂温度/℃	模具温度/℃	挤拉速度/(m/min)
聚酯树脂	32	107~166	1.5
环氧树脂	52	177	0.3

3. 牵引力

牵引力是保证制品顺利出模的关键，牵引力大小由产品与模具之间界面上的剪切力来确定。通过测量浸胶纤维被牵引穿过模具一段短距离的牵引力就可以测量上述界面上的剪切力，图 7-19 为三种不同牵引速度下剪切应力的变化。从图中可以看出，模具中剪切应力曲线随着牵引速度的变化而变化。忽略牵引速度的影响，可以发现在模具的不同位置，剪切应力是不同的，整个模具中剪切应力曲线出现 3 个峰。

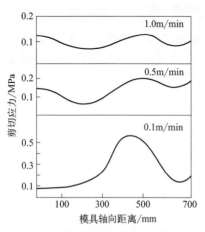

图 7-19　牵引速度与剪切应力关系

第一个为模具入口处的剪切应力峰，此峰值与模具壁附近树脂的黏滞阻力相一致。随着预热区模温对树脂的加热，树脂黏度下降，剪切应力也逐渐下降。初始峰值的变化由树脂黏性流体的性质决定。另外，填料含量和模具入口温度也对初始剪切应力影响很大。

随着树脂逐渐发生固化反应，黏度逐渐增大，剪切应力逐渐增大，形成第二个峰值。该值对应于树脂与模具壁面的脱离点，并与牵引速度关系很大，当牵引速度增大时，这个点的剪切应力大大减小。

第三个峰值对应着模具出口处。随着固化的逐渐进行，树脂体积收缩，与模具壁面的剪切应力逐渐减低，树脂达到固化放热峰，内部的热量使得树脂体积又膨胀，因此剪切应力又重新增大。因此，成型中为使制品表面光洁，应使产品在脱离点的剪切应力较小，并尽早脱离模具。

牵引力在工艺控制中很重要，通过测量线牵引力可获取有关工艺条件的信息，很多故障的预兆都是牵引力的突变。例如，呈锯齿状的牵引力踪迹表明型材在脱离点存在不稳定的蠕动。

4. 纤维含量计算

纤维是拉挤制品具备高强度的主要基础，要达到高强度，需要严格控制制品的纤维含量。

【例 7-1】　制作 $\phi=10$mm 的拉挤圆杆，要求轴向弹性模量达到 35GPa，计算玻纤的用量（4800tex 纤维）。纤维密度 $\rho_f=2.54$g/cm³，树脂密度 $\rho_m=1.20$g/cm³。

解：① 纤维、树脂的体积含量 k_f、k_m

$$k_f E_f + k_m E_m = E_t$$

式中，E_f、E_m 分别为纤维、树脂的模量，$E_f=60$GPa，$E_m=14.37$GPa。由 $E_t=35$GPa，$k_m=1-k_f$（不考虑空隙率），代入得：

$$k_f=0.452, k_m=0.548$$

② 纤维、树脂的质量含量比 λ_f、λ_m

由体积比和质量比之间的关系

$$k_m = \frac{1-k_v}{1+(\rho_m/\rho_f)(1/\lambda_m-1)}$$

$$k_f = \frac{1-k_v}{1+(\rho_f/\rho_m)(1/\lambda_f-1)}$$

由 $k_v=0$ 得

$$\lambda_f=0.648, \lambda_m=0.355$$

③ 每米纤维含量

$$\rho=k_f\rho_f+k_m\rho_m=0.452\times2.54+0.548\times1.2=1.8057\text{g/cm}^3$$

制品每米质量为：

$$w=\rho A=1.8057\times3.14\times(1/2)^2\times100=141.75\text{g/m}$$

其中，A 为产品的截面积。

制品每米纤维质量为：

$$w_f=\rho_f w=0.645\times141.75=91.42\text{g/m}$$

④ 求 4800tex 纤维的股数

每股 4800tex 纤维的质量为

$$w_i=4.8\text{g/m}$$

其股数为

$$Z=\frac{w_f}{w_i}=19.05 \text{ 股}$$

故可取 20 股 4800tex 纱。

任务二　常见缺陷及改进方法

在拉挤成型中，常见缺陷、主要原因及解决措施如表 7-5。

表 7-5　拉挤成型常见缺陷、主要原因及解决措施

常见缺陷	主要原因	解决措施
鸟巢	纤维断了	重新梳理纤维
	纤维悬垂	调节张力辊
	树脂黏度高	加入稀释后的树脂调节黏度
	纤维黏附树脂太多	增加预成型模具
	牵引速度过快	降低牵引速度
	模具入口设计不合理	修改模具入口锥形倒角
固化不稳定,模具内黏附力突然增大	牵引速度过快	降低牵引速度
	由预固化引起的热树脂突然回流	增加树脂黏度;调整固化配方,提高固化速度
粘模,产品拉伸破坏	纤维体积分数小,填料加入量少	增加纤维、填料含量
	内脱模剂效果不好或用量太少	增加或更换内脱模剂
起鳞,表面光洁度差	脱离点应力太高,产生爬行蠕动	提高牵引速度
	脱离点太超前于固化点	调整固化配方,使固化具有延效性,调节凝胶时间和固化时间
未固化表面	牵引速度太快	降低牵引速度
	模具温度太低	提高模具温度
	模具太短	延长模具

续表

常见缺陷	主要原因	解决措施
表面白粉	模具内表面光洁度差	提高模具内表面光洁度
	脱模时产品粘膜，导致制品表面损伤	降低牵引速度；提高模具温度；更换或增加内脱模剂
表面沟痕，不平整	纤维含量低，局部纤维过少	增加纤维含量，调整纤维排布
	模具粘制品，划伤制品	及时清理模具
局部发白、白斑，露纱	纱毡浸渍树脂不完全，毡层过厚	延长浸渍时间
	有杂质混入，毡层间形成气泡	清除原材料中杂质
	产品表面留树脂层过薄	增加树脂黏度
裂纹	树脂层过厚产生表层裂纹	增加纤维或填料含量
	固化不均匀导致热应力集中，开裂较深	调整树脂，提高树脂均匀程度；提高模具温控精度
表面起毛	纤维过多	减少纤维含量；增加表面毡
	树脂与纤维不能充分黏结	增加偶联剂
表面起皮、破碎	留树脂层过厚，纤维含量太少	增加纤维或填料含量
	成型内压力不够	调整配方，减小固化收缩率
制品弯曲、扭曲变形	制品固化不均匀，产生固化应力	调整树脂，提高树脂均匀程度；提高模具温控精度
	制品出模后压力降低，在应力作用下变形	增加后处理段模具
	制品内材料不均匀，固化收缩程度不同	调整树脂，提高树脂均匀程度
	出模时产品未完全固化，在外牵引力作用下产生变形	提高固化速度；降低牵引速度
制品缺角、少边	纤维含量不足	增加纤维含量
	上、下模之间的配合精度差或已划伤	变更、修改模具

项目五 拉挤成型技术的发展

任务一 曲面型材的拉挤工艺

美国 Goldsworthy Engineering 公司在现有拉挤技术基础上，开发了一种可以连续生产曲面型材的拉挤工艺，用来生产汽车用弓形板簧。这种工艺的拉挤设备由纤维导向装置（用来分配纤维）、浸胶槽、射频电热器、导向装置、环形阴模、固定阳模模座、模具加热器、高速切割器、转盘、纱架等装置组成，如图 7-20 所示。所用原材料为不饱和聚酯树脂、乙烯基酯树脂或环氧树脂和玻璃纤维、碳纤维或混杂纤维。弓形板簧的生产过程为：在旋转台上固定几个与板簧凹面曲率相同的阴模（称作旋转模），形成一个完整的环形模具，阴模的数量应与板簧的长度相配合。同时，固定阳模模座的凹面，使之与旋转环形阴模的凸面相对应，它们之间的空隙即是成型模腔。转台转动时，牵引着浸渍了树脂的增强材料经过射频电热器和导纱装置后，再经紧靠着导纱装置的固定模端部的模板进入由固定阳模与旋转阴模构成的闭合模腔中，然后按模具的形状弯曲定型、固化。制品被切割前始终置于模腔中。待切断后的制品从模腔中脱出后，旋转模即进入下一轮生产位置。这种拉挤工艺可用于生产截面积相等但形状变化的汽车弹簧。

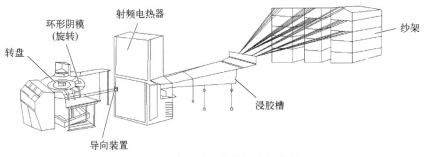

图 7-20　曲面型材拉挤设备示意图

任务二　横截面积可变的拉挤工艺

　　美国 Lowell 大学军用器材和机械研究中心近年来研究了可变截面拉挤件的生产方法。首先采用的拉挤模腔截面多为方形、矩形或圆形，最后选定了嵌套式矩形模，通过试验探索各种参数的控制方法，设计了一台试验用可变截面拉挤机，由计算机程序控制，模腔的截面尺寸、制件锥度等，均可按控制指令调整。指令预先输入并储存在计算机中。这种可变截面的浸胶、预热及切割工序与一般拉挤设备一样，其主要不同在于，进入模具的纤维量可自动控制，制件截面增大部位可补充加入纤维，采用可变预成型模挤出多余树脂，以保持不同截面上树脂含量的一致性，模腔的截面尺寸由液压装置控制，液压系统按给定程序操作。对于截面形状过于复杂的制件，还需要采用后成型的方法。

任务三　拉挤后成型技术

　　拉挤后成型技术也是一种连续生产带有曲率或有一定扭转角度的复合材料制件的工艺方法。其成型原理为：在通用拉挤机的拉挤模出口处，制件尚处于未完全固化状态，利用此时具有的一定变形能力，使其弯曲或变形，制成特殊形状的制件坯料，然后用后成型技术使制件获得要求的曲率或扭角。拉挤后成型技术已在航空工业中开始应用，Bell 直升飞机公司已用这种工艺方法生产带有曲率和扭角的直升飞机机门导轨及发动机出口处带扭角的叶片，用拉挤后成型技术还可以制造汽车零件、建筑构件及各种运动器材。

任务四　在线编织拉挤成型技术

　　为提高拉挤制品的横向强度即抗冲击性能，出现了将编织和拉挤相结合的编织拉挤工艺，可根据产品需要，选择合理的纤维角度，调节产品径向强度与轴向强度的比例，实现产品的特殊性能要求。

　　传统复合材料编织是芯轴在编织机上沿一定轨道匀速运动来实现的，编织的预成型体的浸渍可以通过手糊或自动喷射技术或在成型的编织点直接添加树脂。理论上，与其他预成型体制造技术相比，编织的管状制件最适合拉挤成型。编织的最大优点在于，能够把单向纤维引入编织结构中，轴向纤维可以从任意编织纤维接点处引入。这种结构使轴向增强体有机结合成稳定的预制体。

编织物所有的纤维均斜交，与轴线夹角不呈 0° 与 90°。编织原理与编织套管如图 7-21 和图 7-22 所示。在编织过程中，纤维的运动轨迹为螺旋线。选择合理的纤维角度可调节成品管材径向强度与轴向强度的比例，选择适宜的纤维排列密度可满足强度与外观的要求。

图 7-21 编织原理

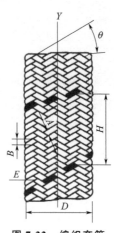

图 7-22 编织套管

为适合工艺要求，现成的编织机需进行局部改造，将原机上的卷取部分——摇柄、蜗轮、卷取盘等取下。原卷取轴改换为相应直径的芯模，此芯模伸入模具内，其外径即为管材内径，

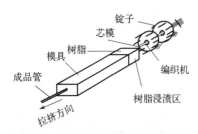

图 7-23 在线编织拉挤成型示意图

故对其有尺寸精度与光洁度的要求；此轴应牢固固定，不得有抖动。其根部直径可较伸入模具部分段直径略大。

如图 7-23 所示，芯模自缝编机尾端直穿入模具，故无传统的浸胶槽。树脂通过泵在压力下注入模具前端的腔内。

在线编织的坯管由拉挤机的牵引装置牵引，芯模固定不动。坯管沿芯模织好，由芯模前端进入模具，在模具前端的树脂浸渍区内浸渍树脂（树脂是在压力下源源不断注入模腔），经牵引通过加热的模具（基体树脂在模内凝胶、固化），最终成为 FRP 管材成品。

任务五　反应注射拉挤成型技术

反应注射拉挤成型是在模具中以稳定的高压和流量，注入专用树脂，使进入模具的玻璃纤维充分浸渍和排出气泡后，在牵引机牵引下，进入模具的固化成型段内，从而实现连续树脂传递模塑（continuous resin transfer molding, CRTM），其工艺如图 7-24 所示。这种方法所用的原料不是聚合物，而是将两种或两种以上的液体单体或预聚物，以一定比例分别加到混合头中，在加压下混合均匀，立即注射到闭合模具中，在模具内聚合固化，定型成制品。由于所用的原料是液体，用较小压力即能快速充满模腔，所以降低了合模力和模具造价，特别适用于生产大面积制件。反应注射拉挤成型要求各组分一经混合，立即快速反应，并且物料能固化到可以脱模的程度。因此，要采用专用原料和配方，有时制品还需进行热处理以改善其性能。成型设备的关键是混合头的结构设计、各组分准确计量和输送。此外，原料储罐及模具温度控制也十分重要。

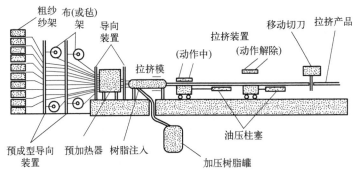

图 7-24　反应注射拉挤示意图

德国 Bayer 开发了一款高反应活性的异氰酸酯，从而与多元醇混合形成新型双组分聚氨酯，应用在拉挤成型中。该异氰酸酯黏度低，能保证纤维良好浸渍；凝胶时间长，方便生产上的启停；聚合迅速，能提高成型速度。与其他树脂相比，低黏度的双组分聚氨酯能提高制品中玻璃纤维含量，使得制品强度大大提高，大大提高了产品的竞争力。例如，用玻璃纤维与聚氨酯拉挤窗框，所得窗框的强度比 PVC 窗框高 8 倍，脆性小，经久耐用。聚氨酯拉挤工艺如图 7-25 所示。

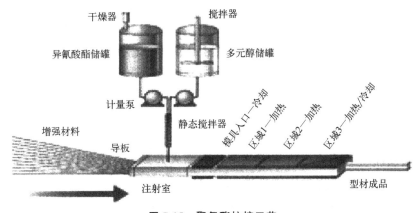

图 7-25　聚氨酯拉挤工艺

任务六　热塑性基体复合材料的拉挤技术

采用熔融黏度低的耐高温热塑性塑料作为基体材料，是拉挤工艺的发展方向之一。因为采用热塑性基体可以改善拉挤产品的工艺性及其拉挤型材的物理性能，特别重要的是能提高复合材料的韧性和改善后成型性。增强材料的浸渍是热塑性基体复合材料拉挤工艺的关键。常用的溶剂涂覆法由于对环境有污染且难以完全除去产品中的溶剂，因而无法普遍采用。最新开发的热熔涂覆法、流化床涂覆法及编织预混法等，可以适应连续生产的需要，现简单介绍如下。

1. 热熔涂覆法

与热固性树脂浸渍工艺相似，其工艺过程为：增强材料经过树脂热熔槽被浸上熔融的液态树脂，而后通过成型模冷却定型。热熔槽一般通入惰性气体以防止树脂被氧化。热熔涂覆法要求树脂的熔融黏度低。

2. 流化床涂覆法

将粉末状的热塑性树脂悬浮在空气中,或用静电悬浮形成流化床系统,纤维通过流化床时黏附上一定量的基体粉末。根据纤维材料是否导电,分别采用高频加热或感应加热,使黏附在纤维上的基体粉末熔化而浸渍纤维,再通过较短的模具使其初步成型,最后通过模口冷却定型为最终产品。

3. 编织预混法

热塑性塑料纤维与增强材料纤维编织预混法,是用纤维状的热塑性树脂与增强纤维合并或编织成无捻粗纱、带或布,通过热模使基体纤维熔融并浸渍增强材料,冷却后定型为最终产品。编织预混法中基体树脂的比例可以预先确定,并可保证生产过程中比例不变。用预混法生产热塑性塑料拉挤制品时,可直接利用许多标准的拉挤技术和设备。

热塑性塑料的拉挤工艺目前已接近工业应用水平,可以预见热塑性复合材料拉挤制品在不远的将来会得到广泛的应用。顺便指出,上述热塑性树脂的浸渍方法,也可应用于热塑性树脂基复合材料纤维缠绕工艺的预浸料制备。

 拓展知识

拉挤成型制品在飞机上的应用

安全、经济、舒适、环保是大型飞机的重要指标,而经济性是决定大型飞机市场竞争力的关键因素。根据空客公司统计,结构质量每降低 1%,飞机总质量可降低 3%～5%,油耗降低 3%～4%;根据大数据统计,大型飞机每减轻质量 1kg,增加的经济效益超过 450 美元。

近年来,随着复合材料在飞机结构中的大量使用,飞机结构件日益朝着大型化方向发展。经不断改进工艺,1995 年采用拉挤成型技术制造出满足空客性能要求的 T 形梁构件,1996 年开始用于 A330-200 的垂尾。随着复合材料在大型商用飞机中的大量使用,复合材料的长梁、桁型材的制造日益凸显其重要地位,各类商用飞机开始大量使用复合材料筋肋(图 1)与蒙皮共固化的工艺技术。

采用拉挤成型技术制造的长桁和梁类构件容易实现制件固化度的控制,达到一定固化程度的型材既能保持截面形状又能在热力作用下通过微变形适应不同型面,如翼面、机身壁板,最终与壁板共固化得到加筋壁板结构件。采用先进拉挤成型技术制造的复合材料梁、桁型材已成为高效能复合材料型材结构制造发展趋势。

图 1 波音 787 的复合材料加筋结构

思考题

1. 拉挤成型工艺的优缺点有哪些？简述其工艺原理与过程。
2. 拉挤成型的胶槽有哪些形式？各有什么优缺点？
3. 拉挤成型的固化模具分为几部分？以什么为划分基础？
4. 如何确定拉挤固化模具中的温度？
5. 预成型模具的作用是什么？
6. 拉挤成型的牵引力对制品有什么影响？
7. 固化加热有哪些方式？各有什么优缺点？
8. 如何确定牵引速度？

模块八

连续板成型工艺

连续板成型，是将聚酯树脂浸渍的纤维，经过模板加热固化定型，得到特定截面形状的连续板材的成型工艺，整个生产过程是在机组上连续不断进行的，得到的板材（包括波纹板和平板）称为玻璃纤维增强聚酯板材，简称为 FRP 板材。FRP 板材最初采用手糊成型，其作业环境差，生产效率低下，质量不稳定，劳动强度大，品种单一，不能满足各方面的应用需要。20 世纪 60 年代，美国研制成功连续 FRP 板成型技术。我国于 1985 年开始引进该设备，并陆续开发出自主研发的生产线。2009 年，国内采用连续板成型工艺生产的企业已有数百家，年生产总量约为 4000 万平方米，质量超过 10 万吨，市场销售总额超过 20 亿元。

项目一　**工艺原理及特点**

任务一　基本原理

　　·连续板成型工艺是指在薄膜上用树脂浸渍短切粗纱连续成型平板或波纹板的一种方法。设备原理及生产过程如下。

　　① 自动配料和树脂浸渍　树脂、催化剂及引发剂通过比例泵，被准确计量后进入混合器。均匀混合后的树脂落在张紧的下薄膜上，经过压辊、刮刀等专门机构形成树脂层，增强材料落到树脂层、辊压、浸渍、脱泡。树脂的施放数量由可调的刮刀进行控制。

　　② 凝胶、成型与固化　树脂浸渍纤维层带通过不同的模板逐步形成要求的波形，然后进入固化炉，来自热交换器的热空气和夹层带自身固化放出的热，使夹层带固化定型。

　　③ 薄膜卷取　离开加热炉后的波纹板在空气中冷却，下薄膜可以揭开并反卷，以备处理。

　　④ 玻璃钢板材切割　固化了的波纹板经过牵引机牵引进入切割装置，首先用能够调节的边锯将产品切成要求的宽度，再由横切锯将产品切成要求的长度。切割时采用水冷却切割锯片并除尘，含有粉尘的水浆经沉淀池深水沉淀后排出。

　　⑤ 设备控制　按照工艺要求，设备控制保证生产正常进行。

任务二　特点及应用

　　与其他材质板材相比，FRP 板材具有以下优异特性。

　　① 轻质高强　FRP 板材密度为 $1.40 \sim 1.45 \text{g/cm}^3$，弯曲强度 $>190\text{MPa}$，拉伸强度 $>100\text{MPa}$。

　　② 防腐、耐候性强　FRP 板材的耐酸碱性、耐盐雾性大大优于金属板材，使用寿命 10 年以上，特殊材质/工艺的制品可达 25 年以上。另外，可根据使用要求，在 FRP 板材表面贴覆不同功能的薄膜或增加涂层，保护产品表面，进一步提高耐候性。

　　③ 长度任意性，生产效率高　由于是连续成型工艺，因此理论上可以生产无限长的板材，可根据需求任意切割。每台设备日生产能力达到 5000m 以上。

　　④ 断面可设计性　FRP 板材可根据设计要求，考虑自身成型的工艺特点，设计不同形状、功用的断面，与其他建筑材料匹配良好。

　　⑤ 颜色、透光度任意控制　板材的透光率可以在一定范围内进行调节，颜色可通过调整配方来实现。

　　由于具有上述特点，FRP 板材被广泛应用在花卉、蔬菜、水产养殖温室、工业厂房及建筑屋顶的采光，太阳能热水器盖板等诸多方面。

一、透光类板材

　　透光类板材俗称采光板（采光带），这类板材也是国外最早研发连续成型工艺的主要目标，当时主要应用于温室大棚、水产养殖等需要透光的场所。海湾战争爆发期间，首先由美国军队大规模使用于钢结构营地、仓库等。由于其安装方便快捷、建筑周期短、外形美观、可设计性强、成本与传统砖混结构建筑的接近,所以海湾战争后,轻钢结构厂房在建筑领域得到了大量的推广使用,钢结构建筑得以大规模发展。轻钢结构厂房使用的彩色钢板形状多种多样,要求采光材料也要有多种多样的板型与之配合,FRP 采光板恰好有这方面的优良特性。因此采光板也得到了大量的推广,从传统的农牧业逐渐转移到建筑行业,同时采光板在建筑上的使用也由以前的几十、几百平方米发展到目前的一个大型项目都能达到 10 万平方米以上。如 2004 年沈阳机床厂新建厂房采光板达到了近 11 万平方米。这种大跨度安装采光板,尽管建筑成本相对较高,但是能减少灯光照明,节约了后续照明电费。

下面就目前透光类 FRP 连续成型板材的使用分别予以介绍。

1. 温室大棚、水产养殖等

FRP 连续成型采光板在农牧业方面主要用于温室大棚和水产养殖等,用以解决玻璃等传统材料存在的易碎裂、安装复杂、维修成本高等缺点。该类建筑物跨度较小,檩条间距不会太大,一般为 600~900mm,高度不高,设计风载不大,所以一般经常选用平板或小波纹形板材,如 63 波纹型、Q9000 型。

在畜禽养殖业中主要以透光性采光板的牛棚、鸡舍居多,一般尾架和檩条多为木结构或钢筋混凝土结构,屋面板为透光板,如图 8-1。考虑空气流通,一般还安装有换气通风设备。

图 8-1 温室大棚的采光板

2. 厂房、仓库等

在厂房、仓库建筑中,透光类板材主要应用于屋面采光、侧墙采光、连跨厂房内部隔断用采光及屋脊通风器,这方面是透光类板材用量最大的一个领域。图 8-2 为厂房的采光板侧墙。

图 8-2 厂房的采光板侧墙

采光面积按厂房的使用要求一般为 3%～14% 甚至更多。根据厂房、仓库的采光设计要求，采光位置的布置分为点式采光、带式采光（纵向、横向）和整坡屋面采光三种。

按照使用场合，FRP 采光板分为标准型、一级阻燃型和二级阻燃型。普通厂房及仓库一般选用标准型 FRP 采光板，钢铁厂一般较多采用阻燃型采光板，大型钢铁厂更多地选择一级阻燃型，中小型钢铁厂选用二级阻燃型居多。

2002 年，上海消防局提出，建筑行业必须使用非阻燃型的标准型板材，火灾一旦发生，采光板须快速燃烧作为排烟通道以便人员快速撤离，以免窒息而死。该理念已被国内更多的消防部门认可。

3. 交通枢纽站等公共设施场所

此前这些场所多数采用 PVC 板，后来使用 PC 类板材（卡普隆板、阳光板、中空板、耐力板都属于此类范畴）。由于该类材料为单一材质，透明度较高，很受使用者的喜爱，但随着使用过程中出现的一系列问题，例如 PVC 板的使用寿命较短，有些产品还不到一年就无法使用；强度太低，不能承受正常的载荷而断裂，失去使用功效；PC 中空板出现裂纹，进入灰尘，且不易逸出，热膨胀系数与金属钢材相差太大，材料温差引起内应力，造成无法修复的漏水。

FRP 板材接近钢材的热膨胀系数，能使建筑物的防渗漏效果大大增强，并且力学性能也能满足设计要求的强度指标，方便灵活的形状具有可设计性，各种不同的颜色也能满足不同的审美要求。因此 2002 年后，FRP 采光板的使用逐步成为主流，PVC、PC 类板材逐步淡出钢结构采光市场。图 8-3 为轻轨站的采光板。

4. 体育场馆、会展中心等大型场馆

体育场馆和会展中心的屋面多为弧形，而 FRP 采光板可以自由地弯曲成弧形。以常用的 820 板型为例，厚度 1.5mm，弯曲半径可以达到 8m。体育场馆、会展中心等如果使用夹胶玻璃，采光成本太高，使用一般玻璃不安全，所以更多情况下会选用 FRP 采光板。图 8-4 为采用 FRP 采光板集中采光的体育馆。

图 8-3 采用透明采光板的轻轨站

图 8-4 采用 FRP 采光板集中采光的体育馆

5. 户外帐篷

包括军用帐篷，主要考虑在野外宿营和行军过程中不易破碎，安装便捷，如图 8-5。

6. 民用家居领域

在家庭住宅、阳台、走廊等采光部位，也可以采用 FRP 透光板材，减少玻璃所带来的重

量，还能减少玻璃破碎带来的潜在危险性。防雨棚、车棚也广泛使用，图 8-6 为防雨棚。

图 8-5　户外帐篷

图 8-6　采用 FRP 采光板的防雨棚

7. 太阳能盖板

1.2mm 厚的 FRP 采光板透光率可达到 90%，厚度超过 5mm 的玻璃，其透过近红外线的能力高于玻璃，透过远红外线的能力又低于玻璃，具有良好的抗冲击性。在太阳能利用领域，FRP 采光板不怕冰雹，不怕碰撞，使用安全，光热转化效果优于玻璃等其他透光材料，更好地保证了太阳能吸收设备的使用要求。图 8-7 为太阳能盖板。

图 8-7　太阳能盖板

二、不透光类板材

不透光 FRP 板材的使用场合也很广泛，它是一个非常有潜力的产品系列。FRP 板材具有轻质高强、颜色亮丽、表面平整润泽、抑制细菌滋生、热导率低及很强的可修复性等优点，因此具有很强的应用优势。主要应用场合举例如下。

1. 交通工具壳体和方舱

FRP 板材可用于冷藏车、邮政车、干货车、通信基站方舱等的内衬板、车厢板。此类板材的优点在于重量轻、节能、安全、噪声低、保温隔热性能优良等。尤其在冷藏车及邮政车等场合的应用中，FRP 板材的抗细菌滋生能力也成为了一大突出优势。

以通信基站方舱为例（图 8-8），其厢顶板、前板、侧板、门板均采用 FRP 板材作为厢壁内外蒙皮。保温车厢的中间层为新型无氟聚氨酯发泡材料，通过高强度胶黏剂、螺钉与骨架连接，隔热层厚度达 50～80mm，隔热性能极佳，车厢本体紧密坚实，强度高，表面平整美观，耐腐蚀，抗冲击，耐磨损，易清洗。

2. 内饰板、吊顶板

使用 FRP 板材进行内装饰或吊顶，具有表面光滑明亮、重量轻、不易结垢、除污容易、抗细菌滋生和极好的耐水防潮等优点，国外使用比较广泛，国内一直未能批量生产，现在有些厂家已经开始生产此类板材，但成品率不高。此类板材在行业里面习惯被称为凯斯板，因其表面凹凸，所以也有人称为珍珠板，如图 8-9 所示。以上特性使得该种产品应用于制药厂、宾馆等场所。近期还出现了一些压制的 FRP 吊顶板与之竞争。

图 8-8　通信方舱

图 8-9　珍珠板

3. 防腐、耐酸碱的厂房侧墙、屋面

在很多大型化工厂的生产车间，如生产钛、镍等工厂，以及在生产过程中产生 Cl_2、SO_2 等腐蚀气体的工厂，在此类厂房的维护系统方面很难处理，甚至有些场合即便使用了昂贵的氟碳板都无法完美解决。FRP 板材以其优良的防腐、耐酸性能得到了使用者的青睐，一般此类厂房屋面会全部使用 FRP 连续成型板材。

项目二　**原材料的准备**

任务一　**树脂**

连续 FRP 板所采用的树脂多数都是不饱和聚酯树脂。该树脂除具有较高的机械强度、良好的耐候性和耐冲击性能外，还具有较低的收缩率和黏度，便于对纤维增强体的浸渍。对于采光板而言，树脂的折射率还应与玻纤折射率相匹配或基本相同。由于 FRP 板多适用于户外场合，因此树脂中必须添加紫外线吸收剂。常用的不饱和聚酯树脂的特性如表 8-1 所示。

表 8-1　不饱和聚酯树脂特性

性能	数值	性能	数值
外观	草青色	密度/(g/cm^3)	1.12
黏度(25℃)/(mPa·s)	150~250	折射率(n_D^{20})	1.53~1.55
凝胶时间(25℃)/s	10~16	紫外线吸收剂含量/%	0.3
酸值(以 KOH 计)/(mg/g)	24~30	热稳定性(80℃)/h	≥24
固体含量/%	57~63		

除了树脂外，配制树脂还需要添加引发剂、催化剂甚至是阻燃剂等助剂。在常温固化配方中，引发剂一般采用过氧化甲乙酮，催化剂采用对板材颜色影响小的异辛酸钴。高温配方中，可以采用过氧化苯甲酸叔丁酯（TPPB）或过氧化-2-乙基己酸叔丁酯（TBPO）。另外在加注色浆时，应注意不能用苯乙烯或三氯乙基磷酸酯（TCEP）稀释加入，而应用适量树脂稀释搅拌后注入。用苯乙烯稀释加入会导致板材发脆，强度下降，用 TCEP 有阻聚作用，会导致板材偏软，与抗老化薄膜黏附力下降。常见的常温固化配方如表 8-2。

表 8-2　常温不饱和聚酯固化配方（质量份）

不饱和聚酯树脂	过氧化甲乙酮	异辛酸钴
100	2	0.1~0.5

任务二　增强材料

FRP 板通常选用的增强材料为玻璃布、无捻玻璃粗纱、短切玻璃纤维毡。20 世纪 90 年代初，经常选用玻璃布，生产的板材强度较高，但是外观不好，特别是对于透光板材，工艺控制难度大，制品成品率较低，90 年代后期已不被选用。近几年厂家根据自己的机组不同而选用玻璃纤维短切毡或短切无捻玻璃粗纱。

对于玻璃纤维短切毡，国内通常采用的规格有 EMC300、EMC450 和 EMC600 三种，其中 EMC600 由于搭接处比较明显，影响外观且容易产生废品，现在使用较少。当选用短切无捻玻璃粗纱作增强体时，将定长纤维撒成毡时，应在上方覆盖一层短切玻璃纤维毡，或用涤纶线限制短切纤维的位置，防止纤维与树脂浸渍后经过挤压辊时出现玻纤集聚现象，导致成型板材质量不良。

任务三　辅助材料

现在大多数厂家选择常温固化配方加热快速成型工艺，在树脂配方中用于玻璃钢片材的辅助材料有引发剂、催化剂、色浆（或色胶衣）和各种填料等。恒温固化配方，引发剂现在一般使用过氧化甲乙酮；催化剂是异辛酸钴。异辛酸钴对板材颜色变化影响小，在透明板材生产中优势突出。

高温固化配方使用过氧化苯甲酸叔丁酯（TB PB）或过氧化-2-乙基己酸叔丁酯（TBPO）。与常温固化配方相比，配方生产的板材可有效解决夏季高温下玻璃钢板材生产线树脂进料处出现凝胶现象，性能优越，但相对能耗较高，最终产品没有什么不同。

项目三 工艺流程及质量控制

任务一 成型工艺

根据制品的波纹方向相对于成型过程中制品前进的方向，FRP 板材成型工艺分为横波成型和纵波成型两种，其工艺流程如图 8-10。由于横波成型设备国内没有，国外也很少，实用性不大，这里不再赘述。纵波成型设备既可成型波纹板又可成型平板，由于选用无捻粗纱作增强材料，制品成本较低，机组工作方便，不足之处是机组较长，一般 60~80m。现结合纵波成型设备（图 8-11），对 FPR 板材连续成型工艺进行介绍。

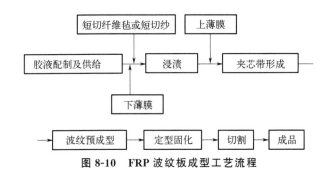

图 8-10 FRP 波纹板成型工艺流程

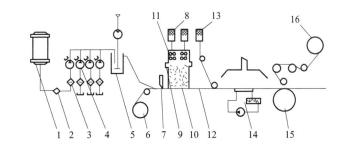

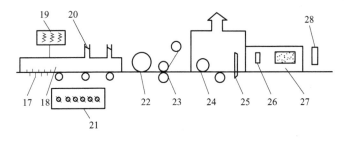

图 8-11 纵向波纹板成型机组示意图

1—高位储罐；2—过滤器；3—树脂计量泵；4—搅拌器；5—混合器；6—下薄膜；7—主刮刀；8—无捻粗纱团；
9—吹气孔；10—沉降室；11—四辊式切断机；12—纤维毡；13—加强纤维；14—加热器；15—厚度控制辊；
16—上薄膜；17—成纹横板；18—加热炉；19—加热管；20—排风扇；21—主控制台；22—牵引辊；
23—薄膜回收辊；24—边切锯；25—横切锯；26—清洗器；27—风干器；28—光电管

1. 工艺流程

① 胶液混合　树脂从高位储罐 1 经过过滤器 2 至树脂计量泵 3，再到混合器 5，经搅拌器 4 搅拌与其他辅助剂混合均匀后流入下薄膜 6（工艺膜）上，下薄膜 6 在牵引辊 22 的拉引下向右移动。

② 纤维切割　胶液在主刮刀 7 作用下向薄膜两边浸延开而形成均匀的胶液层，继续向右移动进入沉降室 10，无捻粗纱团 8 经四辊式切断机 11 切成定长纤维后，由吹气孔 9 吹风使其松散，自由落在胶液涂层上，形成均匀的纤维毡片。为了增加毡的纵向强度和防止纤维移位，在毡片上铺数束纵向连续加强纤维 13。

③ 浸渍脱泡　形成的毡片继续向右移动，经过安装了加热器 14 的平台被充分浸渍和预热，然后覆盖上薄膜 16（防老化膜），再经过压辊和厚度控制辊 15，使气泡充分排出形成夹芯带。

④ 成型裁切　夹芯带向前移动进入加热炉 18，在数排上下成纹横板 17 作用下逐渐形成所要求的波形，在加热炉内被反热器和外加热器升温固化，固化后波纹板离开加热炉后，由卷取机构将下薄膜回收。夹芯带移动由牵引辊 22 完成，边切锯 24 和横切锯 25 将连续波纹板在光电管 28 控制下切成定长，再由清理器和风干器吹干，制成成品。

2. 胶液涂覆量的估算

用于 FRP 波纹板的增强材料有纤维毡或随机分布的短切纤维毡。为提高树脂对增强材料的浸渍性和黏结性，一般选用硅烷型浸润剂对玻璃纤维进行表面活性处理。

薄膜上树脂供给量的多少，决定了制品含胶量的大小，胶液供给量多少与成型时牵引速度、制品厚度和制品含胶量要求有关，胶液供给量可按下式估算。

$$G = \rho V b \mu h / 1000 \tag{8-1}$$

式中　G——单位时间胶液用量，kg/min；

　　　ρ——树脂胶液密度，g/cm^3；

　　　V——成型速度，cm/min；

　　　b——夹芯带宽度，cm；

　　　h——制品厚度，cm；

　　　μ——制品中树脂体积百分含量。

生产中，胶量是由刮刀与下薄膜之间缝隙 h' 来控制的，间隙通常按 $h' = \mu h$ 计。实际生产中，制品中树脂体积含量不易计算，因此通常用下述方法来估算胶液涂覆量。

$$G' = \rho' b h V \lambda \tag{8-2}$$

式中　G'——单位时间胶液用量，kg/min；

　　　ρ'——树脂胶液密度，g/cm^3；

　　　h——制品厚度，cm；

　　　b——夹芯带宽度，cm；

　　　V——成型速度，cm/min；

　　　λ——制品中树脂含量，一般在 64%～70%。

通过式(8-2)进行初步计算，再对胶液供给量和刮刀与下薄膜之间的缝隙进行微调。

3. 增强材料的沉降量

当增强材料选用玻璃纤维短切毡时，则板材厚度和纤维配制量如表 8-3 所示。一般连续生产的 FRP 板材厚度不超过 4mm，如有特殊需要或者特殊板材，可以用短切玻璃毡的组合进行适当调整。

表 8-3　板材厚度与纤维配制量

板材厚度/mm	0.8	1.0	1.2	1.5	2.0	2.5	3.0
短切毡/g	300	450	300＋300	300＋450	450＋450	300＋450＋450	450＋450＋450

当选用短切纤维粗纱作为增强材料时，一般长度要求 50mm 为最佳。玻纤太长分散性不好，太短则制品的强度下降，而且易产生飞丝。对于短切粗纱，其沉降量可通过下式来计算：

$$F = \rho b h V (1 - \lambda) \tag{8-3}$$

式中　F——纤维沉降量，kg/min；

　　　ρ——制品密度，kg/cm³；

　　　h——制品厚度，cm；

　　　b——夹芯带宽度，cm；

　　　V——成型速度，cm/min；

　　　λ——制品中树脂体积含量，一般在 $64\% \sim 70\%$。

也可以通过下式来计算：

$$F = \frac{n T n' 2 \pi D \times 60}{1000} \tag{8-4}$$

式中　F——纤维沉降量，kg/min；

　　　T——公制支数，g/m；

　　　n——无捻粗纱股数；

　　　D——切纱辊直径，m；

　　$2\pi D n'$——切纱辊线速度，m/min；

　　　n'——切纱辊每秒钟转速，m/s。

一般 n' 可通过表盘直接读出，由式(8-3) 和式(8-4) 可知，通过直接调节切纱辊转速就可以控制纤维沉降量。

4. 波纹成型和加热炉各区炉温的确定

在波纹板定型固化之前，必须经过预成型、定型过程。所以，波纹模板模具是连续成型中的关键所在。波纹尺寸精确程度主要取决于成型模板。不同波纹在成型加热固化后收缩形变不同，实际制作模板时不但要有足够的理论知识，还要有丰富的经验，标准模板是由数对上下模板组成，上下模板交错布置在成型架上，模板的波数由前至后依次增加，一直到要求的波数。这样当夹芯带通过时，就有规律地按照模板的变化而变化，达到波纹分明、排列整齐、表面光滑、运行平稳的效果，确保制品固化出炉后具有很好的尺寸精度。

为满足 FRP 波纹板固化的要求，加热炉一般分三个区。每个区炉中的温度以及制品通过的时间，应根据所用树脂的放热曲线和纤维毡浸透性确定。众所周知，在一定温度下，不饱和聚酯树脂的聚合速度是较快的，为使制品在固化过程中易于控制，确保制品质量，一般加热炉可按下述三个区划分确定。

第一区为预成型区，长度为 9m，内装模板，当夹芯带通该区后，夹芯带定型。炉温选择 $55 \sim 65℃$，在该温度下，树脂从受热到凝胶为 3min，机组牵引速度为 3m/min。

第二区为胶凝区，长度为 12m，炉温应控制为 $75 \sim 90℃$，夹芯带通过该区达到凝胶固化。如果生产的板材是一级阻燃类板材，则温度和牵引速度都相应低一些，因为一级阻燃树脂的后段固化放热剧烈，如果此区温度过高会导致后段固化成型区温度太高而导致制品发黄。如果是二级阻燃板，则温度不超过 70℃，后段固化温度更低。

第三区为固化区，长度为 18m，此区没有模板，定型的夹芯带已经有较高的强度，通过此区时继续固化，反应速度急剧增加，放热温度可达 100～110℃，直至达到 85% 以上的固化度。此区温度为 60～85℃，一般此区前段温度高，后段温度低，这样有助于保证板材的质量，特别是透明波纹板。

以上温度为常温固化配方的成型参考温度，如选用高温固化配方，则温度相应调整为110℃、130℃ 和 90℃ 左右。

5. 切割与堆放

FRP 板材后固化初步完成后，经冷却、纵切（去掉两侧毛边）、横切（按要求长度尺寸）、标识成为成品板材。产品堆放应注意板与板之间能紧密贴合的板型如平板、V-820、V-900 等，尽量避免太多层板叠放，因为这样堆放可能会造成后段固化再继续，而固化放热排不出，最后中间的板材会因为高温而变黄。

任务二　常见缺陷及改进方法

固化后，需要对制品进行检查，及时对出现的缺陷进行修复。在连续板成型中，常见缺陷、主要原因及解决措施如表 8-4。

表 8-4　成型常见缺陷、主要原因及解决措施

常见缺陷	主要原因	解决措施
起皱和叠料	局部压力过大导致薄板失稳,正好与拉裂的产生原因相反,影响制件的精度和美观性,影响下一道工序的正常进行	增加起皱处的法向接触力,准确预测材料的流动情况;增加压边力
开裂/减薄	制件中产生肉眼可见的裂纹,导致材料部分失效;通过由薄板平面内的过度拉伸膨胀导致局部拉应变过大	改变法向接触力和切向摩擦力的分布;改善润滑条件;多步拉伸

 拓展知识

我国连续机制板材设备发展

1965 年，国家建筑材料工业部玻璃工业设计院新材料室根据国家发展规划，为研发玻璃钢连续板生产线，开始着手翻译了一些国外的有关资料。

1966 年下半年，因机构变动，新材料室人员一部分调入北京 251 厂。1968 年，由刘南同志负责，开始设计纵波玻璃钢波形瓦生产线，常州 253 厂派了两位专家参加，在原设计图纸的基础上作了一些修改，将预成型区改为几道上下错开的木模板，这种结构简单可靠，因上下模板错开，夹芯带通过时阻力小，不易破裂，成型的波形轮廓分明，表面光滑。玻璃钢瓦横切机工作如图 1 所示。

20 世纪 70 年代，武汉建工学院（现武汉理工大学）、上海化工学院（现华东理工大学）和哈尔滨建工学院（后并入哈尔滨工业大学）的几位老师开始筹备设立玻璃钢专业。

图 1　玻璃钢瓦横切机工作图

1976 年，上海玻璃钢研究所（现为上海玻璃钢研究院有限公司）建成并试生产了仿日本班波株式会社的连续纵波波形瓦成型机，同年通过部级鉴定。1985 年 12 月，上海玻璃钢研究院完善了连续成型波形瓦机组，并进行玻璃钢波形瓦小批量生产。该机组总长为 60m，班产量（7h）为 630～3150kg，其布置示意图如图 2 所示。

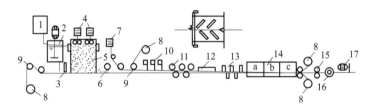

图 2　连续纵波波形瓦成型机组布置示意图

1—树脂储罐；2—搅拌器；3—树脂刮板；4—玻纤粗纱；5—沉降室；6—压辊；7—加强纤维；8—薄膜；
9—均布辊；10—加压钢丝刷；11—压辊；12—刮板；13—成型模板；14—固化室（a—预热定型；
b—定型固化；c—保温）；15—牵引辊；16—纵向切边；17—横向切断

1984 年和 1985 年，秦皇岛耀华玻璃钢厂（现为秦皇岛耀华玻璃钢股份公司）与无锡树脂厂（现为无锡蓝星石油化工有限责任公司）先后和英国普罗菲尔斯层压板公司（Profilcs Laminated Ltd.）签约，引进连续成型玻璃钢波形瓦生产线，其年生产能力为 $1.29 \times 10^6 m^2$，合 9.2×10^5 张/年。

1984 年 11 月，南京绝缘材料厂（现南京费隆复合材料有限公司的前身）与美国俄亥俄化学公司费隆分部（FILON Division Sohio Chemical Compary）签约，引进连续成型玻璃钢波形瓦生产线，其机组布置示意图如图 3 所示，其年生产能力为 $1.8 \times 10^6 m^2$，合 1.28×10^6 张/年，费隆机组可生产板材厚度为 0.6～3.5mm、宽度为 500～1500mm 任意长度的平板、彩条板、汽车墙板、麻面板、太阳能板、厂房采光板、储罐外覆板、挡风板等五大类 128 个品种规格系列的优质板材，其中包括与大多数彩色钢板相同外形的板材，费隆板材还可以提供平板和卷材的形式。与此同时，为与费隆板材的生产配套，南京绝缘材料厂引进了美国 SILMAR 树脂公司的全部树脂配方和工艺技术核心软件，共计 11 大类 106 种规格。费隆机组于 1987 年 7 月投产，2015 年，该线迁至安徽天长市运行，属安徽费隆复合材料有限公司。

进入 21 世纪以来，西方国家致力于发展科技含量高、附加值高的制造技术，玻璃钢板材成品及其连续成型生产设备生产萎缩转而寻求外购。随着我国经济的发展，秦皇岛已是当今国内外制造连续玻璃钢板材生产设备最为集中之地。从平板、纵波波形瓦到横波波形瓦连续成型生产线的系列产品，该地均可提供。

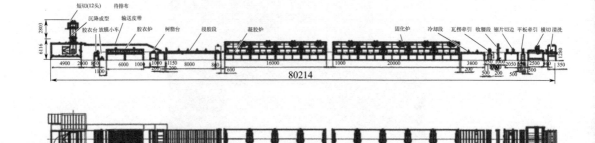

图 3　连续成型玻璃钢波形瓦生产线机组布置示意图

真正意义上的第一条国产连续玻璃钢板材生产线是 20 世纪由耀华玻璃钢厂对引进的英国生产线进行了仿制、优化升级，并加装了上胶衣系统。该生产线并未对外销售，仅供耀华自用（现在仍在使用，2018 年由易扬机械公司升级了牵引机及横切锯）。

2001 年，国内第一条玻璃钢采光板连续成型生产线在秦皇岛市松禾复合材料发展有限公司诞生。标准型、智能型 FRP 采光板生产线如图 4 所示。迄今，松禾出品的 FRP 玻璃钢采光板生产机组以其优良的性价比占领了国内 60% 以上的市场份额，已销往美国、沙特阿拉伯、印度、印度尼西亚、马来西亚、阿塞拜疆、南非、巴西、俄罗斯等多个国家和地区，并已在斯里兰卡建厂。

　　　　　　　　(a)　　　　　　　　　　　　　　　　　　(b)

图 4　标准型 FRP 采光板生产线（a）和智能型 FRP 采光板生产线（b）

据不完全统计，当下国内玻璃钢板材连续生产线约 700 条，台湾省目前仅有的两条线也是秦皇岛制造的。国内第一条可以生产以双组分环氧树脂为基体的玻璃钢板材连续成型生产线（亦可兼容不饱和聚酯树脂和乙烯基酯树脂）已由秦皇岛易扬机械设备制造有限公司研制成功，并于 2019 年在广东投入使用。在此之前环氧树脂基玻璃钢板材只能采用拉挤工艺生产，效率低、产品幅宽受限。

随着经济的快速发展、土木工程事业的迅速发展壮大，连续板材生产的市场需求也会越来越大，这将会带来巨大的经济效益和社会效益。

文章来源：陈博. 国内外复合材料工艺设备发展述评之十——玻璃钢连续板材生产线 [J/OL].复合材料科学与工程，2022: 1-13.

思考题

1. 请简述连续板成型的特点。
2. FRP 板可分为哪几类?
3. FRP 板成型工艺可分为哪几类? 请对最常用的一种进行简述。
4. FRP 板中薄膜的作用是什么? 是否可以回收?
5. FRP 板成型对树脂的要求是什么?

模块九

缠绕成型工艺

　　缠绕成型最早出现在 20 世纪 50 年代，是把连续的纤维经浸渍树脂胶液后，在一定的张力作用下，按照一定的规律缠绕到相应于制品内腔尺寸的芯模或内衬上，然后通过加热或常温固化成型，制成具有一定形状的制品的方法。缠绕成型是一种复合材料机械化程度很高的制造技术，可以充分发挥复合材料的特点，使制品最大限度地获得所要求的结构性能，因此得到迅速的发展和广泛的应用，特别是在航空航天领域，纤维缠绕复合材料具有高比强、高比模量、绝缘、耐烧蚀等优异性能，被认为是最理想的宇航领域结构材料之一。

项目一　　工艺原理及特点

任务一　　基本原理

缠绕成型工艺是将浸过树脂胶液的连续纤维（或布带、预浸纱）按照一定规律缠绕到芯模上（图 9-1），然后经固化、脱模，获得制品的工艺。

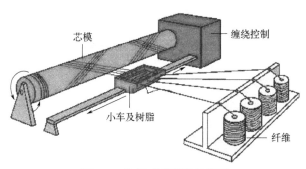

芯模　　　　　缠绕控制

小车及树脂

纤维

图 9-1　缠绕成型原理示意图

任务二　　工艺特点及分类

一、缠绕成型的优点及局限

1. 缠绕成型的优点

缠绕成型的纤维是加张力后卷缠的，纤维含量高，最高可达 80%，强度较高，并且可以通过纤维排布的方向，得到性能均一稳定的制品，生产效率高。因此，缠绕成型跟其他成型工艺相比，具有以下优点：

（1）比强度高

缠绕成型玻璃钢的比强度是钢的 3 倍、钛的 4 倍。这是由于该产品所采用的增强材料是连续玻璃纤维，拉伸强度很高，甚至高于高合金钢，并且玻璃纤维的直径很细（一般为 $5\sim20\mu m$），由此使得连续玻璃纤维表面上微裂纹的尺寸较小且数量较少，从而减少了应力集中，使得连续纤维具有较高的比强度。此外，连续纤维特别是无捻粗纱由于没有经过纺织工序，其比强度损失大大减少。

（2）应力集中少

由于采用了连续玻璃纤维无捻粗纱，可以避免布纹交织点与短切纤维末端的应力集中。在玻璃钢产品中，在玻璃纤维两端产生的拉应力为零，向纤维内部逐渐增加，应力曲线平滑连续。而就纤维与树脂之间的剪切应力而言，纤维的两端最大，中间区域为零。显然，短切纤维端部的剪切应力集中是造成纤维和树脂界面破坏的重要原因。因此缠绕成型的玻璃钢制品内部的应力集中少，强度高。

（3）产品具有等强度结构

缠绕成型工艺可使产品结构在不同方向的比强度最佳。也就是说，在纤维缠绕结构的任何方向上，可以使设计的制品的材料强度与该制品材料实际承受的强度基本一致，使产品实现等强度结构，例如：内压缠绕成型的薄壁容器的环向应力是轴向应力的2倍，而无论增强材料采用玻璃纤维布还是玻璃纤维毡，制品的轴向强度均有剩余，缠绕成型的制品可实现等强度。

目前，缠绕成型工艺是各种玻璃钢成型方法中机械化、自动化程度较高的一种。该工艺采用的增强材料大多是连续纤维——无捻粗纱和无纬带材料，减少了玻璃纤维布、毡等的纺织及加工费用，因此，相对降低了玻璃钢制品的成本。但是，纤维缠绕成型玻璃钢制品也有其局限性。

2. 缠绕成型的局限

（1）制品中孔隙多

在缠绕，特别是湿法缠绕过程中易形成气泡，造成制品内孔隙过多，降低了层间剪切强度并降低了压缩强度和抗失稳能力。因此，在生产过程中，应尽量采用活性较强的稀释剂，控制胶液黏度，以改善纤维的浸润性及适当增大纤维张力等措施，便于减少气泡和减小孔隙率。

（2）开孔周围应力集中程度高

作为一个缠绕制品，为了连接配件而开口进行的切割、钻孔或开槽等都会降低缠绕结构的强度。因此，这要求结构设计合理，制品完全固化后尽量避免切割、钻孔等破坏性的加工，否则应在开孔、切割处进行局部加强。

（3）制品形状有局限性

到目前为止，缠绕制品多为圆柱体、球体及某些正曲率回转体，如管、罐、椭圆运输罐等。非回转体或负曲率回转体制品的缠绕规律及缠绕设备比较复杂，需要更深入研究。

3. 缠绕工艺的应用

纤维缠绕成型通常适用于制造圆柱体、圆筒体、球体和某些正曲率回转体制品。在国防工业中，可用于制造导弹壳体、火箭发动机壳体、枪炮管等。这些制品大都以高性能纤维为增强材料，树脂基体以环氧树脂居多。而民用工业中则采用价格便宜的无碱玻璃粗纱，基体树脂以不饱和聚酯代替环氧树脂，并简化缠绕设备以利于规模生产。

（1）压力容器

纤维缠绕玻璃钢压力容器有受内压和外压两种形式。目前其使用领域不断扩大，在工业、军工业中获得比较广泛的应用。图9-2为纤维缠绕玻璃钢压力容器罐。

图 9-2　压力容器罐

（2）大型储罐和铁路罐车

缠绕成型玻璃钢大型罐车及储罐（图9-3）可以用来储运酸、碱、盐及油类介质。它具有重量轻、耐腐蚀和维修方便等优点。

图 9-3　大型罐车及储罐

（3）化工管道

纤维缠绕玻璃钢管道（图 9-4），主要用来输送石油、水、天然气和其他流体，用于油田、炼油厂、供水厂和一般化工厂，具有防腐、轻便、安装和维修方便的特点。

图 9-4　纤维缠绕玻璃钢管道

（4）军工产品

纤维缠绕工艺可成型火箭发动机壳、火箭发射喷管、储能容器、天线架、高速飞机雷达罩。图 9-5 为缠绕成型制备的火箭发动机壳和飞机雷达罩。

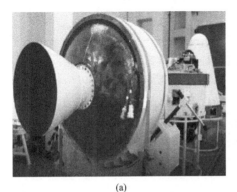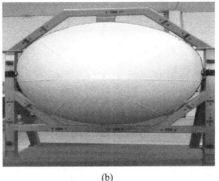

(a)　　　　　　　　　　　　　　　　　　(b)

图 9-5　火箭发动机壳（a）和飞机雷达罩（b）

目前，缠绕成型工艺的最新发展是把纤维缠绕技术同先进的复合材料技术相结合。硼纤维、碳纤维及特种有机纤维等高强度、高模量材料正在被应用；新型耐热性能好的聚合物基材也在被研究；高精度的数控加工设备，将使复合材料在航空航天方面的应用得到拓展，进一步扩大了缠绕成型的应用范围。

二、缠绕成型分类

根据缠绕时树脂所具备的物理化学状态不同，在生产上将缠绕成型又分为干法、湿法和半干法三种缠绕形式。

1. 干法缠绕成型

干法成型，是将连续的玻璃纤维粗纱浸渍树脂后，在一定温度下烘干一定时间，除去溶剂，并使树脂胶液从 A 阶段转到 B 阶段，然后络纱制成纱锭，缠绕时将预浸纱带按给定的缠绕规律直接缠绕于芯模上的成型方法。该法制成的制品质量比较稳定，缠绕速度快（速度可达 $100\sim200\text{m/min}$），工艺过程易于控制，设备比较清洁，劳动卫生条件较好。这种工艺方法容易实现机械化、自动化。

2. 湿法缠绕成型

湿法成型，是将连续玻璃纤维粗纱或玻璃布带浸渍树脂胶后，直接缠绕到芯模或内衬上而成型再经固化的成型方法。湿法缠绕工艺设备比较简单，对原材料要求不严，可选不同材料。因纱带浸胶后马上缠绕，对纱带的质量不易控制和检验，同时胶液中尚存大量溶剂，固化时易产生气泡，缠绕过程中纤维的张力也不易控制。缠绕过程中的每个环节，如浸胶辊、张力控制器、导丝头等，需要经常维护，不断刷洗。

3. 半干法缠绕成型

半干法缠绕成型工艺与湿法相比增加了烘干工序，与干法相比，缩短了烘干时间，降低了胶纱烘干程度，可在室温下进行缠绕。这种成型工艺，既除去了溶剂，提高了缠绕速度，又减少了设备，提高了制品质量。

项目二 原材料的准备

纤维缠绕成型所用的主要材料有用作基体的树脂体系和连续纤维增强材料。

任务一 树脂

树脂基体材料以环氧树脂、不饱和聚酯树脂、酚醛树脂等用量较大。某些高性能缠绕制品通常采用环氧树脂为基体。军用耐热、耐烧蚀、耐高温气体冲刷的制品以酚醛树脂为基体。民用产品大都采用不饱和聚酯树脂为基体，防腐产品也有用环氧树脂为基体的。根据制品要求进行树脂的调配，调配好的胶液黏度一般在 $200\text{mPa}\cdot\text{s}$，黏度太高裹挟的气泡不易排出，降低结构的密实性，剪切强度降低。表 9-1 为 E51 环氧树脂胺类固化体系配比。

表 9-1 E51 环氧树脂胺类固化体系配比

原料	质量份	原料	质量份
E51 环氧树脂	100	二丁酯（化学纯）	20
B-63 环氧稀释剂	20	KH-550	1
丙酮（工业）	6	四乙烯五胺	12

任务二　增强材料

纤维增强材料主要采用有捻纤维和无捻纤维两种，就其环向强度而言，无捻纤维要高于有捻纤维，但从工艺性能上来看，无捻纤维在加工中易发生松散、起毛，其张力也难以控制，对缠绕成型操作不利。可用于缠绕成型的连续纤维材料有玻璃纤维、碳纤维、芳纶、超高分子量聚乙烯纤维和金属纤维等。国内目前使用最多的还是玻璃纤维。为制造导弹、火箭发动机壳体和炮管等，国内也采用了碳纤维、芳纶、玻纤/碳纤维混杂纤维和玻纤/芳纶混杂纤维等。

任务三　辅助材料

一、内衬

由于纤维增强复合材料制品有一定的渗透性。用其作内压容器时，还会在压力作用下，产生渗漏现象。为解决这一现象，通常用内衬加以解决。内衬主要起密封作用。若内衬强度和刚性较高，可不用芯模直接在内衬上缠绕。若内衬强度和刚性较差，缠绕时还必须加用芯模，或在芯模上缠绕成型后再加内衬。内衬材料最起码的特性是气密性好，一般选用铝材、橡胶或某些塑料。

1. 铝内衬

用作内衬的铝具有气密性、延展性、可焊接性、耐疲劳性和耐腐蚀性好等优点。铝内衬主要由筒身、封头、接嘴和接尾四部分组成。其中，筒身和封头可用纯铝作内衬，而接嘴材料应该采用强度高的铝合金。

2. 橡胶内衬

橡胶内衬的优点是气密性好、弹性高、耐疲劳性好、制造工艺简单等。但由于其强度低，必须加芯模才能缠绕。

3. 塑料内衬

塑料内衬的特点与橡胶内衬基本相同，也必须加芯模方可缠绕。

二、封头

纤维缠绕压力容器都需要有封头或接头。像大型固体火箭发动机壳体一类的容器还需要多喷管封头。在某些应用中，封头技术很简单，只要把金属封头或塑料封头用胶黏剂和筒身连接起来即可（在缠绕期间或缠绕之后进行粘接均可）。例如，对带绕的发动机壳体来说，用结构胶黏剂把封头和筒身粘接起来是唯一的实用方法。为此，需把封头的连接段设计成杯形，以便搭接或嵌接。如内压荷载很高，则需采用搭接。针对这种用途，目前正在试制能够将结构荷载由一边传递到另一边的新型胶黏剂。

除了结构胶黏剂外，普遍采用的是螺旋形缠绕法，也就是按螺旋形把纤维缠到封头和筒身的连接段上。

三、芯模

复合材料制品在固化前是不定型的物体，只有将其附着于芯模上，经过固化才能得到所要求的产品。因此，芯模是决定制品尺寸、形状的重要部分，对产品的使用性能也有重要影响。工艺中对芯模的要求相对比较严格，应根据所采用的缠绕方法（湿法或干法）以及生产中采用树脂的种类分别进行设计。不管采取哪种方法，均要求芯模：①能承受因缠绕操作而引起的工作载荷；②在使用过程中，要保证制品尺寸和外形；③能经受住固化温度；④便于脱模。常用的芯模通常为实心结构，便于拆卸、易于脱模、表面光滑、强度高，可满足缠绕机操作要求。

制备一个理想的芯模，选材至关重要，可以由单一材料制造，也可以由多种材料组合而成。根据制造芯模的材料不同以及组合形式，芯模可分为如下几种：

① 不可卸式金属芯模　这类模具通常可由钢、铝、铸铁等浇注而成，也可以焊接而成。它既是内衬又是芯模，适用于内压器的成批生产。

② 可卸式金属芯模　若绕制带封头而又不需要将它切掉的筒形容器时，可用拆卸式芯模。这种芯模是由多块零件拼凑而成的筒形物，它的内部是用圆盘形肋板作为撑架，而后再用螺栓把各块零件连接在一起。制造制件时，待制件硬化后，拧下螺栓并拆除圆盘，组合芯模的各零件便散落下来，可从极孔中抽出。用这种芯模的成型工艺比较复杂。

③ 可敲碎式芯模　这种芯模是用石膏、石膏-砂、石蜡或陶土等制成的。这种芯模待制品硬化后拆模时，可将芯模打碎或用水冲刷。例如向制成的容器内部加入水和金属小球，连续转动，便可将芯模冲成泥浆倒出，清洗干净即可。这种芯模造价低廉，但只能用一次，而且制造过程较麻烦。

④ 橡皮袋芯模　对于直径不大的筒形制品，可以用压缩空气吹胀的橡皮袋作芯模。当制品绕完并硬化后，放掉压缩空气，即可从壳体极孔把橡皮袋取出。对于大直径制品来说，橡皮袋芯模是不适合的，因为它的变形太大。球形壳体也可采取这种芯模。

⑤ 组合芯模　包括金属-橡胶、金属-石膏等多种组合芯模。例如先将石膏做成圆盘肋板，肋板外周刻有半圆形槽孔，再将金属管子放在槽孔中，使许多管子组成一个圆柱体，并在管子上涂一层石膏，而后加工到需要的直径和表面粗糙度。在其两端装上石膏封头后即可作为芯模使用。制造制品时，当制品缠绕完并硬化后，打碎圆盘的肋板，管子就掉下来，再从模孔中抽出。

项目三　工艺流程及质量控制

任务一　成型工艺

如前面所述，缠绕成型可分为湿法和干法两种，其工艺流程分别如图9-6和图9-7。如果制备的是厚壁制品，需要增加一次缠绕过程，即在第一次固化后，对表面进行打磨，从而进行二次缠绕，提高产品的厚度及强度。

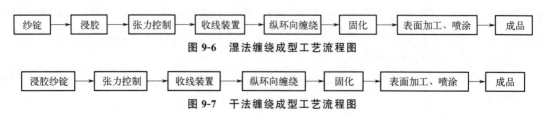

图 9-6　湿法缠绕成型工艺流程图

图 9-7　干法缠绕成型工艺流程图

一、缠绕规律

缠绕规律是研究绕丝嘴/导丝头与芯模之间相对运动的规律，是纤维均匀、稳定、规律地缠绕在芯模上的重要前提。通过对缠绕规律的分析,可以确定具体产品的最佳缠绕工艺,找出制品结构尺寸与线型、绕丝嘴与芯模相对运动之间的定量关系。缠绕规律总结起来主要有三种。

1. 纵向缠绕

纵向缠绕,又称平面缠绕。缠绕时,绕丝嘴固定在一个平面内做圆周运动,该缠绕纱带与芯模纵轴承有0°~25°的夹角,称为缠绕角,而芯模则绕自己的中心轴做间歇转动。绕丝嘴转一周,芯模转过与一条纱带宽度相对应的角度,如图9-8所示。这种规律主要用于球形、扁椭圆形以及短粗筒形容器的缠绕。这种缠绕在头部易出现架空现象,影响强度。

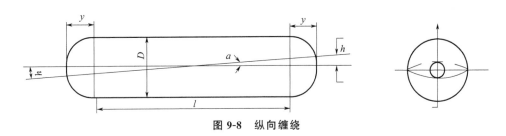

图 9-8 纵向缠绕

2. 环向缠绕

环向缠绕是沿芯模圆周方向进行的缠绕,如图9-9所示。绕丝嘴沿着芯模轴线方向做缓慢的往返运动,而芯模则绕自己的轴线做均匀的转动,芯模转一周,绕丝头移动一条纱带宽的距离。环向平面缠绕设备简单,质量容易保证,并能使环向强度增大,充分发挥纤维的强度。但是,环向缠绕只能在筒身段进行,不能缠到封头上去,邻近纱片相互紧挨,但是不相交。一般内压容器的成型都采用环向缠绕和径向缠绕相结合的方式。

3. 螺旋缠绕

螺旋缠绕也称测地线缠绕。缠绕时,芯模绕自己轴线匀速转动,绕丝嘴按特定速度沿芯模轴线方向往复运动,于是,在芯模的筒身和封头上就实现了螺旋缠绕,如图9-10,其缠绕角为12°~70°。在螺旋缠绕中,纤维缠绕不仅在圆筒段进行,而且在封头上进行,纤维从容器一端的极孔周围上某点出发,沿着封头曲面上与极孔圆相切的曲线绕过封头,随后按螺旋线轨迹绕过圆筒段,进入另一端的封头,如此循环下去,直到芯模表面均匀布满纤维为止。由此可见,纤维缠绕的轨迹是由圆筒段的螺旋线和封头上与极孔相切的空间曲线所组成,在缠绕过程中,纱片若以右旋螺纹缠到芯模上,返回时则以左旋螺纹缠到芯模上。螺旋缠绕的特点是每条纤维都对应极孔圆周上的一个切点,相同方向邻近纱片之间相接不相交,不同方向的纤维则相交,这样当纤维均匀缠满芯模表面时,就构成了双层纤维层。

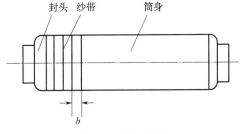

图 9-9 环向缠绕

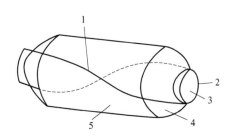

图 9-10 螺旋缠绕

1—螺旋缠绕纤维;2—切点;3—极孔圆;4—封头曲线;5—筒身段

由于纵向缠绕、环向缠绕规律较简单，且在一定条件下可以看作螺旋缠绕的特例，所以以下主要以螺旋缠绕来设计成型工艺。

二、纤维缠绕线型设计

所谓线型，是指连续纤维缠绕在芯模表面上的排布型式。纤维缠绕线型设计（简称绕线设计）是纤维缠绕制品工艺设计的重要内容之一，在缠绕工艺过程中起着关键作用。对于一个具体制品来说，在原始尺寸、容器工作压力及极孔等给定条件下，如何设计缠绕线型至关重要。现就纤维缠绕制品绕线设计中考虑的问题简述如下。

1. 缠绕角的初步设计

缠绕制品各缠绕角由下列条件初步确定。

（1）强度要求

容器强度计算，通常可分内压、外压、轴压、弯曲及局部受荷等情况，都各有专门计算公式。

如圆筒形内压容器，纵向强度公式为

$$\delta_1 = pR/(2t) \tag{9-1a}$$

式中　δ_1——容器的纵向应力；

　　　p——容器承受的内部压力；

　　　R——圆筒容器的半径；

　　　t——纵向纤维加环向纤维厚度。

如果纤维缠绕角为 α，则应有

$$\delta_1 \leqslant [\delta] K \cos^2\alpha \tag{9-1b}$$

式中　$[\delta]$——纤维的许用应力；

　　　K——纤维纵向强度发挥系数，取 $0.75 \sim 0.95$。

环向强度公式为

$$\delta_2 = pR/t \tag{9-2}$$

式中　δ_2——环向应力，分别由环向纤维层和纵向纤维层承担。

$$\delta_2 t \leqslant \delta_{02} t_2 + \delta_{12} t_1 \tag{9-3a}$$

式中　t_2——环向纤维厚；

　　　t_1——纵向纤维厚；

　　$\delta_{02} t_2$——环向纤维层承担的一部分环向内力；

　　$\delta_{12} t_1$——纵向纤维层承担的另一部分环向内力。

$$\delta_{12} \leqslant [\delta] \sin^2\alpha \tag{9-3b}$$

上述公式（也有采用纤维股数、层数或质量计算的）说明壳体强度与纤维缠绕角 α 关系密切，当内压与壁厚给出后缠绕角也随之确定。

而外压容器破坏压力公式之一，采用的是薄壁壳体弹性屈曲理论方程式。

$$p_{KP} = \frac{2.42E}{(1-\mu^2)^{0.75}} \times \frac{\left(\dfrac{t}{D}\right)^{2.5}}{\dfrac{L}{D} - 0.45\left(\dfrac{t}{D}\right)^{0.5}} \tag{9-4}$$

式中　p_{KP}——临界破坏压力；

　　　E——弹性模量；

μ——Poisson 系数，取 0.10~0.15;

L——长度;

D——平均直径;

t——壁厚。

实际上，该公式只适用于各向同性材料，对纤维缠绕复合材料则应尽量使缠绕角分布均匀，如采用 45°缠绕角等办法。因此，外压容器给定破坏载荷后，随着缠绕铺层的确定，缠绕角也相应被确定。

还有其他受力情况不再一一举例，总之外荷给定后，其缠绕角便可相应被确定。

（2）功能使用要求

制品的结构形式、壁厚也随其功能使用要求不同而异，常有等厚度、定厚度、变厚度、定缠绕角及变缠绕角等情况。

如圆锥体等厚缠绕，其缠绕角公式为

$$d\cos\alpha_d = D\cos\alpha_D \tag{9-5}$$

式中　d——圆锥段小端直径;

D——圆锥段大端直径;

α_d——小端 d 处缠绕角;

α_D——大端 D 处缠绕角。

对圆锥体采用螺旋缠绕要想达到等厚度要求，其缠绕角分布只能按式(9-5)进行计算。有时功能使用上还有些特殊要求，如卷两层玻璃布做内衬，这时就需要用环向或大缠绕角进行缠绕。

2. 缠绕角验算与调整

（1）测地线缠绕

采用测地线缠绕排线最稳定、不滑线，缠绕角可根据公式调整，故人们最愿意设计成测地线缠绕。对回转体通常测地线缠绕公式为

$$\frac{\sin\alpha_0}{\sin\alpha_i} = \frac{d_i}{d_0} \tag{9-6}$$

式中　d_0——回转体某确定点直径;

d_i——回转体任意点 i 处直径;

α_0——某确定点 d_0 处已知缠绕角;

α_i——任意点 i 处测地线缠绕角。

如端头上的测地线缠绕，在开口处 $\alpha_0 = 90°$，式(9-6) 应改为

$$\sin\alpha_i = \frac{d_0}{d_i} \tag{9-7}$$

这里 d_0 指端开孔直径，d_i 指端头上任意点 i 处直径。

（2）非测地线稳定缠绕的验算

由于涉及的理想缠绕往往偏离了测地线或者涉及的是测地线缠绕而工艺上无法实现，这时出现非测地线缠绕，需要进行稳定验算。现将几种简单非测地线缠绕验算公式简述如下。

① 筒身圆柱体段

$$L \leqslant \pm\frac{2R}{f}\left(\frac{1}{\sin\alpha_0} - \frac{1}{\sin\alpha}\right) \tag{9-8}$$

式中　L——圆柱计算段长度，凡缠绕角梯度改变的部分，均应按一个计算段考虑;

α_0、α——圆柱计算段部缠绕角；

R——圆柱段半径；

f——纤维层间与芯模表面的摩擦因数，对玻璃纤维取 $f=0.10\sim0.13$。

式（9-8）可对缠绕角沿筒身变化的圆柱体、带端头大小开孔容器的筒身段、无端头缠绕的两端部段以及扩口缠绕筒身段等进行稳定验算。亦可做半锥角很小的圆锥体的非测地线稳定缠绕的近似公式。

② 圆（椭）球面端头段

对于球面端头，其近似解公式为

$$\sin\frac{\Delta\alpha}{2}\approx\pm\frac{\pi}{2m}f \tag{9-9}$$

式中 $\Delta\alpha$——非测地线稳定偏差角；

m——纤维缠绕轨迹所在截面圆或椭圆周长与缠绕轨迹弧长之比。

详细解公式较复杂，这里只给出计算结果。

带开口端头非测地线稳定偏差角列于表 9-2 中。

表 9-2 带开口端头非测地线稳定偏差角

H/R	r_0/R	$[\Delta\alpha]/(°)$	H/R	r_0/R	$[\Delta\alpha]/(°)$
	0.14	9.1		0.14	4.5
0.30	0.43	8.2	1.0	0.43	4.6
	0.86	5.2		0.86	4.7
	0.14	4.0		0.14	5.9
0.70	0.43	4.7	0.50	0.43	5.8
	0.86	4.0		0.86	3.6
	0.14	7.0		0.14	5.0
0.40	0.43	6.3	0.15	0.43	5.1
	0.86	4.0		0.86	5.8

注：H/R—端头回转母线椭圆半径比；r_0/R—端头开口比；$[\Delta\alpha]$—非测地线稳定偏差角。

在保持原绕丝嘴运动规律不变的情况下，缠绕工艺常需扩口缠绕，以便端开口处不致堆积过厚，此时也应采用表 9-2 验算。

③ 圆锥体段

$$\cos\beta\ln\frac{D}{d}=\pm\frac{2}{f}\int_{\alpha_1}^{\alpha_2}\phi(\alpha)\cos\alpha\,d\alpha \tag{9-10}$$

式中 β——圆锥体的半锥角；

D——圆锥体的大端直径；

d——圆锥体的小端直径；

α_1、α_2——圆锥体计算段部测地线与非测地线缠绕角。

$$\phi(\alpha)=\frac{\left[\dfrac{\cos^2\beta}{4+\cos^2\beta(K_1-K_2)^2}\right]^{1.5}\{(K_1+K_2)^2+[1+0.5K_3(K_1-K_2)]\}^{1.5}}{0.5\cos\beta(K_1+K_2)\{[1+0.5K_3(K_1-K_2)]\}^{0.5}}$$
$$\times\frac{\{[1+(K_1-K_2)(0.5K_3-K_4)](K_1-K_2)^2\}^{1.5}}{\{[1+(K_1-K_2)(0.5K_3-K_4)]\}^{0.5}} \tag{9-11}$$

其中，$K_1=\dfrac{1}{\sin(\alpha-\beta)}$；$K_2=\dfrac{1}{\sin(\alpha+\beta)}$；$K_3=\cos\alpha\sin\beta$；$K_4=\sin\alpha\cos\beta$。

④ 变截面回转体

任意点的非测地线温度缠绕角为

$$\sin\alpha=\left[\frac{1}{\sin\alpha_0}\pm\frac{f}{2}\int_0^{L_x}\frac{\mathrm{d}x}{f(x)}\right]^{-1} \tag{9-12}$$

式中 α_0、α——L_x 段长之一端测地线与非测地线缠绕角；

L_x——回转体任意段长度；

$f(x)$——回转体母线函数。

⑤ 矩形截面

非测地线稳定缠绕判别式

$$|\cos\Delta\alpha_b'-\cos\Delta\alpha_a'|\leqslant\sqrt{2}\sin\alpha_{相}f|\cos(\varphi'+\Delta\alpha_b')| \tag{9-13}$$

其中，
$$\left.\begin{array}{l}\Delta\alpha_a'=\alpha_a'-\alpha_{相}；\\\Delta\alpha_b'=\alpha_{相}'-\alpha_b'；\\\varphi'=90°-\dfrac{\Delta\alpha_a'+\Delta\alpha_b'}{2}\end{array}\right\} \tag{9-14}$$

α_a'、α_b'——矩形截面 a、b 侧面缠绕角；

$\alpha_{相}$——矩形截面的"相当圆"缠绕角。

(3) 缠绕"架空"验算

① 圆锥体小端与圆柱体相连 采用椭圆法求得的"架空"高度为

$$\Delta S=\frac{r\sin\alpha\cos\beta\sqrt{\sin(\alpha+\beta)\sin(\alpha-\beta)+2\cos\alpha\cos\beta\sin\alpha\sin\beta}}{\sin(\alpha+\beta)\sin(\alpha-\beta)+\cos\alpha\cos\beta\sin\alpha\sin\beta}-r \tag{9-15}$$

式中 r——圆柱体半径；

α——缠绕角；

β——圆锥体的半锥角。

② 圆柱体与球相连接 在球面上选一点，以切线做母线形成回转体圆锥。此时变成圆锥与圆柱相连接，计算同前。

③ 调整

经过验算后，将缠绕角重新进行反复调整，直到工艺上不滑线、不严重"架空"时为止。

3. 缠绕角及中心角计算

(1) 端头段

① 缠绕角：测地线缠绕角同式(9-7)。

② 缠绕中心角：取"平面假设法"代替"短程线（测地线）法"，采用修正值公式。

$$\theta_e=90°+\arcsin[(2l_e\tan\alpha-d_0)/D]-\Delta \tag{9-16}$$

式中 θ_e——端头段的缠绕中心角；

α——端头和筒身相连接处的缠绕角；

l_e——端头段高度；

D——端头与筒身相连接处的直径；

Δ——修正值，由表 9-3 查得，数据在行间者可用内插法计算得到。

表 9-3 端头中心修正值

r_0/R	H/R						
	0	0.2	0.4	0.5	0.6	0.8	1.0
0.2	0°	2°45′	4°07′	4°01′	3°41′	2°18′	0°
0.4	0°	6°23′	9°34′	8°02′	7°43′	4°38′	0°
0.5	0°	8°23′	10°54′	10°39′	9°44′	5°53′	0°
0.6	0°	8°29′	16°27′	13°22′	12°01′	6°59′	0°
0.8	0°	17°36′	21°03′	19°37′	17°24′	9°54′	0°

注：R、H 分别为椭圆端头的长短半轴。

(2) 圆柱（筒）段

① 缠绕角：此时凡等于缠绕角的皆为测地线缠绕，否则均为非测地线缠绕，非测地线缠绕角通常按一定规律变化，如由一端至另一端是均匀递增的，其公式为

$$\alpha_i = \alpha_1 + \frac{\alpha_2 - \alpha_1}{l_e} x \tag{9-17}$$

式中　α_i——圆筒段任意点 i 截面的缠绕角；

　　　x——圆筒段自起点至 i 截面的轴向距离；

　　　l_e——圆筒段长度；

　α_1、α_2——圆筒段起点、终点的缠绕角。

② 缠绕中心角：测地线缠绕角在圆筒段上各处均等，其中心角公式为

$$\theta_c = \frac{l_c \tan\alpha}{\pi D} \times 360° \tag{9-18}$$

式中　θ_c——圆筒段测地线缠绕中心角；

　　　D——圆筒段直径；

　　　α——圆筒段测地线缠绕角。

如果是非测地线缠绕，缠绕角均匀递增按式(9-17) 变化，则缠绕中心角应为

$$\theta_i = \int_0^{l_i} \frac{360° \tan\alpha_i}{\pi D} dx = \frac{360°}{\pi D} \int_0^{l_i} \tan\left(\alpha_1 - \frac{\alpha_1 - \alpha_2}{l_c} x\right) \times \frac{-l_c}{\alpha_1 - \alpha_2} d\left(\alpha_1 - \frac{\alpha_1 - \alpha_2}{l_c} x\right)$$

$$= \frac{360°}{\pi D} \times \frac{l_c}{\alpha_1 - \alpha_2} \left[\ln\cos\alpha_i\right]_0^{l_i} = \frac{360°}{\pi D} \times \frac{l_c}{\alpha_1 - \alpha_2} \ln\frac{\cos\alpha_i}{\cos\alpha_1} \tag{9-19}$$

式中　l_i——圆筒段自某一起点至 i 点截面的筒身段长；

　　　θ_i——圆筒段 l_i 长度的非测地线缠绕中心角。

(3) 截圆锥段

① 缠绕角：测地线缠绕角公式

$$r_0 \sin\alpha_0 = r_i \sin\alpha_i$$

$$\sin\alpha_i = \frac{r_0}{r_0 + h\tan\beta} \sin\alpha_0 \tag{9-20}$$

式中　r_0——圆锥体小端的半径；

　　　r_i——圆锥体 i 点截面半径；

　　　α_i——i 点截面测地线缠绕角；

　　　α_0——圆锥体小端缠绕角；

h——小端至 i 点截面的轴向距离。

非测地线又可分为等角与等厚缠绕，其中等厚缠绕角公式为

$$\cos\alpha_i = \frac{r_0}{r_i}\cos\alpha_0 \tag{9-21}$$

② 缠绕中心角：测地线缠绕中心角公式为

$$\theta_h = \frac{\alpha_1 - \alpha_2}{\sin\beta} \tag{9-22}$$

式中 θ_h——h 段长截圆锥体测地线缠绕中心角。

α_1、α_2——h 段长截圆锥体两端测地线缠绕角。

等角缠绕中心角公式

$$\theta_h = K_a \tan\alpha \ln\frac{D}{d} \tag{9-23}$$

式中，$K_a = \sqrt{1 + [h/(0.5D - 0.5d)]^2}$

等厚缠绕中心角公式

$$\theta_i = -\frac{2K_a}{K_b}\left[\sqrt{r_i^2 - \frac{K_b^2}{4}} - \frac{K_b}{2}\arccos\frac{K_b}{2r_i}\right]_{0.5D}^{0.5d} \tag{9-24}$$

式中 θ_i——至任意点 i 截面的等厚缠绕中心角。

$$K_b = d_0\cos\alpha_0 = d_i\cos\alpha_i$$

4. 缠绕速比、链长或停留时间

（1）缠绕速比

缠绕速比取决于缠绕中心角的总和，其关系如下：

$$i = \frac{\theta_n}{360°} \tag{9-25}$$

式中 θ_n——缠绕一个往返循环，纤维绕芯模旋转的中心角总和；

i——缠绕速比。

而往返循环中心转角总和 θ_n 又由各段单程中心角来决定

$$\theta_n = 2\sum_1^n\theta_i \tag{9-26}$$

式中 θ_i——每段单程缠绕中心角。

对回转体测地线缠绕通式为

$$\theta_i = C\int_{r_0}^{r_i}\frac{\sqrt{1 + f'(r)^2}}{\sqrt{r^2 - C^2}}dr \tag{9-27}$$

式中 θ_i——回转体半径 r_0 至 r_i 段中心角；

$f'(r)$——回转曲面母线函数；

C——积分常数，取决于边界条件。

$$C = r\sin\alpha \tag{9-28}$$

例如带开口端头缠绕，端开口处缠绕角 $\alpha = 90°$，半径为 r_0，则由式（9-28）得

$$C = r_0$$

由式（9-25）计算的缠绕速比 i 还需用下式校正或查相应表取值。

$$i=\frac{K}{N} \tag{9-29}$$

式中　K——完成一个完整循环缠绕纤维绕芯模旋转的圈数；

　　　N——完成一个完整循环纤维在端头开孔周边的等分点或切点数。

这里顺便说一下 i，以前称它为速比，现改为缠绕速比，其中 K 的定义略有变动，这样不但适用于螺旋缠绕也适用于平面缠绕情况。

（2）链长

链长计算公式

$$L=iL_{l\,max} \tag{9-30}$$

式中　L——封闭链长；

　$L_{l\,max}$——最大螺距。

所谓螺距是指芯模转 360°绕丝嘴沿芯轴方向前进的距离。

$$L_{l\,max}=\pi(D_i\cos\alpha_i)_{max} \tag{9-31}$$

式中　D_i——回转体在 i 截面处的直径；

　　　α_i——回转体在 i 截面的缠绕角。

（3）停留时间

如果采用非链条式缠绕机，其停留时间可由式(9-30)除以链条数速度获得

$$T=iT_l \tag{9-32}$$

式中　T——绕丝嘴走一个往返循环所需时间；

　T_l——绕丝嘴绕芯模转 360°所需时间。

当芯模旋转角速度确定后 T_l 便是常数，即：

$$T_l=\frac{\pi D_i\cos\alpha_i}{v_i}=常数 \tag{9-33}$$

因此，各缠绕计算段的缠绕角 α_i 便由其相应处缠绕纤维沿芯轴方向移动的线速度 v_i 控制。

5. 链条布局与超越长度计算

由于绕丝嘴不可能紧密贴近芯模表面，故绕丝嘴至缠绕纤维在芯模表面相切处必有一段距离，即超越长度的存在。所谓链条布局实质上是绕丝嘴在各处停留坐标的确定，即超越长度计算。通常遇到下列几种情况。

（1）一般圆柱体体段

$$L_{i筒超}=\cos\alpha_i\sqrt{\Delta S_l(\Delta S_l+2R)}+\Delta S_2+\Delta S_3 \tag{9-34}$$

式中　$L_{i筒超}$——圆筒（柱）段 i 点截面沿芯轴方向的超越长度；

　　　ΔS_l——绕丝嘴到芯模表面距离；

　　　ΔS_2——绕丝嘴的吐丝宽度；

　　　ΔS_3——绕丝嘴小车拨杆摆动宽度。

（2）圆锥体段

$$L_{i锥超}=\cos\alpha_i\sqrt{\Delta S_{li}(\Delta S_{li}+2R_i)}+\Delta S_2+\Delta S_3 \tag{9-35}$$

式中　ΔS_{li}——在 i 截面绕丝嘴至芯模表面距离，当绕丝嘴运动轨迹平行于圆锥母线时，则 $\Delta S_{li}=\Delta S_l=常数$；

　$L_{i锥超}$——圆锥段在 i 截面处的超越长度；

　　　R_i——锥体在 i 截面的半径。

（3）任意回转体筒身段

$$L_{i回超} = \cos\alpha_j \sqrt{\Delta S_{lj}(\Delta S_{lj} + 2R_j)} + \Delta S_2 + \Delta S_3 \tag{9-36}$$

当绕丝嘴运动轨迹平行于芯轴时，ΔS_{lj} 由下式确定

$$\Delta S_{lj} = \Delta S_{l\min} + R_{g\max} - R_j \tag{9-37}$$

式中　ΔS_{lj}——j 截面绕丝嘴到芯模表面距离；

　　　$\Delta S_{l\min}$——绕丝嘴到芯模表面最小距离；

　　　$R_{g\max}$——回转体在 g 截面最大半径；

　　　R_j——筒体/锥体在 j 截面的半径。

（4）非回转体筒身段

将任意非回转体截面转化成"相当圆"按圆截面近似计算。

（5）扁椭球端头

当临界半径 $R_{ikp} = \dfrac{\sqrt{(\Delta S_l + R)^2 + r_0^2}}{2} < R$ 时，各点 i 从自身起的超越长度为

$$L_{i超端} = \cos\alpha_i \sqrt{(\Delta S_l + R - R_i)(\Delta S_l + R + R_i)} + \Delta S_2 + \Delta S_3 \tag{9-38}$$

而自端开孔起的最大超越长度近似式为

$$L_{i超\max} \approx \frac{(\Delta S_l + R)^2 - r_0^2}{2r_0} - H\left(\frac{\sqrt{R^2 - r_0^2} - \sqrt{R^2 - R_i^2}}{R}\right) + \Delta S_2 + \Delta S_3 \tag{9-39}$$

式中　H——端头曲线沿芯轴方向的椭圆高度。

超越长度计算后便可做链条布局计算，此时理论与实施发生矛盾，应根据实施的可能性进行调整，常常舍掉一些次要因素而保留设计上的主要要求。

6. 缠绕线型的最后确定

各段缠绕中心角与缠绕角的最后确定是根据链条的实际布局反推计算获得的。如实际缠绕角与原设计偏差超过允许范围还应继续局部调整修正，直至合格为止。

由于本节只给出一般制品的缠绕设计过程与主要计算公式，对于形状复杂制品，如上述公式不能满足要求时，可根据相关参考文献自行推导。

三、缠绕张力的控制方法

纤维或无捻粗纱的缠绕张力对制品强度有重要影响（见表9-4）。在缠绕过程中，缠绕张力应该求均匀。对某些类型的缠绕机，采用剪刀式传送器可使无捻粗纱的弯曲减少，对低股数的无捻粗纱单独施加张力，可以实现均匀的缠绕效果。

表 9-4　玻璃无捻粗纱的缠绕张力与树脂含量、环向拉伸强度的关系[①]

玻纤的缠绕张力 /N	树脂含量(质量分数)/%		拉伸强度 /MPa
	预浸纱	固化后	
267	18	18	1744
534	18	16	1793
800	18	15	1731
800	16	16	1793
800	22	19	1731

玻纤的缠绕张力 /N	树脂含量(质量分数)/%		拉伸强度 /MPa
	预浸纱	固化后	
800	25	19	1489
1068	18	15	1627

① 试验环直径 76.2mm，壁厚 1.52mm。

在确定张力时还必须考虑到，在缠绕过程中应使张力随着壁厚的增大而逐渐减小。否则，外层纤维势必压缩内层纤维，从而使内层松弛，也就是说，当缠绕层足够厚时，内层纤维实际上无法承受载荷。

在纱轴上安装一种机械式制动器可张紧纤维。玻璃纤维从纱团引出后，还要通过一些固定式的或制动式的抛光钢辊。其中一个或几个钢辊必须是可调的，以便控制张力的变化。在纤维通过张力辊的时候，必须用梳子将各股纤维分开，以免打捻、发皱、曲折和磨损。张力辊太小（最小直径大约 50.8mm）会引起纤维磨损或降低力学性能。当张力辊过多时，纤维要多次弯曲，也会大大降低强度。最后的张力是通过一个起绕丝嘴作用的曲面导纱杆加上去的。在最后一个辊和导纱杆之间装上张力表，以便观察并自动控制张力。

张力可在纱轴上或纱轴与芯模之间的某一部位施加。前法比较简单，但两种方法都不太理想。在纱团上施加全部缠绕张力，会带来如下的困难：对湿法缠绕来说，纤维的树脂浸渍情况不好；对干法缠绕来说，如果预浸纱卷装得不够精确，加上张力后，易使纱片勒进去，引起断头。在纱团与芯模之间的某一部位施加张力，其困难是纤维需要进一步处理。一般认为，湿法宜在无捻粗纱离开树脂槽之后施加缠绕张力，而干法宜在预浸纱团上施加缠绕张力。

缠绕期间必须对缠绕张力加以控制。施加张力的主要目的是控制树脂含量和使纤维排列得更好。如果缠绕张力太小或忽大忽小，会使纤维缠绕结构的强度损失 30% 左右。

如前所述，缠绕张力的大小直接影响树脂含量，因此，如采用湿法缠绕工艺，就必须严格控制缠绕张力，才能制出高强度制品；而采用干法缠绕时，为了生产密实的制品，也需要控制缠绕张力。

四、制品的固化

1. 固化温度

纤维缠绕结构通常都是在缠绕过程中或缠绕结束后再进行加热固化。树脂的固化温度通常掌握在 90～170℃，固化温度的确定，要根据所用树脂基体的固化温度，以及加入引发剂和催化剂的性质而定。

湿法缠绕成型中树脂体系或干法缠绕成型中所用的预浸纤维纱的固化，一般均采用在绕芯模上的纤维或无捻粗纱周围设置的红外加热装置或蒸汽加热套加热固化。湿法缠绕成型中有时还把加热器设置在树脂浸渍槽一侧。

在缠绕过程中，也可从外部加热已经绕好的纤维缠绕体系，即边缠绕边加热固化。也可采用芯模内部加热法进行固化，对大型或厚壁内压容器制品比较适用。

制品缠绕成型完毕，通常还要加热进行热处理，以使制品进一步固化，达到完全固化程度。制品完成热处理后，待冷却后即可脱模。在热处理时，最好将制品垂直放置于固化罐内，在缓慢旋转中加热固化，这样可确保制品受热均匀。

2. 固化压力及固化方法

纤维缠绕制品目前所采用的固化方法，除要求加热外，通常还要施加 0.3～7.0MPa 的固化压力，特别是环氧树脂基体缠绕制品。如果纤维缠绕制品体积小，可在压热器和水压器内进行固化，其效果良好。大型制品，如储罐、大型火箭发动机壳体，以及直径为 4.0～14.0m 的特大型制品的固化，必须采用新型的加压系统，方可实现对缠绕制品施加足够的固化压力。深水浸没法、环压法等新型加压技术便随之而生。

（1）深水浸没法

此法是把缠绕好的制品装在橡胶袋内沉入海底，利用水的静态水压加压固化。其工艺过程为：把缠绕好的制品装入橡胶袋内，再用适当材料将其包裹，用船运到海上，先沉到相当于 1.4MPa 压力的海水深度，并用电热法加热芯模，升温到 82℃；经过一段时间的预固化后，再继续下沉到所需的深度，下沉期间还需继续加热芯模，使之达到所要求的温度；固化完成后切断电源，待缠绕制品在深水压力下冷却之后，即可取回。

（2）环压法

环压法适用于锥形喷管等非圆筒形缠绕制品。根据芯模外形把一系列直径不等的钢环组合起来。将许多环都锁在一起，其端部用端板包覆起来并依次用螺钉连到内部的钢芯模结构上实施加压。再把整个有压的索罩系统放进炉内加热，也可采用蒸汽或电热在芯模里加热。这种方法早有应用，其水静压可达 13.8MPa。用此法固化大型缠绕制品，材料密度可以控制，制品固化程度甚至可达到理论最佳值。

任务二　常见缺陷及改进方法

固化后，需要对制品进行检查，及时对出现的缺陷进行修复。常见的缺陷、主要原因及解决措施如表 9-5 所示。

表 9-5　常见的缺陷、主要原因及解决措施

常见缺陷	主要原因	解决措施
制品表面发黏	空气中湿度太大	降低湿度，保证相对湿度低于 80%
	空气氧气阻聚	增加树脂体系中的石蜡或覆盖聚酯薄膜
	固化体系不合理	调节固化剂和催化剂配比
	引发剂挥发	降低施工温度和现场风流量
制品气泡太多	压泡不彻底	每一层铺敷、缠绕都要用辊子反复滚压，辊子应做成环向锯齿型或纵向槽型
	树脂黏度太大，在搅拌或涂刷时，带入树脂中的空气泡不能被赶出	调节黏度，添加稀释剂等
	增强材料选择不当	重新选择与树脂匹配的增强材料
制品分层	纤维织物未做前处理，或处理不够	增加纤维织物处理环节
	纤维或织物在缠制过程中张力不够，或气泡过多	提高张力
	树脂用量不够，或黏度太大，纤维没有被浸透	调节树脂黏度或用量，确保纤维完全被浸渍
	配方不合适，导致黏结性能差，或固化速度过快、过慢造成	调整树脂配方

拓展知识

纤维缠绕机的发展概况

1946 年，首个纤维缠绕技术专利在美国注册，纤维缠绕成型工艺开始发展，其基本的缠绕模式和设备如图 1 所示。

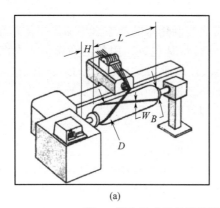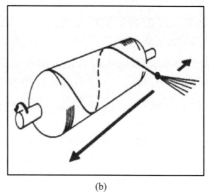

图 1　基本卧式纤维缠绕机（a）和螺旋缠绕模型（b）

1965 年我国有了首台卧式纤维缠绕机"525"，1966 年设计制造了齿链式机械无级调节缠绕规律的环链卧式纤维缠绕机（图 2），此机不用挂轮，可便捷地调节缠绕规律与排纱密度，可生产多种规格的气瓶。

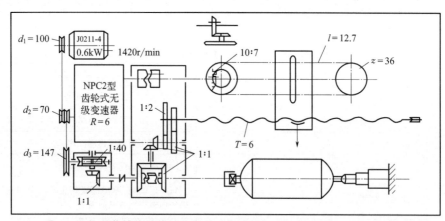

图 2　无级调节缠绕规律的环链卧式纤维缠绕机传动系统（北京 251 厂）

北京 251 厂与哈尔滨玻璃钢研究院（当时称所）分别于 1965 年和 1966 年推导出不同表述方式的纤维缠绕规律，并开发了机械控制的卧式纤维缠绕机。1964 年，哈尔滨玻璃钢研究院成功研制轨道式缠绕机，这是我国第一台纤维缠绕机（图 3），图 4 为近年来企业采用的国产轨道式缠绕机。

1966 年，我国纺织工业部下达大型立式纤维缠绕机项目，该项目于 1967 年完成，开发的设备迄今仍在使用。

1974 年，北京 251 厂成功研制 X2 型行星式纤维缠绕机，传动系统中采用了三轴同心行星原理。

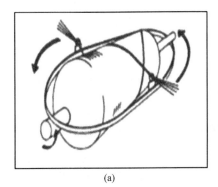

(a)   (b)

图 3　轨道式纤维缠绕示意图（a）和轨道式纤维缠绕机（b）

2002 年，哈尔滨玻璃钢研究院为哈尔滨工业大学复合材料与结构研究所设计了滚转式纤维缠绕机。

进入 21 世纪，纤维缠绕机实现自主运动的布局方式有了新的发展。出于多工位缠绕制的需要，龙门式缠绕机应运而生，避免了因绕丝头（有的还带胶槽）行经床身而造成对导轨的污染。

近年由于引入了机器人，纤维缠绕机布局有不少变化，且因提高生产率的需要，有以生产线布局发展的趋势。 2014 年，上海万格复合材料技术公司综合五家德国公司和三家国内公司技术，成功开发机器人纤维缠绕气瓶自动生产线（图 5），已出口日本。我国台湾省购其 10 工位缠绕设备，生产的液化气罐已获德国认证。

图 4　国产轨道式纤维缠绕机　　　　**图 5　国产纤维缠绕气瓶自动生产线（上海万格公司）**

文章来源：陈博．国内外复合材料工艺设备发展述评之二——纤维缠绕成型 [J/OL]．复合材料科学与工程，2022：1-38.

 思考题

1. 什么是纤维缠绕成型？如何进行分类？
2. 什么是标准线缠绕？
3. 影响选择缠绕成型方法的因素有哪些？
4. 举出几种纤维缠绕成型工艺的典型零件。

模块十

注射成型工艺

注射成型是热塑性复合材料的主要生产方法，其应用广泛，可用于生产各种机械零件、建筑产品、家电外壳、电工材料、汽车零件等，其成型产品最大 5kg，最小 1g。其优点是：成型周期短、能耗最低、产品精度高、可以生产复杂形状和嵌入式产品、模具可以生产多个产品、生产效率高。缺点是：对模具质量要求较高、模具更换费用高。

项目一 成型原理及特性

任务一 基本原理

注射成型是利用塑料的热物理特性，将物料从料斗送入料筒，料筒受热升温，使物料熔化，在料筒内装有的外接动力电机的驱动作用下旋转螺杆，物料在螺杆的作用下，沿螺杆槽向前输送压实，在外热和螺杆剪切的双重作用下，物料逐渐被塑化、熔融、均化。当螺杆旋转时，螺杆槽内的物料在熔融物料的摩擦和剪切力的作用下被推到螺杆头部。同时，螺杆在物料的反作用下，使螺杆头形成贮存空间，完成塑化过程。然后螺杆在注射缸活塞的推力作用下，将贮存室内的熔料通过喷嘴高速、高压注入模具型腔，熔料在型腔内经过保压和冷却，固化定型。模具在合模装置的作用下，通过顶出装置将设计好的产品从模具中顶出，得到制品。流程原理如图 10-1 所示。

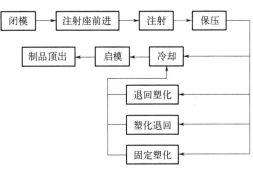

图 10-1　注塑机作业循环流程

任务二 注射成型特性

要掌握注射成型工艺，必须对注射料的成型特性有较深入的了解。

1. 挥发物的控制

正常情况下，注射料中含有一定量的水分及挥发物。注射料中的水分一般是在贮存过程中从空气中吸入，或是制造过程中未排出水分所造成。挥发物是指注射料受热时放出的低分子物质。在酚醛注射料中，低分子物质是未参加反应的苯酚、甲醛，另一部分是固化反应时产生的低分子物质，如水和氨等。

热塑性注射料的种类很多，吸收空气中水分的能力不同，聚酰胺、聚甲基丙烯酸甲酯、聚碳酸酯、线型聚酯等有明显的吸湿倾向。水分含量过高，注射成型时易汽化，使熔融物料起泡，黏度下降，或使树脂水解，给成型加工带来困难，同时产品外观质量和强度下降。此外，增塑剂在注射过程中易挥发，用量也要适当控制。

热固性注射料中水分和挥发物含量过多时，贮存过程中易结块，成型过程中流动性过大，使注射成型周期延长，产品收缩率增大，产生翘曲，降低产品表面质量和机械强度及介电性能。

为了保证产品质量，注射料必须进行干燥处理，热塑性注射料的含水量控制在 0.5%～2% 以内；热固性注射料的含水量及挥发物含量总和不得超过 2%～7%。

2. 流动性

流动性是指注射料在加热、加压下的流动性能，它代表注射成型时的充模能力。注射成型的流动性除取决于制品尺寸、成型条件外，还与树脂种类、分子量大小、结构及增强材料的尺寸等有关。加入增塑剂和润滑剂，可提高流动性。

实际生产过程中，为了改善热塑性纤维增强材料的流动性，常采用加大浇口及流道直径、增加注射压力、提高料筒温度及模具温度等方法。对于热固性注射料来讲，应尽量缩短注模前的加热时间，防止树脂过早凝胶固化。

3. 定向作用

热塑性纤维增强塑料注射过程中的定向作用分为两个方向：一是大分子定向；二是纤维定向。定向作用会使产品各向收缩不均和各向异性。为了减小各向异性程度，保证产品尺寸精度，必须了解注射成型过程中产生定向作用的机理，合理地设计模具，确定物料在模腔内的流动方向。

由于熔融注射料流体内分子之间和流体与模具壁间的摩擦力作用，使流体内各层之间产生剪应力。迫使流体在流道中流动时存在速度梯度，剪应力越靠近模具壁越大，流体流速则相反，越靠近模具壁越小。对于热塑性塑料来讲，当熔融注射料进入温度较低的模腔时，流体表面形成高黏度层，亦称冷结层。冷结层处于冻结状态，无定向作用。以聚苯乙烯塑料为例，该层厚约 0.1mm，前端较薄，小于 0.1mm。

由于物料靠近模具壁和中心层的流速相差很大，产生的剪应力也很大，从而使流体内的大分子和纤维材料发生定向作用。定向作用离中心距离越远越明显（图 10-2），靠近模具壁与中心层之间，形成一个定向区，纤维定向是永久性的，分子定向则当物料充满模腔时，剪应力立即消除，由于分子热运动，分子的定向作用会有不同程度的消除。

提高模具温度和注射料流体温度能减弱定向作用，加大制品厚度可减弱定向作用，增加浇口长度、注射压力和充模时间，会增强定向作用；定向作用还和浇口位置及形状

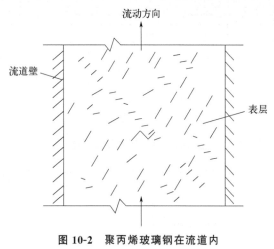

图 10-2　聚丙烯玻璃钢在流道内发生定向的示意图

有关，为了减弱定向作用，可把浇口放在型腔的最低部位。

4. 拼缝强度

对于热塑性纤维增强材料注射成型制品来讲，纤维原因导致在拼缝处强度较低。并且有随纤维含量增大强度降低的倾向。因此，在设计热塑性纤维增强复合材料制品和模具时，要充分考虑这个问题，并尽可能改善拼缝强度。

改善模具设计，可以使拼缝强度提高，图 10-3 为纤维增强聚丙烯羽毛球童拍注射成型实例。当未设溢料穴时，童拍极易在拼缝处断裂，而当在模具上开设溢料穴后，制品强度大大提高，满足了使用要求。

5. 体积收缩

冷却出模后的热塑性纤维增强材料制品，其尺寸总是小于模具的模腔尺寸，两者差值之比，称为收缩率。

在注射成型过程中，玻璃纤维是不会收缩的，收缩主要是由树脂基体所引起。因此，注射制品的收缩主要取决于树脂的品种和纤维含量。一般来讲，增强材料（纤维）含量越大，收缩越小；长纤维比短纤维的收缩量小。不同树脂的收缩率不同，如表 10-1 所示。

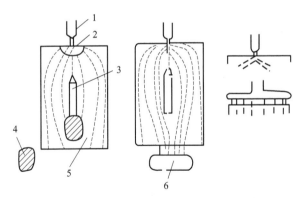

图 10-3　浇口及拼缝部的强度降低及改造

1—流道口；2—交道口；3—型芯；4—强度降低部分；5—拼缝处；6—溢料穴

表 10-1　不同树脂的收缩性能

树脂种类	收缩量/(mm/mm)	收缩率/%	备注
聚甲醛	0.02~0.035	2~3.5	—
ABS	0.004~0.007	0.4~0.7	高耐冲击、耐热型
聚酰胺66	0.01~0.025	1~2.5	—
聚酰胺6	0.007~0.015	0.7~1.5	—
聚酰胺透明型	0.004~0.006	0.4~0.6	—
玻璃纤维增强聚酰胺	0.005~0.1	0.5~0.1	玻璃纤维含量30%
聚碳酸酯	0.005~0.007	0.5~0.7	
聚乙烯	0.015~0.035	1.5~3.5	低密度
聚丙烯	0.01~0.03	1.0~3.0	—
聚苯乙烯	0.002~0.008	0.2~0.8	通用及耐热型
聚氯乙烯	0.002~0.004	0.2~0.4	硬质
醇酸树脂	0.002~0.006	0.2~0.6	玻璃纤维增强
二烯丙酯	0.008~0.01	0.8~1.0	玻璃纤维增强
环氧玻璃钢	0.0005~0.002	0.05~0.2	玻璃布层压板
酚醛树脂	0.0005~0.002	0.05~0.2	玻璃纤维增强
脲醛树脂	0.006~0.013	0.6~1.3	团状模压料

项目二　原材料的准备

在注射成型中，主要采用的原料是玻璃纤维增强热塑性粒料，根据纤维的长短，可以分为两大类，即短纤维粒料和长纤维粒料。

任务一　短纤维粒料

短纤维粒料一般直径约为 3mm，长度大多为 3～6mm。纤维在粒料中呈杂乱无章分布，纤维长度较短，大多只有 0.2～1mm。

短纤维经注塑机螺杆塑化和注射成型，纤维长度进一步变短，制品中纤维长度大部分在 0.7mm 以下，不少小于临界长度（这些纤维起不到增强作用），所以制品性能较低；如拉伸、弯曲等性能不如长纤维增强产品，不能应用于结构材料。但短纤维增强成型工艺性较好，如流动性较好、制品外观质量较好，可用于柱塞式注塑机生产制品。由于纤维长度较短，注射成型过程纤维沿熔体流动方向取向较好，所以制品各向异性较好。因纤维根数多、长度短，所以熔接痕处纤维交叉分布概率高于长纤维粒料，熔接痕强度与其他部位差距较小，即熔接痕对制品强度影响较小。

短纤维粒料生产方法主要有以下两种。

1. 双螺杆法

如图 10-4 所示，基体树脂经计量装置计量后加入挤出机中，在外加加热器、螺杆、料筒的剪切摩擦热的作用下熔融塑化；在物料已基本熔融的区域设置第二加料口，玻璃纤维由第二加料口加入，并与熔融聚合物混合，冷却、切粒得到粒料。该法采用双螺杆挤出机为生产主设备，使用玻璃纤维无捻粗纱，工序简单、工艺成熟、产量高，为目前短纤维粒料的主要生产方法。

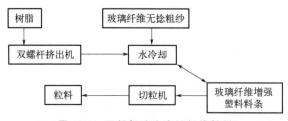

图 10-4　双螺杆法生产短纤维粒料

2. 单螺杆法

如图 10-5 所示，经计量装置计量好的基体树脂和玻璃纤维原丝（6mm）预混合后，一同加入单螺杆挤出机，冷却后经切粒机切粒得到粒料。该法可使用树脂粉料，玻璃纤维含量较容易控制，但必须使用玻纤短切原丝，工序较多，采用具有排气功能的单螺杆挤出机为主生产设

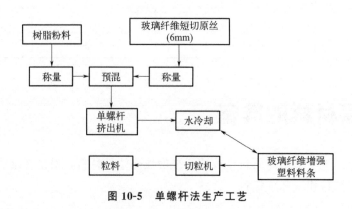

图 10-5　单螺杆法生产工艺

备，对玻纤剪切损伤程度比双螺杆挤出机小，粒料中纤维长度稍长。

任务二 长纤维粒料

长纤维粒料，直径大约 3mm，长度 10～25mm，其中以 10～12mm 为多。纤维平行于粒料轴分布。

长纤维粒料的纤维与粒料等长，虽然在注塑机中经螺杆预塑及注射过程纤维长度会大大下降，但所得制品的纤维长度比短纤维粒料制品依旧要长很多，在制品中纤维拔出消耗的功更多。因此，同样纤维含量，同种塑料树脂基体长纤维增强注塑制品较短纤维增强注塑制品有较高力学性能，如较高刚性，较高的抗压缩、抗拉、抗冲、弯曲强度和较高耐蠕变性能。但是，由于纤维长度较长、流动性较差，注射成型工艺性能不如短纤维粒料，且不能用柱塞式注塑机生产制品。其次由于纤维长度较长，熔接痕强度较其他部位要低许多，熔接痕对制品性能影响较大。

长纤维粒料主要生产方法有如下 4 种。

1. 包覆法

如图 10-6 所示，将预热后的连续纤维纱通过挤出模头，被熔融的树脂包覆，经冷却、牵引、切粒后得到长纤维增强塑料粒料。生产中，将树脂充分干燥后加入挤出机，在其熔融达到黏流态并进入挤出机头时，将连续纤维纱由送料机构送入包覆机头。树脂熔体在压力作用下包覆在纤维束的周围，而纤维束在牵引装置的牵引下向前移动。包覆好的纤维自机头出来后通过冷却水槽，冷却后经切粒机切成粒料，再经干燥，即得到包覆的长纤维增强塑料粒料。该法特点为：可使用普通单螺杆挤出机作为主生产设备，设备投资小，但生产效率较低。

2. 复合纤维法

如图 10-7 所示，玻璃纤维与树脂在拉丝时复合形成的纤维，分别经过并股、冷却得到长纤维粒料，可制成无捻粗纱、织物、粒料或平板。该法特点为：玻璃纤维充分被树脂浸润，粒料中玻璃纤维含量可高达 75%，制品性能好，但工艺技术要求较高，设备投资较大。

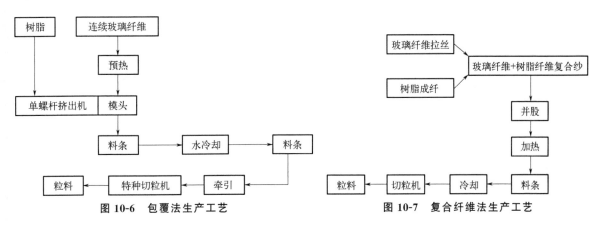

图 10-6 包覆法生产工艺 　　　　　 图 10-7 复合纤维法生产工艺

3. 浸渍法

如图 10-8 所示，选择合适的溶剂，也可以是几种溶剂配成的混合溶剂，将树脂完全溶解，制得低黏度的溶液，并以此浸渍连续纤维，然后将溶剂烘干挥发后制得预浸料，经牵引拉伸、切粒得到纤维粒料。该法特点为：树脂溶液对玻璃纤维浸润好，但由于使用溶剂成本增高，另外可能污染环境，应用受限。

4. 粉末浸渍法

如图 10-9 所示，将粉状树脂以各种不同方式施加到增强体上。根据工艺过程的不同及树脂和增强体结合状态的差异，粉末预浸法可分为以下四种方法：悬浮液浸渍工艺、流态化床浸渍工艺、静电流态化床工艺、粉末预浸丝束工艺。该法特点为：采用树脂粉末，生产的粒料中玻璃纤维被浸润得较好，但粒料中玻璃纤维含量控制困难，一些方法（如静电流态化床法）有一定局限性，投资较大。

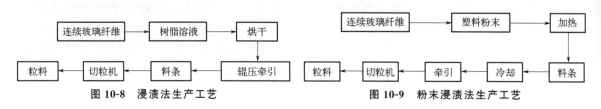

图 10-8 浸渍法生产工艺   图 10-9 粉末浸渍法生产工艺

项目三 成型工艺流程及质量控制

任务一 成型工艺

注射成型分为准备工作、注射工艺条件选择和制品后处理等工序。

一、准备工作

1. 注射料选择及预处理

① 注射料选择 根据产品性能、工艺条件及注射机性能，合理地选择注射料。当注射料不能满足产品性能和工艺条件时，应改换物料。

② 预处理 注射料的黏度要均匀，已结块的要粉碎，防止堵塞流道，影响加工。注射料的含水量及挥发物含量应预先测定。超过标准时要干燥处理使其含水量降至 0.3% 以下。常采用的干燥方法有热风干燥、红外线干燥及负压沸腾干燥等。干燥后的粒料要密封贮存。

2. 料筒清洗

当换料生产时，一定要把料筒清洗干净。对于螺杆式注射机，可直接加料清洗，当所换新料比筒内残留料成型温度高时，则应将料筒及喷嘴温度升高到所换新料的最低加工温度。然后加入新料的回料，连续对空注射，直至喷嘴射出新料时，再加入新料，并把温度升高到新料加工温度，开始正常生产。当新换料成型温度低于残料温度时，则应切断料筒热源，一面降温，一面加入新料的回料，连续对空注射，直到料筒温度降至新料的最佳加工温度时，再加入新料正常生产。

柱塞式注射机的料筒清洗工作比较困难，因耗费料多、费时间，故可以适当考虑小型注射机进行生产。

3. 脱模剂选择

脱模剂以硬脂酸锌、液体石蜡和硅油等应用最广。硬脂酸锌为白色粉末，无毒，适用范围很广，除聚酰胺外，其他树脂均能适用。但用量过多，会出现毛斑和浑浊现象，影响外观质量。

液体石蜡又称白油，是一种无色透明液体，它特别适用于聚酰胺类树脂生产，除起润滑脱模作用外，还能有效地防止制品内部产生空隙。

硅油脱模剂，一次涂模后可以多次使用。但此种脱模剂价贵，使用时要配以甲苯溶液，涂模后还要加热干燥，比较复杂，因此还没有普遍使用。

4. 嵌件预热

制品中的金属嵌件。在放入模具前，需要加热，其目的是避免两种材料膨胀不均而产生热应力或出现应力开裂现象。

嵌件的预热温度越高越好，但不应高于物料的分解温度。实际生产中。由于条件限制，嵌件温度一般控制在110~130℃之间。

金属嵌件预热处理，仅对那些易产生应力开裂的树脂制品，如聚苯乙烯、聚碳酸酯、聚砜、聚苯醚等，或金属嵌件尺寸较大时才需要。

二、注射成型工艺条件选择

注射成型工艺包括闭模、加料、塑化、注射、保压、固化（冷却定型）、开模出料等工序。

1. 加料及剩余量

正确地控制加料及剩余量对获得高质量产品至关重要。一般要求定时定量地均匀供料，保证每次注射后料筒端部有一定剩料（称料垫），剩料的作用有两点：一是传压；二是补料。如果加料量太多，剩料量大，不仅使注射压力损失增加，而且会使剩料受热时间过长而分解或固化；加料量太少时，剩料不足，缺乏传压介质，模腔内物料受压不足，收缩引起的缺料得不到补充，会使制品产生凹陷、空洞及不密实等。剩料一般控制在10~20mm。

2. 成型温度

料筒、喷嘴及模具温度对复合材料注射成型质量影响很大，它关系到物料的塑化和充模工艺。在决定这些温度时，应考虑到下述各方面因素：

① 注射机的种类　螺杆式注射机的料筒温度比柱塞式低，这是因为螺杆注射机内料筒的料层较薄，物料在推进过程中不断地被到螺杆翻转换料，热量易于传导。其次，物料翻转运动，受剪切力作用，自身摩擦能生热。

② 产品厚度　薄壁产品要求物料有较高的流动性才能充满模腔，因此，要求料筒和喷嘴温度较高；厚壁产品的物料流量大，注模容易，硬化时间长，故料筒和喷嘴温度可稍低些。

③ 注射料的品种和性能　注射料的品种和性能是确定成型温度的决定因素，生产前必须做好所用物料的充分试验，优选出最佳条件。

常用树脂注射成型条件如表10-2、表10-3所示。

表 10-2　热塑性塑料注射成型的温度条件

塑料名称	料筒温度/℃			喷嘴温度/℃	模具温度/℃
	输送段	压缩段	均化段		
聚丙烯	160~180	190~200	210~220	190~200	70~90

塑料名称	料筒温度/℃			喷嘴温度/℃	模具温度/℃
	输送段	压缩段	均化段		
PA6	210～220	230～240	235～245	235～240	60～80
PA66	271～277	277～282	288～300	260～277	100～10
PA11	230～250	240～270	260～280	250～270	100～120
PA1010	190～200	230～250	230～250	200～230	80～100
PA612	266～270	270～277	282～293	277～290	70～120
玻璃纤维增强 Stanyl PA46	285～305	295～310	300～315	300～315	80～120
聚碳酸酯	260～280	280～290	300～310	290～300	90～100
聚醚醚酮 20%玻纤含量	350	370	380	380	190
聚醚醚酮 30%玻纤含量	360	380	390	390	190
PET 15%玻纤含量	249～271	260～277	271～288	282～299	56～78
PET 30%玻纤含量	278～294	289～300	298～300	289～300	70～100
PET 45%玻纤含量	278～294	298～300	289～300	289～300	56～78

表 10-3　热固性塑料注射成型的温度条件

塑料名称	机筒温度/℃	螺杆温度/℃	喷嘴温度/℃	模具温度/℃
酚醛树脂	80～88	82～127	107～177	165～190
脲醛树脂	82	104	143	155
三聚氰胺甲醛树脂	82	121	163	160～170
聚苯二甲酸二烯丙酯	99	107	163	175

注：本表数据仅供选择温度时参考，实际生产要经过试验确定。

3. 螺杆转速及背压

螺杆的转速及背压必须根据所选用的树脂热敏程度及熔体黏度等进行调整。一般来讲，转速慢则塑化时间长，螺杆顶端的料垫在喷嘴处停留时间过长，易使物料在料筒中降解或早期固化。增大螺杆转速，能使物料在螺槽中的剪应力增大，摩擦热增加，有利于塑化。同时可缩短物料在料筒中的停留时间。但转速过快，会引起物料塑化不足，影响产品质量。

背压是指螺杆转动推进物料塑化时，传给螺杆的反向压力。对于玻纤增强粒料（特别是长纤维粒料），由于纤维中包含空气，在料筒中塑化时必须调整背压，排出空气，否则会使制品产生气泡、中心发白、表面昏暗。当增加背压时，能提高树脂和纤维的混炼效果，使纤维分散均匀。一般背压为注射压力的 8%～18%。

4. 注射压力及注射速度

注射压力和速度对充模质量起着决定性作用。注射压力大小与注射机种类、物料流动性、模具浇口尺寸、产品厚度、模具温度及流程等因素有关。一般增强物料的注射压力比未增强物料略高。热塑性塑料的注射压力为 40～130MPa，纤维增强塑料的注射压力为 50～150MPa。对黏度较高的聚砜、聚苯醚及热固性复合材料等的注射压力为 80～200MPa。

保压作用是使制品在冷却收缩过程中得到补料，较高的保压和一定的保压时间，能使制品尺寸精确、表面光洁、消除气泡。反之，则易使制品表面毛糙和凹陷，内部产生缩孔及强度下降等。保压时间一般为 20～120s，特别厚的制品可高达 5～10min。

注射速度与注射压力起着相辅作用。注射速度慢时，会因物料硬化而使黏度增加，压力传递困难，不利于充模，易出现废品。提高注射速度，对保证产品质量和提高生产率有利，但注射速度过快，消耗功率大，同时还可能混入空气，使制品表面出现气泡。

5. 成型周期

完成一次注射成型制品所需要的时间称为成型周期，它包括：

① 注射加压时间　包括注射时间、保压时间。

② 冷却时间　模内冷却或固化时间。

③ 其他　开模、取出制品、涂脱模剂、安放嵌件、闭模等时间。

在整个过程中，注射加压和冷却时间最重要，对制品质量起重要作用，成型周期是提高生产率的关键。在保证产品质量的前提下，应尽量缩短时间。在实际生产中，应根据材料的性能和制品的特点等因素，预定工艺条件，经过实际操作进行调整，优选出最佳工艺条件。

三、制品后处理

注射制品的后处理主要是为了提高制品的尺寸稳定性，消除内应力。后处理主要有热处理和调湿处理两种。

1. 热处理

注射物料在机筒内塑化不均匀或在模腔内冷却速度不同，都会发生不均匀结晶、取向和收缩，使制品产生内应力，发生变形。热处理是使制品在定温液体介质中或恒温烘箱内静置一段时间然后缓慢冷却至室温，达到消除内应力的目的。一般热处理温度应控制在制品使用温度以上 10～20℃，或热变形温度以下 10～20℃为宜。

热处理的实质是迫使冻结的分子链松弛，凝固的大分子链段转向无规位置，从而消除部分内应力；热处理可以提高结晶，稳定结晶结构，提高弹性模量，降低断裂伸长率。

2. 调湿处理

调湿处理是将刚脱模的制品放入热水中，静置一定时间，使之隔绝空气，防止氧化，同时加快吸湿平衡。调湿作用对改善聚酰胺类制品性能十分明显，它能防止氧化和增加尺寸稳定性。过量的水分还能提高聚酰胺类制品的柔韧性，改善冲击强度和拉伸强度，调湿处理条件一般为 90～110℃，时间为 4h。

任务二　常见缺陷及改进方法

在注射成型过程中，由于对其生产规律认识不足或操作不当，常会使制品出现起泡、焦烧、表面光泽不良及玻璃纤维分散不良等现象。现将玻璃纤维增强聚碳酸酯注射成型中常见的不良现象、产生原因及防止措施列举如下（见表 10-4）。

表 10-4　玻璃纤维增强聚碳酸酯注射成型中常见的不良现象、产生原因及防止措施

不良现象	产生原因	防止措施
气泡	① 料干燥不充分； ② 保压时间太短且保压压力太低； ③ 缓冲垫不够； ④ 浇口及流道截面太小； ⑤ 浇口位置设置不当	① 将原料在 120℃条件下干燥 8h 以上，并在料斗中保温； ② 适当延长保压时间，保压压力至少 80MPa； ③ 适当增大熔体余量； ④ 适当增大浇口及流道截面，或加大喷嘴孔径； ⑤ 浇口设在厚壁处

不良现象	产生原因	防止措施
焦烧	① 料温太高; ② 熔体在料筒滞留时间太长; ③ 料筒或喷嘴处有滞料死角; ④ 模具排气不良,模具内的空气绝热压缩,形成高温高压气体将制品烧焦	① 适当降低料筒及喷嘴温度(不能超过 350℃); ② 缩短注射周期或采用规格较小的注射机; ③ 清除滞料,消除死角; ④ 合理设置排气系统,一般排气沟槽的尺寸深 0.05~0.10mm,宽 1~2mm
表面光泽不良	① 注射速度太慢; ② 模具温度太低; ③ 保压不足; ④ 熔体温度太低	① 适当加快注射速度; ② 将模温保持在 100℃以上; ③ 适当延长保压时间和加大保压压力; ④ 适当提高料筒及喷嘴温度
玻璃纤维分散不良	① 料筒温度太低; ② 螺杆背压不足; ③ 螺杆转速太低; ④ 螺杆压缩比及长径比太小	① 料筒温度在 320℃以上; ② 将螺杆背压提高到注射压力的 10%~20%; ③ 转速一般控制在 40~60r/min,当采用液压驱动时,应注意转速不能太高; ④ 压缩比一般为 2.5:1,长径比至少为 17:1

拓展知识

蓝海市场——新能源汽车注塑件

低碳化已经成为汽车行业的核心课题。新能源汽车因其动力电池自重偏大的"先天"劣势及对续驶里程的追求,对轻量化的需求更加急迫。

研究结果显示,汽车质量每减少 100kg,每百公里可节省燃油 0.3L;汽车质量降低 10%,可提高燃油效率 7%左右,节能减排效果显著。其中,纯电动汽车质量每降低 10kg,续驶里程可增加 2.5km。在满足性能要求的前提下,将原来金属配件改为注塑配件,可以减重 25%~35%,减轻质量可以减少行驶过程的能源损耗,从而提升新能源汽车的续驶能力。

纤维增强树脂基复合材料具备质量轻、强度高、韧性好、耐腐蚀、易成型加工、可重复使用等特点,是汽车轻量化和环保化最为理想的替代材料之一。塑料已成为汽车上除金属外最为重要的原材料。目前,国外发达国家汽车整车产品的塑料使用质量平均达到 320kg,约占汽车整车总质量的 30%。另外,我国汽车整车产品的塑料使用质量大约占汽车整车总质量的 24%。一辆重 1.5t 的汽车包含 2000 多个塑料组件。

汽车水箱支架(图 1)。传统汽车水箱支架大多是用钢材、铝合金等金属为原材料制作而成,在使用过程中,极易发生老化现象,严重影响了产品的使用性能。目前,聚丙烯-玻璃纤维复合材料,被很多汽车饰件制造企业选用作为代替钢材、铝合金等金属材料用于汽车水箱支架产品的生产,并在市场中的占有率逐日增加。

图 1 汽车水箱支撑架

汽车保险杠（图2）。传统汽车保险杠大多是用钢板等金属材料制造而成，由于长期暴露于空气和雨水中，极易发生腐蚀、生锈现象，丧失对汽车的保护功能。随着汽车轻量化和纤维增强塑料技术的发展，汽车前后保险杠目前已被纤维增强聚丙烯塑料或者热塑性弹性体等所取代，同时有效解决了传统汽车保险杠所存在的腐蚀、生锈等缺陷问题，并提升了其抗冲击性能。据统计，塑料保险杠目前已占世界汽车保险杠用料的90%以上。

图2 汽车保险杠

镶嵌注塑件（图3）。镶嵌注塑件是先将金属嵌件预先放置在模具中，然后再注射成型，开模后金属嵌件被固定在塑胶内部，实现了车内电器、线束相互之间的绝缘，保障了汽车电气安全，同时嵌塑件通过将系统内零组件集成在一起，提高了产品集成度进而驱动成本下降。在新能源汽车上，主要用于连接器、电池、电控领域。镶嵌注塑件正在新能源汽车端加速渗透，未来随着新能源汽车出货量稳定增长，新能源汽车用镶嵌注塑件市场规模有望持续增大。

图3 镶嵌注塑件

汽车部件所使用的复合材料正朝着轻量化、材料统合及环境友好等方向发展，通过采取"以塑代钢""以轻代重"等措施，更多更轻质的塑料材料得到了广泛的应用。

资料来源：泛盾注塑云，https: //mp. weixin. qq. com/s/2Sir7YpXg7oZL5o0cKc4Qw.（有删节）

 思考题

1. 什么是注射成型？
2. 注射成型前的准备工作有哪几项？
3. 简述热塑性塑料的注射成型特点。
4. 如何设定料筒温度？

模块十一

复合材料的连接

目前，在树脂基复合材料制造中，大量采用了整体成型的共固化及共胶接技术，以减少复合材料中机械连接件的数量。但由于当前共固化及共胶接技术水平的限制，以及复合材料不可避免地与金属连接或开孔等，从使用、安装和维护的需要出发，在复合材料结构上仍存在着大量的加工连接问题。与金属结构相比，复合材料连接部位是结构的薄弱环节，连接件容易出现安装损伤、容易被拉脱、安装载荷的不一致性、孔周应力高度集中等问题。据统计，复合材料有 70% 以上的破坏都发生在连接部位。因此，解决复合材料结构加工连接问题，对减轻结构重量、改善复合材料性能、促进复合材料的应用，具有重要的意义。

树脂基复合材料的连接方法主要包括：机械连接、胶接和混合连接（机械紧固和胶接）。

机械连接是指通过在复合材料特定位置开孔后，采用特定材料的紧固件将不同复合材料进行连接。胶接可以划分为普通胶接和焊接，普通胶接的胶层形成一个独立的相，而焊接是以基体树脂材料形成连接界面。

对于热固性树脂基复合材料，固化后聚合物的长链之间通过主化学键相互交联。因此，热固性树脂基复合材料不能加热软化或熔化，不能焊接，只能通过机械连接或胶接。对于热塑性材料，聚合物的长链主要由次化学键相互连接。加热时，这些键会断裂，链与链之间可以相对移动。因此，热塑性复合材料可以加热软化或熔化，可以实现焊接，也可以通过机械连接或胶接。

连接技术的选择取决于应用需求，例如载荷强弱、几何形态、操作环境、可靠性权重以及所选用的聚合物体系的成本。一般情况下，机械连接主要用于高载荷、高可靠性、关键连接。胶接和焊接用于优先考虑重量和成本的中等载荷的连接场合。对相似的几何形状和加载构型，胶接具有更好的刚性。下面主要讨论机械连接和胶接。

项目一　机械连接

随着复合材料结构的复杂化、大型化以及要求加工精度的提高，复合材料构件之间常用大量的机械连接进行装配。机械连接包括钻孔和适当的紧固件及装配工艺，连接工艺具有如下优点：可靠性高、无需表面处理、不受热循环及高湿度环境的负面影响、操作简单、易检可测。但是，在复合材料上开具连接孔会导致材料应力集中，强度下降；增加的紧固件（如金属紧固件）还会增加零件数量和重量，加工成本增加。

任务一　孔的设计

在复合材料构件装配时，需加工出成千上万个紧固件孔，紧固件孔不仅数量多，质量要求也高，而且难度大，是复合材料连接加工中最难的工序之一。

在制孔过程中，复合材料的层间剪切强度低，因此钻孔中的轴向力容易导致复合材料产生层间分层和出口端分层，如不加以防范，会导致昂贵的复合材料报废。据国外统计，飞机复合材料装配中，制孔缺陷造成的报废占所有报废零件的60%以上。

因此，在复合材料钻孔过程中，应最大限度地减小层板和纤维的损伤。其中，孔的尺寸设计是很重要的，如果复合材料含有多个紧固件，孔的对齐也很重要，否则钉之间的载荷不能均匀分布，从而导致提前破坏。这种问题在热塑性材料上会有一定程度的缓解，这主要是因为热塑性材料可以承受更大的塑性变形。具体涉及制孔的关键如下。

一、铺层取向

在复合材料上制孔，连续纤维被切断，传力通路被破坏，这是难以避免的。而孔所引起的应力集中系数则是可以调整的。通常孔的应力集中系数涉及的因素较多，与制孔有关的则是纤维取向铺层，准各向同性即 $+45°$、$-45°$、$0°$、$90°$各占 25% 时，其应力集中系数较低，随 $0°$ 占比增加，应力集中系数上升，在连接细节设计时应充分注意到这一点。

二、钻头选取

碳纤维复合材料的洛氏硬度为 $53 \sim 65$，相当于一般高速钢的硬度，因此采用一般高速钢钻头时磨损很快。钻头的变钝又常常会引起层间分层和出口端的分层。因而在钻头设计中有两点必须注意，即采用钨-钴类硬质合金或镀金刚石钻头，并按复合材料特点进行钻头几何形状设计。优质钻头可减少切削时崩刃，具有较好的磨削加工性，适于磨出锋利的刃口。在钻头几何形状设计时，由于轴向进给力越大，作用在层间的拉伸应力也就越大，产生分层的机会也就越多，钻头几何形状设计时应针对上述特点对钻芯厚度、横刃长度、锋角、后角和螺旋角进行选定。一般选取较小钻芯厚度和修磨横刃对减少进给轴向力有利。在钻型方面，双刃扁钻有利于获取高质量孔，这种钻头的刃偏角 α 较小，因此钻头前端非常尖锐，同时后角较大使切削口锋利，它具有两组对称的主切削刀，主刃磨成两个锋角，可自动定心，钻芯较小，有利于减小轴向力。

三、钻孔速度

由于复合材料层压板的层间强度较低，此时钻孔中的轴向力容易产生层间分层和出口层的分层，为避免上述损伤，控制进给速度和转速非常重要。进给速度通常控制在 0.013～0.056mm/r 范围内。当进给速度为 0.01mm/r 时，轴向力为 131.7N；若进给速度为 0.07mm/r 时，轴向力增至 277N。对转速则要求大，通常取 900～2700r/min。

四、钻孔边距

孔的破坏模式有挤压破坏、拉伸破坏和剪切破坏，其中以挤压破坏承载能力最高。为保证抗挤压破坏，需要有足够的边距，通常行距与边距增大至 $W/d>4$ 和 $l/d>4$（W、l 分别为行距与边距，d 为机械连接件直径），方可使挤压力趋于平缓。

五、制孔影响

精度包括孔的尺寸超差和孔周起毛与划伤。对尺寸公差，通常不允许连接 3 个以上相邻孔径超差，只允许在 100 个孔中有不超过 5% 个孔的超差。超差范围，以 $\phi4.76mm$ 的孔为例，允许超差范围为 $\phi4.80～4.93mm$。此外，对于划伤与分层的公差也有一般性规定，对划伤规定径向≤1.78mm，为在孔或埋头窝的 25% 范围内，划伤深度≤0.25mm；分层为沿孔轴向≤0.25mm，沿孔径向≤1.78mm。

任务二　紧固件选择

用于复合材料结构上的紧固件必须解决四大问题：电位腐蚀、容易被"卡死"、安装损伤和拉脱强度低。在所有的材料中，只有不锈钢与复合材料之间的电位差最小，但其比强度最低，在其余的材料中，只有钛合金既有高比强度又有低电位差。因此，钛合金成为复合材料结构件结构连接的最佳选择材料。

树脂基复合材料的紧固件主要有：双金属铆钉、半空心钛铆钉、高锁螺栓、螺栓、100°沉头拉铆型钛环槽钉、大底脚螺纹抽钉、铆钉、复合材料螺栓和干涉配合钛合金环槽钉等几大类。表 11-1 列出了复合材料特种紧固件的特点。

表 11-1　复合材料的特种紧固件的特点

类型	特点
双金属铆钉	钉杆材料为高强度的 Ti-6Al-4V，具有高的剪切强度，可替代螺栓
半空心钛铆钉	铆钉钉杆不会在孔内膨胀；铆钉材料为塑性好的钛铝合金
高锁螺栓	钉杆材料为高强度的 Ti-6Al-4V 或 β 型钛合金
螺栓	用于可拆卸部位；螺栓材料为 Ti-6Al-4V 或 β 型钛合金
100°沉头拉铆型钛环槽钉	钉杆材料为高强度的 Ti-6Al-4V 或 β 型钛合金；100°沉头
大底脚螺纹抽钉	钉杆材料为高强度的 Ti-6Al-4V 或 β 型钛合金；可单面安装
铆钉	材料为 TB2-1、TA1，用应力波铆接系统进行铆接
复合材料螺栓	材料为聚醚醚酮-碳纤维（PEEK-C），重量轻，耐腐蚀，防雷击
干涉配合钛合金环槽钉	材料为钉杆 Ti-6Al-4V，钉帽 A286

任务三　连接方法

机械连接方法主要有以下几种。

1. 金属螺纹嵌件连接

在 FRP 制件中嵌入金属螺纹嵌件，然后用普通螺钉或螺母将被连接零件与 FRP 制件紧固在一起，称为金属螺纹嵌件连接。这种将金属嵌件在 FRP 制件时嵌入，可以有效地增加 FRP 制件局部的强度，弥补 FRP 制件固有的弱点。金属螺纹嵌件连接能提供较高的连接强度，且适合于反复拆装的场合。金属螺纹嵌件常用材质为钢、铜、铝等。嵌件有螺母形式或螺柱形式，其中螺母形式应用更为普遍。嵌件按嵌入 FRP 制件中的时间不同，可分为模塑时嵌入和模塑后嵌入。模塑时嵌入是 FRP 制件连接技术中较早应用的方法。相对而言，技术比较成熟。在应用时主要考虑嵌件周围的壁厚、FRP 件的合理结构等。采用这种方法的缺点是造成了模具结构复杂化、操作烦琐化、生产效率低，成本加大。因此，除非必须，应尽量不采用此法。

模塑后嵌入则可避免复杂的模具结构，同时又能保证很好的连接强度。主要类型包括：扩张型嵌件、自攻旋入嵌件、线圈螺纹嵌件、压入型嵌件、胶接型嵌件。这些嵌件连接方式可获得满意的强度效果，但嵌入往往需要专门的操作场地与设备，会增加投资，适于大批量生产场合。

2. 螺栓（钉）连接

与金属件的螺栓（钉）连接相类似，即用普通螺栓、螺母将两零件夹持紧固，它的不同之处在于 FRP 的弯曲模量低于金属，易产生应力松弛，所以必须采取相应有效措施来分散应力。根据连接结构的不同，可采用各种形式的橡胶垫或弹簧圈等弹性垫以及大面积的垫圈等方法。这种连接适于板形部件、容器和一些需要密封的场合。这种连接具有较高的强度与可靠性。

3. 铆钉连接

用金属或塑料及其他材料制的铆钉将两个或两个以上的部件连接在一起的方法，即为铆钉连接（铆接）。FRP 的铆接适用于连接强度要求不高的场合，多数情况下其连接是不可拆的。当连接的两部件壁厚较薄时，可以用标准的金属空心铆钉，将铆钉穿过两部件后用专用冲头将铆钉一端铆死，这样就形成了一个简单的铆接。空心铆钉另一作用是铆入 FRP 制件后可作为轴套而形成轴与套的连接，这样可减少对 FRP 件的磨损。采用塑料铆钉的连接是利用塑料固有的难形变性进行连接。可将铆钉设计成空心，也可设计成实心。

铆接的方法很多，有冲铆、拉铆、烫牢等，必要时采用特殊的铆接工具与设备，可手动、气动、电动操作。

项目二　胶接

胶接是复合材料结构主要的连接方法之一，它是将一种胶黏剂材料放置在两个被粘部件之间，在被粘物体之间产生可用的连接强度。与机械连接相比，它的主要优点是：无钻孔引起的应力集中，连接效率高；不需要连接件，结构减重 5%～25%；抗疲劳、密封、减震以及绝缘性能好，能阻止裂纹扩展，破损安全性好；能获得光滑外形；不同材料连接无电偶腐蚀等问题。胶接的缺点是：胶接性能受环境（湿、热、腐蚀介质）影响大，存在一定老化问题；胶接强度分散性大，剥离强度低，不能传递大的载荷；胶接表面在胶接前需做特殊的表面处理；被胶接件间配合公差要求严，需加温、加压固化设备；胶接后不可拆卸。

复合材料胶接可分为共固化胶接和二次胶接两类，如表 11-2 所示。

表 11-2　复合材料胶接分类

类别名称	状态说明	胶接特点
共固化胶接	① 参与胶接的部分（或全部）复合材料件尚处于未固化状态； ② 在完成胶接固化连接的同时实现复合材料的固化成型	① 对胶黏剂与树脂的匹配要求严格（黏附性相容及固化参数协调）； ② 参与胶接的复合材料件表面宜有可逆层对胶接表面进行保护； ③ 胶接时应兼顾控制复合材料件的树脂含量
二次胶接	① 参与胶接的复合材料件均已处于固化状态； ② 实现胶接固化的过程与复合材料件的固化无关	① 对参与胶接的复合材料件的相互配合要求严格； ② 已固化的复合材料件在胶接固化过程中有可能出现分层或破坏

任务一　接头设计

在胶接接头的设计上，应综合考虑结构部件及胶接强度、胶接工艺、使用环境与寿命等因素。胶接接头的强度取决于被胶接物及胶黏剂的性质、接头的几何形状和环境条件。胶接接头的破坏形式通常有 4 种，即被胶接物破坏、胶层内聚破坏、界面破坏、混合破坏。混合破坏兼有胶层内聚破坏和界面破坏。多数破坏属于混合破坏。在实际使用中，胶接接头的受力状态比较复杂，通常有剪切力、扭剪力、拉伸力、劈裂力和剥离力等多种受力形式。为取得最佳的效果与胶接的成功，FRP 部件胶接接头形式设计的基本原则是：

① 力求胶层受力均匀，避免或减少应力集中；

② 尽可能使胶层承受剪切力和拉伸力，避免劈裂力和剥离力；

③ 合理地增大胶接面积，提高接头的承载能力；

④ 避免冲击载荷；

⑤ 对层状制件的胶接要防止层间剥离；

⑥ 应选择线膨胀系数与 FRP 一致的胶黏剂，或加入一定填料改性；

⑦ 应综合考虑接头的工艺性、经济性和环境影响，适当采用混合连接形式。

FRP 部件胶接接头的结构形式多种多样。根据被粘物形状可分为平面粘接、角形与 T 形胶接、棒与管形材的连接等形式。根据每一种材料的胶接又可分为对接、搭接和嵌接等形式。图 11-1～图 11-4 为 FRP 常用接头形式。

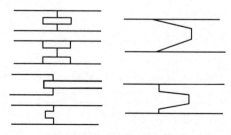

图 11-1　各种嵌接接头形式

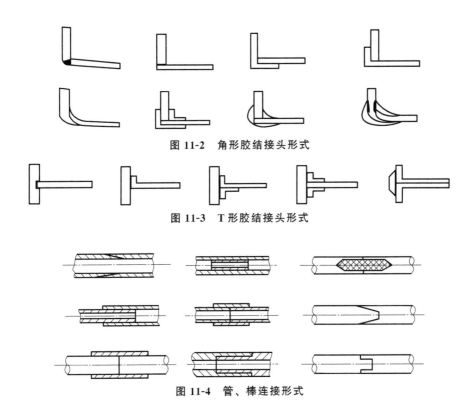

图 11-2　角形胶结接头形式

图 11-3　T形胶结接头形式

图 11-4　管、棒连接形式

任务二　胶接工艺

一、表面处理

在胶接前对胶接面进行表面处理，目的主要有：①调整被粘物间的配合间隙，控制胶层厚度；②使胶接表面粗糙化，增大胶黏剂与被粘物的接触表面，提高胶接强度；③去除部件表面的油污、水分、粉尘等污染物，保证胶黏剂与部件之间良好的接触与结合。FRP部件胶接前表面处理的方法包括机械法与化学法。如可用砂磨法来调整被粘物配合间隙并实现表面粗糙化，用相应的溶剂去除表面污染物。下面介绍常用的两种方法。

方法一　用砂布（纸）、钢丝刷打磨胶接面或用喷砂法处理胶接表面，使表面粗糙度在 $0.8 \sim 3\mu m$ 范围内（砂布或磨料细度为 $150 \sim 350$ 目❶）。再用毛刷去除FRP粉末，然后用丙酮、苯、甲苯、二甲苯或四氯化碳等溶剂做除尘脱脂处理，最后用风机吹干待用。若条件允许，在 $105℃$ 下烘 $30 \sim 60min$，则胶接强度会得到较大提高。

方法二　用丙酮、丁酮或二甲苯等溶剂去污脱脂，在 $65 \sim 70℃$ 的下述溶液中浸 $8 \sim 12min$，然后用蒸馏水洗净，在 $45℃$ 下干燥。处理溶液推荐配比为（质量份）：重铬酸盐 65 份、浓硫酸 300 份、蒸馏水 30 份。

一般来说，热固性树脂基FRP的表面能要高于热塑性树脂基FRP，因此前者的胶接面处理可以比后者简单一些。

---

❶　1平方英寸（25.4mm×25.4mm）面积上所具有的网孔个数称为目数。

二、选择胶黏剂

要达到预期的胶接效果，需要对胶黏剂种类进行选择。胶黏剂的种类多且各具特点，在FRP部件胶接中常使用的主要有聚氨酯型、环氧型、酚醛-缩醛型、不饱和聚酯型等各种树脂基胶黏剂。其中尤以聚氨酯型与环氧型胶黏剂应用最广。聚氨酯型胶黏剂具有以下特点：低温胶接强度优异；胶层耐磨性好；极高黏附性；胶接工艺性好，可在高温下固化，也能在低温下固化，还可以热熔胶形式使用；耐振动与耐疲劳性好，可制成高韧性、柔性或弹性胶层；可与聚酯树脂、环氧树脂和聚丙烯酸酯树脂等配合使用，得到不同性能的胶黏剂。对于聚氨酯型胶黏剂，即使不对胶接表面进行处理也可得到满意的胶接强度。环氧型胶黏剂是应用极为广泛的一种合成树脂胶黏剂，具有以下特点：胶接强度高；收缩率较小；优良的耐化学药品性；优良的电气性能；加工与操作简便，可与多种固化剂、改性剂简单混合，配制方便，可室温固化或加温固化，也可快速固化或在水下、潮湿面上固化。胶黏剂的固化条件可根据厂家提供的胶黏剂类型与配方，以及与被粘物的热膨胀系数的差异而具体确定。

三、胶接处理

包括胶黏剂的配制，胶液的涂布、晾置与叠合，胶黏剂的固化及清除等。由于FRP胶接用胶黏剂多为双组分或多组分，配制时应严格控制固化剂用量，称取相对误差最好不超过2%～5%，以保证较好的胶接性能。配胶时应按规定程序进行，并在可操作的时间内将所配的胶用完。胶黏剂的涂布方法取决于胶的类型、黏度和活性，对FRP制件可采用刮涂、刷涂或喷涂等，一般两个胶接面上均涂胶。晾置的作用是使胶黏剂内溶剂挥发，增大黏度，使胶接表面充分湿润。对于无溶剂的胶，则不需晾置。叠合是使两个涂胶的胶接面贴合定位的过程。FRP部件胶接用胶黏剂多属热固性树脂型，其固化温度对胶接强度影响较大。同时为改善胶黏剂对被粘物面的浸润及结合，一般应施以一定压力。为了满足制件外观上的要求或其他需要，所有残留在胶接制件上的多余胶黏剂应予以清除。这一工作最好在固化之前进行。

 拓展知识

··

可反复施工的聚硫氨酯胶黏剂

传统的胶黏剂如环氧树脂、有机硅、酚醛树脂和脲醛树脂目前都面临力学性能低、黏结性差、加工温度高和甲醛释放等问题。相比之下，具有优异黏结性能、无VOC释放、高耐磨性和抗冲击性的聚氨酯是理想高性能胶黏剂的主要选项。但是，氨基甲酸酯键相对稳定，聚氨酯热固性材料在固化后很难进行再加工或修复，不利于对连接部件的反复施工。

近年来，有研究人员将商用的三元硫醇（TMMP）与二元异氰酸酯（TMXDI）通过化学反应得到具有高透明度（透光率为90%）、高力学性能（杨氏模量为2.0GPa，拉伸强度为63MPa）的聚硫氨酯胶黏剂。相较于聚氨酯，聚硫氨酯由于含有键能更低的硫代氨基甲酸酯键，因而具有更强的再加工性，可以在更温和的条件下通过"研磨-热压"过程实现从粉末到块体材料的循环重塑（图1），经历四次重塑后依然保持相同的力学性能，并且可以通过界面融合的方式实现材料断裂后的自愈合，愈合后的材料同样可以保持原有的力学性能。应力松弛实验数据计算得到其活化能为（75±2）kJ/mol。

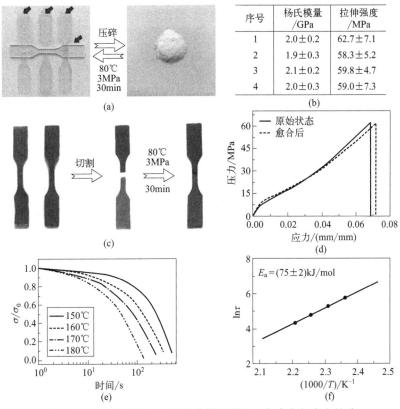

图 1　聚硫氨酯共价适应网络的循环重塑、自愈合与应力松弛

　　该聚硫氨酯共价适应网络还可以通过加入过量的硫醇实现从交联体到低聚物的化学回收，在添加等当量的异氰酸酯后可再次形成交联凝胶。通过干燥、研磨、热压即可重新获得再生的聚硫氨酯共价适应网络（图2），其力学性能可与初代材料媲美。

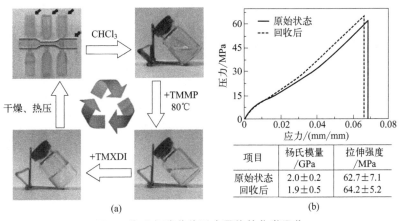

图 2　聚硫氨酯共价适应网络的化学回收

　　以该聚硫氨酯共价适应网络为基础的碳纤维复合材料，其黏结性能和可再加工性能使得碳纤维增强复合材料可以完全回收再利用。在使用过程中，将碳纤维复合材料浸入硫醇中，交联网络完全降解后可获得回收的碳纤维布和低聚物液体。回收的碳纤维布可以与低聚液再次制备得到性能相当的复合材料，层间剪切强度可保持 96%，可以实现碳纤维增强复合材料的闭环循环。通过

扫描电子显微镜（SEM）观察到回收的碳纤维布表面无残留聚合物或可见的损坏（图3），这使得该聚硫氨酯共价适应网络在电子、汽车和机械等复合材料领域表现出巨大的潜力。

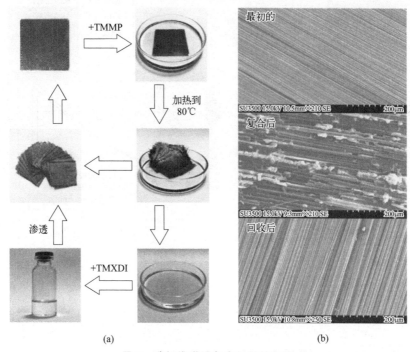

(a)　　　　　　　　　　　　(b)

图3　碳纤维增强复合材料的回收

文章来源：CUI C，CHEN X，MA L，et al. Polythiourethane Covalent Adaptable Networks for Strong and Reworkable Adhesives and Fully Recyclable Carbon Fiber-Reinforced Composites［J］．ACS Applied Mcterials & Interfaces，2020，12（42）：47975-47983.

 思考题

1. 什么是复合材料制孔技术？
2. 树脂基复合材料的连接方式有哪些？
3. 树脂基复合材料失效种类有哪些？
4. 复合材料胶接分类有哪些？

模块十二

先进复合材料成型工艺

先进复合材料主要是指用于主承力结构和次承力结构，其刚度和强度性能相当于或超过铝合金的复合材料。目前主要指有较高强度和模量的硼纤维、碳纤维、芳纶等增强的复合材料。自1967年问世以来，先进复合材料受到了对重量、性能有苛刻要求的航空航天界的关注与重视，推动了航空航天的发展。在军用飞机方面，采用先进复合材料最成功的是F-22和F-117飞机。F-117飞机上采用了近40%结构重量的复合材料，是一种具有隐身功能的飞机，在海湾战争中独领风骚。F-22是美国第四代歼击战斗机，复合材料几乎全部覆盖其表面，如机翼、前机身、尾翼全部采用了先进复合材料，使它的作战机动性得到了充分的发挥。在民用飞机方面，最为引人注目的是欧洲空中客车A300/340和波音777飞机，其中空中客车公司于1985年为A310-300研制的垂直尾翼，减重115kg。1987年在A320上采用了复合材料垂尾和平尾，使复合材料在整机上用量超过15%，减重850kg。随后的A321、A319、A330、A340飞机复合材料用量都维持在A320水平。

国内先进复合材料应用研究起始于1969年，早期的工作集中在高性能碳纤维试制和用它与648环氧树脂复合制备航空零件上，如811#转子叶片、910甲风扇叶片、歼-12飞机启动箱口盖、歼-12飞机进气道外侧壁以及强-5飞机全复合材料垂直尾翼主承力盒。歼-12进气道外侧壁板为双曲度复杂型面，工作应力复杂，该壁板经内压、外压和受剪、受扭试验后，于1978年装机试飞，结构减轻21.3%。该外侧壁板主要特点是采用了碳纤维/玻璃纤维混杂纤维结构。强-5飞机全复合材料垂直尾翼承力盒为我国第一个全复合材料构件，即蒙皮、长桁、口盖、垫板、前后梁和翼肋均由碳纤维复合材料制成。结构单表面积约6m²，其展长4230mm，根部弦长2940mm。全尺寸构件于1984年进行静力试验后，于1985年完成14个飞行科目的试验考验，技术效益十分显著。与金属承力盒相比，零件数与紧固件数减少约一半，减重32.44%，扭转、弯曲刚度分别提高16%和5%。

在先进复合材料成型过程中，除了原材料外，先进成型工艺也是先进复合材料的关键之一。本模块主要介绍先进复合材料的成型技术，包括取代手工铺放的自动铺放成型、玻璃纤维-铝合金层压成型和增材制造成型技术。

项目一　自动铺放成型

自动铺放成型技术是替代预浸料手工铺叠的一种复合材料成型方法，根据预浸料形态，自动铺放可分为自动铺带（ATL）与纤维自动铺丝（AFP）两类。自动铺带的原材料为带有衬纸的预浸料，宽度为 25～300mm，由龙门或卧式的多轴机械臂完成铺放位置定位。铺带头自动完成预浸带的输送裁剪、加热铺叠与辊压，整个过程采用数控技术自动完成。纤维自动铺丝采用多束 3～25mm 的预浸窄带，铺丝头将数根预浸纱在压辊下压实、定型在芯模上。自动铺带与自动铺丝的共同特点是自动化高速成型、质量好，主要适于大型复合材料构件成型。其中自动铺带主要适用于小曲率表面构件，由于预浸带较宽，因此自动铺带的优点是高效率。而纤维自动铺丝侧重于实现复杂形状曲面，适用范围较宽，但效率相对较低。其原理如图 12-1 所示。

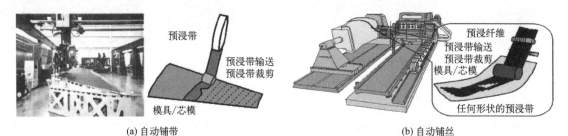

(a) 自动铺带　　　　　　　　　　　　　　(b) 自动铺丝

图 12-1　自动铺带和自动铺丝技术原理

美国与欧洲于 20 世纪中期开始发展自动铺放技术研究，并经过长足发展，应用于大型飞机结构的制造。如波音 787、空客 A350 的所有机翼翼面均采用自动铺带技术成型，而所有机身构件采用纤维自动铺丝技术成型。相对于传统的手工铺贴，自动铺放成型技术能提高生产效率（手工铺贴效率的 5～10 倍），并减少资源浪费（物料损耗从 20% 减少到 5% 左右），降低复合材料构件的制造成本。

我国自动铺带技术起步于"十五"初期，2003 年南京航空航天大学与上海万格复合材料技术有限责任公司合作承担北京航空材料研究院自动铺带原理样机的研制，并于 2005 年研制成功国内第一台自动铺带原理样机 [图 12-2(a)]，交付北京航空材料研究院用于环氧预浸料和双马来酰亚胺预浸料铺带适应性与铺带工艺试验 [图 12-2(b)]。我国对于自动铺丝技术的研究早于自动铺带技术，但由于自动铺丝的技术难度和复杂程度（铺丝装备长期禁运，设计及软

(a) 龙门铺带机

(b) 铺层试验

图 12-2　我国第一台自动铺带原理样机及应用

件和材料工艺复杂、要求高）远大于自动铺带技术，而且前期需求不如自动铺带急迫，我国自动铺丝技术研究工作在相当长的一段时间里集中在自动铺丝装备方案构型与数控系统技术、轨迹规划与仿真、预浸纱制备和铺丝工艺等基础研究层面，2010 年以后逐渐向应用技术方向研究，近几年发展迅速。图 12-3 为我国第一台自动铺丝原理样机。

图 12-3 我国第一台自动铺丝原理样机

任务一 自动铺带成型

自动铺带机分为曲面铺带机（contour tape laying machine，CTLM）和平面铺带机（flat tape laying machine，FTLM），如图 12-4 所示。铺带机主要用于大形面、小曲率复合材料结构的生产，如壁板类结构、机翼、尾翼的蒙皮等。与手工铺叠相比，效率高、质量稳定、材料浪费少、制造成本低。纤维自动铺放是专为曲率较大的双曲面蒙皮的制造而开发的技术，大多数纤维铺放系统拥有由计算机控制的七个运动轴，其中三个为位置轴、三个为旋转轴和一个用于旋转工作压辊的轴，使得纤维铺放机能够灵活地将铺丝头定位到零件表面，从而能够生产复杂形状的复合材料结构。

(a) 曲面铺带机　　　　　　　　　　(b) 平面铺带机

图 12-4 自动铺带成型技术

自动铺带机使用的单向预浸带带宽为 25～300mm，可通过自动化、数字化手段控制铺层设备，以实现预浸带的自动切割与铺贴。完整的工作过程包括：滚轮导出预浸带，压紧设备将预浸带逐层压紧在模具上，切割刀按一定方向将预浸带切断，铺放过程中回收装置回收预浸带背衬材料。

一、自动铺带设备

20 世纪 60 年代初，在单向预浸料出现后不久，为加速铺层的工艺过程，美国率先研发自动铺带机，第一台数字控制的龙门式铺带机是由通用动力公司与康纳克公司合作开发的，于20世纪80年代正式用于航空复合材料构件的制造。自动铺带机设备由台架系统和铺带头组成，根据台架数可分为单架式和双架式自动铺带机，双架式自动铺带机可以调整机身长度，适用于尺寸较长的零件铺放制造，如大尺寸机翼蒙皮。根据机床主体不同，自动铺带机可分为龙门式自动铺带机、卧式自动铺带机和立式自动铺带机。

1. 龙门式自动铺带机

龙门式自动铺带机的台架系统由平行轨道、横梁、横滑板和垂滑枕组成。轨道方向为 X 轴，横梁在平行轨道上沿 X 轴移动，横滑板在横梁上沿着横梁做 Y 方向的直线运动，垂滑枕带动铺带头沿 Z 轴上下移动，铺带头是可旋转的。在计算机的控制下，平行轨道、横梁、横滑板、垂滑枕协同运动，带动铺放头在 X、Y、Z 三个方向极限所构成的空间内运动。龙门式自动铺带机可根据场地调整 X、Y、Z 的运动极限，适用于大范围、长跨度的铺放。五轴联动台架系统除了包括传统数控机床的 X、Y、Z 三坐标定位，还增加了沿 Z 轴方向的转动轴 C 轴和沿 X 轴方向摆动的 A 轴，五轴联动可更好地自动完成曲面定位，满足曲面铺带的基本运动要求。图 12-5 为法国 Forest-liné 公司研发的大型龙门式机床自动铺带机。

图 12-5　法国 Forest-liné 公司大型龙门式机床自动铺带机

龙门式自动铺带机适用于小曲率壁板、翼面等回转体结构，早期主要是用于生产军用飞机航空件，如 F-16 战斗机机翼和轰炸机 B-1、B-2 的部件。随着铺带设备和技术的成熟，龙门式自动铺带机也逐渐应用于民用飞机上，如波音 777 的尾翼和垂直安定面蒙皮以及空客 A340 的水平安定面蒙皮等。图 12-6 为 M-Torres 公司的自动铺带设备对 A350 机翼蒙皮进行铺带。

2. 卧式自动铺带机

对于较大尺寸和质量的回转体，其模具的尺寸和质量也较大，采用龙门式自动铺带机会产生空间局限性和成本问题。所以在铺放大型回转体构件时，大多采用卧式自动铺带机，如筒形体构件，波音 787 机身 47 段就是通过卧式自动铺带机进行铺放的。图 12-7 为波音 787 分段 47。

卧式自动铺带机可以分为主机机架和芯模支架两部分。主机机架部分主要靠底座支撑。滑动小车沿着底座导轨进行 X 方向运动，同时，立柱沿着小车上导轨进行 Y 方向运动。铺带头安装在立柱一侧，并可沿立柱导轨进行 Z 方向垂直运动，在小车、立柱、铺带头的协同运动下，可以完成工件各位置的铺放工作。铺带头和立柱之间依靠转动轴 C 轴连接，A 轴可以带动模具转动。卧式自动铺带机将滑动小车、立柱、铺放头都集中在同一底座上，优点是铺放设备占用空间较小。

图 12-6　M-Torres 公司的自动铺带设备对 A350 机翼蒙皮进行铺带

图 12-7　波音 787 分段 47

3. 立式自动铺带机

立式自动铺带机的基本架构包括主机部分和芯模旋转工作台。主机部分支撑在两根立柱上，横梁可以沿着立柱进行 Z 方向上下移动。在横梁上，方滑枕可以沿着导轨进行 Y 轴方向左右运动。X 轴方向的直线移动依靠方滑枕上的伸臂运动进行。同时，在铺缠带头与伸臂的连接处设有 3 个旋转轴：铺缠头偏航 A 轴、铺缠头俯仰 B 轴、铺缠头旋转 C 轴。立式自动铺带机与龙门式自动铺带机的不同之处在于，前者主机依靠两根立柱支撑，X、Y、Z 方向的运动分别依靠伸臂、方滑枕和横梁运动完成。而后者主机支撑在两排立柱上，其 X、Y、Z 方向的运动依靠横梁、横滑板、垂滑枕完成。立式自动铺带机与卧式自动铺带机的不同之处在于，卧式自动铺带机驱动芯模转动的是旋转轴，立式自动铺带机驱动芯模转动的是旋转工作台。

自动铺带机系统由台架系统、铺带头和其他独立工作单元组成。根据台架数，可分为单架式自动铺带机和双架式自动铺带机。

① 台架系统　台架系统由两条平行轨道和横梁、在平行轨道上移动的横滑板、带动铺带头上下移动的垂滑枕组成。其中横梁、横滑板、垂滑枕分别可沿 X、Y、Z 三个坐标轴移动，

铺带头增加了沿 Z 轴方向的转动轴 C 轴和沿 X 轴方向摆动的 A 轴。五轴联动可以满足不同曲面铺带的基本运动要求，且可完成铺带位置的自动定位。

② 铺带头　铺带头是自动铺带设备的核心，主要完成预浸带的贮存输送、切断、加热、压实等功能，通过柔性压辊将预浸带铺放压实到模具表面上，铺带头由预浸带装夹、释放系统、衬纸回收系统、缺陷检测系统、预浸带输送导筒系统、预浸带切割系统、预浸带加热系统、铺带和压实系统组成。预浸带的传送经过输送轴和拉紧轴。铺带头上安装了预浸带三轴超声切割系统与张力控制系统。切割系统可根据待铺放工件边界轮廓自动完成预浸带特定形状的切割。张力控制系统独立于铺带头，通过收放力矩电机控制运行，预浸带在加热系统加热后在压辊的作用下逐层铺贴到模具表面，铺带头如图 12-8 所示。

图 12-8　铺带头

③ 其他独立工作单元　除了台架系统和铺带头，一般自动铺带机还具有其他独立工作单元，主要包括用于准确定位和压实预浸带的施料辊、预浸带加热装置、模具坐标校准系统、表面探测定位系统和光学预浸带缺陷检测系统等。对于不同的预浸料，最适宜的铺放工艺参数也会不同，因此需要在自动铺带机上安装加热系统，以匹配不同的树脂黏性，提高预浸带的铺覆性。一般热固性预浸带加热温度控制在 $25 \sim 45 ℃$ 范围内，加热装置多采用灯管加热和热风加热。模具坐标校准系统包括激光跟踪仪，它通过模具表面的靶标点快速确定并校准铺带机在模具表面的坐标并实时跟踪反馈。表面探测定位系统提供了表面探测定位装置，使得铺带头在接近制件表面时缓慢移动，直到两者接触为止。

二、自动铺带成型技术

在自动铺放过程中，铺带头处的压辊为预浸料提供设定的铺放压力，使预浸带紧密贴合在基底上，适当的温度使基体树脂产生流动并发生固化交联反应。压辊压力可以使预浸带产生一定程度的减薄，且若预浸带受压时间较长会出现明显压痕。预浸带的理想弹性变形、黏滞弹性变形和黏性流动变形等是产生压痕的主要原因。其中，理想弹性变形和黏滞弹性变形是可逆变形，在铺放压力去除后，理想弹性变形瞬间恢复，黏滞弹性变形会缓慢恢复，但黏性流动是树脂大分子链的整体移动，其变形是不可逆的。

铺放过程中要对预浸带铺放过程中的铺放速率、温度和压力进行协调、控制、优化，以提高预浸带铺放过程中的层间黏性和铺覆性，保证预浸带的铺放质量。铺放过程中预浸料的黏性大小是一项很重要的指标，合适的黏性在很大程度上决定了成型件的性能。黏性不足容易产生滑移和架桥等缺陷，黏性过大，一旦出现铺放缺陷，不利于人工纠正，造成材料和工时的浪费。

在自动铺放过程中，铺放速率需要严格控制。一方面，在保证铺放质量的前提下要尽可能地提高铺放速率，这样才能保证生产效率；另一方面，速率过快意味着压辊对树脂的施压时间和加热时间不够，容易导致树脂的黏性不足而产生滑移等铺放缺陷，从而影响铺放质量。铺放压力的施加在铺放过程中也很重要，压力的大小在一定程度上决定了黏性的大小。适中的压力有利于树脂流动，又可以使加热均匀。压力过大会将树脂压出，使预浸料压变形，造成铺放贫胶现象，影响铺放成品质量。

铺放温度对预浸带树脂基体的流动性影响很大。若温度较低，树脂流动性较小，树脂难以渗透纤维，造成预浸料层间接触不良，影响制品的性能。为了保证预浸带在不同铺放路径上的压力相同，需要根据模具上的铺放路径和实际的铺放速率不断调整铺放压力。

自动铺带机一个很重要的功能是切割技术。铺带技术有两种切割模式：第一种是分离剪切模式，即预浸带先后进行与背衬纸分离、切割和与背衬纸贴合过程；第二种是精密切割模式，即精密控制切割深度并利用旋转刀或超声刀完成预浸带的切割，并保证背衬纸的完好。两种切割方式各有优劣，分离剪切的预浸料与背衬纸反复分开与贴合会造成质量的降低。精密切割中，粉尘对精密刀片污染较严重，噪声污染难以解决，且难以切制折线切口。但精密切割的超声切制不仅可控性好、切割质量高，且可通过三轴进给系统轻易实现曲面边界的切制，现已广泛应用于国内外各类铺带设备上。

任务二　自动铺丝成型

自动铺丝机是利用计算机对碳纤维丝束进行铺设，由于实现了计算机控制铺放轨迹，可对丝束单独控制和施放，并且可以转弯铺设，各方面性能比自动铺带进一步提高。首先它可以制造复合曲面部件，制造部件尺寸没有限制，可大可小，制造效率更高，成本更低，可以说自动铺丝机为复合材料在航空器上大规模运用打下了坚实的基础。AFP（自动铺丝）适用于生产飞机翼身融合体、机翼大梁、S形进气道等。波音787的前机身段和中机身段均采用AFP工艺；诺斯罗普·格鲁曼公司采用AFP生产了F/A-18E/T的S形进气道、机身和平尾蒙皮；ATK公司采用AFP生产了F-35机翼蒙皮。另外，波音JSF进气管、C-17起落架和吊舱整流罩、C17发动机机舱门、雷神一号和Hawker地平线商务飞机的机身部分等都采用了AFP技术。图12-9为七轴自动铺丝机。

一、自动铺丝设备

自动铺丝机和自动铺带机相同，也可分为龙门式自动铺丝机、卧式自动铺丝机和立式自动铺丝机。

1. 龙门式自动铺丝机

龙门式自动铺丝机的优势主要体现在铺丝头上，由于其铺丝头可随时由切断系统调整丝束数量，所以可以铺放曲率较大构件和非回转曲面，如波音747和767客机发动机进气整流罩试验件、JSF战斗机S形进气道等、A350长机身曲板等结构件均采用龙门式自动铺丝机铺放而成。国内最早的龙门式自动铺丝机的速度可以达到30m/min，其正曲面和负曲面最小曲率半

图 12-9　七轴自动铺丝机

径为 20mm 和 150mm。在科技重大专项的支持下，国内研制了具有自主知识产权的龙门式自动铺丝机，并完成了小鹰 500 多用途飞机复合材料机身段壳体的整体铺丝工程验证（图 12-10）。

图 12-10　国产龙门式自动铺丝机及设备铺丝过程

2. 卧式自动铺丝机

卧式自动铺丝机可以铺放的回转体种类更多。卧式自动铺丝机可以设置更长的导轨，所以卧式自动铺丝机可以铺更长的构件，芯模长度可以不受限制。一些大型客机的机身和尾椎试验件均可使用卧式自动铺丝机。如 M. Torres 设计的卧式自动铺丝机最高可以以 60m/min 的速度进行 16 根 6.35mm 丝束的同时铺放。

3. 立式自动铺丝机

立式与卧式的不同之处在于驱动芯模转动的旋转坐标轴不同，立式自动铺丝机使用的是芯模旋转工作台，卧式自动铺丝机为芯模旋转轴。立式自动铺丝机设备为机床结构，设备使用寿命长且铺放精度高，广泛应用于机身结构铺放。自动铺丝设备分为长传纱型铺丝机和直传纱型铺丝机。长传纱型铺丝机的预浸丝束卷放在纱架中，预浸丝束通过长距离传输到铺丝头上进行铺放，首先被研制使用。长传纱型铺丝机的纱架体积较大，可存放数量较多的预浸丝束，单次铺放长度较长，通常可达到 500m，所以适合大型结构件的铺放。但是，长传纱型铺丝机长距离传输的缺点也很明显，如自重较大易导致撕纱、下料时间较长、材料浪费较大、人工维护成本较高。之后直传纱型铺丝机被开发，其料卷与铺丝头结合在一起，解决了长传纱型铺丝机丝束易撕开的风险。但由于料卷的尺寸和数量受到限制，直传纱型铺丝机的铺放长度相对长传纱型铺丝机减少，一般仅 1500m 左右。为了解决频繁上下料问题，国外开发了可更换铺丝头技术，用完料筒后可更换新的铺丝头继续工作，如图 12-11 所示。

(a)   (b)

图 12-11 工作的铺丝头（a）和正在更换新的铺丝头（b）

自动铺丝头一般包括送进、夹紧、剪切、重送、加热、辊压等装置共同配合实现铺丝工作。

① 剪切装置 剪切装置可以在铺放过程中对纤维丝束进行切断、调用，从而可以随时改变丝束数以应对不同铺放区域大小。

② 夹紧装置 为了防止纤维受张力作用被收回导致不受控制，需要在剪切纤维前对纤维进行夹紧动作，在纤维重送时撤销夹紧功能。

③ 重送装置 重送装置用以实现纤维丝束断开后的重送工作。

④ 辊压装置 铺丝机通过辊压装置施加压力，挤走层间空气并保证预浸丝束紧贴在基体或工件表面上，压紧力可通过编程控制。

⑤ 加热装置 加热装置用于控制预浸丝束的黏度以保证贴合质量。加热过程中一般需要保证热固性预浸丝束升温至 27～32℃ 以产生必要的黏度，配合辊压装置使铺层结合更紧密。常用的热源方式有激光加热、热风加热和红外加热。激光加热方式适合需要提供高温的热塑性预浸丝束铺贴，可提供快速升温功能。但其成本较高、体积较大，适用于对加热时间有严格要求的场合。

二、自动铺丝成型技术

自动丝束铺放可适应 3.2～25.4mm 宽的预浸丝束。为保证铺丝制品的铺覆性、控制制品的成型尺寸和质量，需要对轨迹进行设计规划，保证相邻预浸丝束之间的重叠和间隙缺陷较少。铺丝过程中预浸丝束的黏性大小同样是一项很重要的指标，合适的黏性在很大程度上决定了成型件的性能，需严格控制铺放速率、压辊压力、加热温度。为了保证铺放过程的连续性、减少更换丝束卷带来的工时浪费，一般预浸丝束尽量长，在制备预浸丝束时选用大卷装，提高铺放效率。

自动铺丝成型 CAD/CAM 系统包括自动铺丝技术设计制造的全过程，如图 12-12 所示。首先设计人员在三维设计软件中绘制零件结构。然后，操作人员将零件三维数据转换成制造数据输入编程软件内，生成铺丝轨迹数据。最后，对轨迹数据进行后处理和机床虚拟铺放仿真，验证加工程序的可靠性。

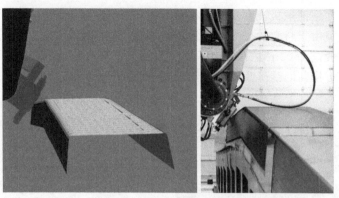

图 12-12　自动铺丝成型 CAD/CAM 设计和铺放过程

项目二　玻璃纤维-铝合金层压成型

玻璃纤维-铝合金超混杂复合层压板（glass reinforced aluminum laminates，GLARE）是由 0.3～0.5mm 的铝合金薄板与玻璃纤维增强环氧树脂预浸料（0.2～0.3mm）交替层压而成，作为第二代纤维金属层板（fiber metal laminates，FMLs），具有密度低、突出的拉伸疲劳性能及较高的缺口断裂性能等优点，可使飞机结构减重 25%～30%，抗疲劳寿命提高 10～15 倍，成为大型客机机身、机翼蒙皮等轻质结构材料的重要选材之一。

任务一　原材料

1. 铝合金基板

选用 0.3～0.5mm 的铝合金薄板作为金属层，在航空领域一般选用 T3 态 2024 铝合金或 T8 态 7075 铝合金；在轨道交通等其他领域，则可根据应用需要，选择该范围内厚度的铝合金薄板。

2. 纤维增强环氧树脂预浸料

选用 0.2～0.3mm 连续玻璃纤维增强环氧树脂预浸料，在航空领域一般选用 S4 级玻璃纤维增强环氧树脂预浸料；在轨道交通及汽车等领域，可根据零部件服役需求，选择以聚乙烯（PE）、聚丙烯（PP）等热塑性树脂为基体的连续玻璃纤维增强热塑性预浸料。因易于与铝合金发生电位腐蚀，一般不选用碳纤维增强的预浸料。

任务二　成型工艺流程

GLARE 是基于铝合金基板和玻璃纤维增强环氧树脂预浸料压制而成，其成型过程主要包括铝合金表面的处理及胶黏剂喷涂、层板结构设计及铺贴、热压固化、切割及无损检测等过程。

1. 基板的表面处理

为了改善层板的界面结合强度，一般采用磷酸阳极氧化法对铝合金基板进行表面处理，以构造粗糙表面，即利用电场作用，使阳极的铝合金表面发生氧化反应快速生成氧化铝层，并在磷酸的溶解作用下生成微观多孔结构，达到增大层板比表面积的目的。

2. 喷涂胶黏剂

为了提高层板金属层与纤维复合材料层的界面强度，除了可以对金属基板进行表面处理外，还可在其表面喷涂胶黏剂，以增强层板的界面性能。由于喷涂的胶黏剂中，含有大量未挥发的氯仿溶剂，若不去除，在热压固化过程中将产生大量气泡，严重影响层板的界面黏结强度及综合性能。因此，在完成铝合金基板的胶黏剂喷涂后，需对该基板进行烘干处理，使残余的溶剂充分挥发。图 12-13 为铝合金基板的烘干过程。

3. 层板结构及铺层设计

纤维金属层板具有很强的可设计性，包括结构设计和铺层设计。根据承载要求，按金属层/纤维层数可制造 $n/(n-1)$ 结构的层板，其中 $n \geq 2$。纤维金属层板根据每层预浸料的纤维方向还可进行铺层设计。单向层板（0°/0°铺层）在 0°具有最优的强度和疲劳性能，而正交层板（0°/90°铺层）则具有优异的抗冲击性能；不仅如此，正交层板在 ±45°方向具有较好的抗剪切性能，且偏轴拉伸性能好。

4. 铺贴

铺贴过程（图 12-14）同纤维复合材料类似，需在净化间进行。其中，不锈钢板用于保证层板制造后的平整度；层板上、下表面分别用隔离膜与不锈钢板隔开，以易于脱模并避免溢胶导致的工装污染；最上层铺设透气毡和真空袋，以保障抽真空系统的实施；热电偶端部接触层板边缘，以保证固化温度的准确性。

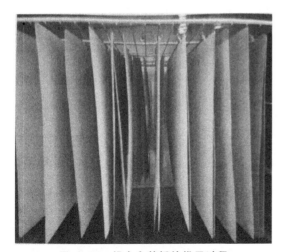

图 12-13 铝合金基板的烘干过程

图 12-14 铺贴过程

5. 热压固化工艺

将铺贴好的 GLARE 在 ASC Econoclave 热压罐（图 12-15）中热压固化。GLARE 的热压固化工艺曲线如图 12-16 所示。首先，以 3℃/min 匀速升温至环氧树脂的预固化温度 125℃，保温15min，使树脂充分活化、均匀流动；其次，通过压缩空气加压至 0.8MPa，并继续以 3℃/min 升高温度至环氧树脂的固化温度 180℃，保温 150min，使树脂完全固化；最后，随炉降温至 80℃后停止加压并取出层板。在整个热压过程中，始终保持真空袋内的负压不小于 0.092MPa。

6. 修整

GLARE 作为一种超混杂复合材料，在兼具金属与纤维复合材料各项优异性能的同时，其机械加工过程也同时面临二者各自的难题。玻璃纤维层本身作为一种各向异性材料，纤维轴方向强度高，在切削加工过程中刀具磨损快、刀具耐用度低，容易产生分层、撕裂等缺陷。与铝合金基板复合后，加工过程需兼顾铝合金的加工特点，避免金属与纤维的层间失效。

图 12-15　ASC Econoclave 热压罐

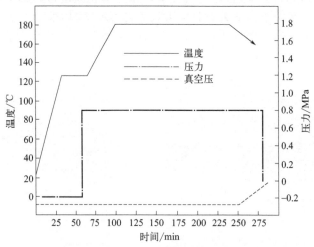

图 12-16　GLARE 的热压固化工艺曲线

在金属及纤维复合材料常用的加工方法中，由于玻璃纤维层不导电，线切割无法对此类层板进行加工；而采用金属材料常用的激光切割对层板进行切削时，由于纤维在径向和纵向热膨胀系数的不同以及纤维与树脂基体的热性能上的显著差异，加工质量差，易出现一系列热损伤，包括热影响区、纤维拔出及分层等。

目前，砂轮切割和铣切可有效加工该类层板。然而，砂轮切割的自由度小，无法实现曲面加工且不能精确控制尺寸精度，制约其在大尺寸层板构件加工上的应用。作为大型飞机蒙皮材料的重要选材，其服役构件的典型特点是形状复杂、尺寸大、刚性小、易变形。为满足该类材料工程构件的切割需求，数控铣切是较为理想的选择。

项目三　增材制造成型

传统的复合材料成型制造技术，工艺烦琐，很多步骤需要大量的人工来操作（如手糊工艺中的铺贴和糊制工序），工艺可靠性低，产品批次稳定性差，产品性能指标波动范围大，对其制造和应用造成了不利影响。3D 打印在学术上通常称为增材制造，是依据实体构件的三维数字模型，采用物理、化学、冶金等技术手段，通过连续逐层叠加材料的方式制造三维实体物件的快速成型技术。3D 打印融合了数字建模、机电控制、光电信息、材料科学等多学科领域的前沿技术，代表了先进制造业的发展方向。因此，采用 3D 打印技术设计并制造出复合材料，是复合材料成型制造工艺的研究热点之一。但是由于复合材料的特殊性，其 3D 打印技术与复合材料结构的相关性很大，适用于一般 3D 打印技术的材料种类比较有限。因此，在某些情况下，可能还需要为复合材料"定制"专属的 3D 打印技术。

任务一 熔融挤出成型

树脂熔点低，成本低廉，利用 FDM（熔融沉积成型）、SLS（选区激光烧结）、SLM（选区激光熔化）等 3D 打印技术可易于成型，特别是 SLS 和 SLM 工艺，成型的精度高，表面粗糙度低，市场应用非常广泛。然而，高分子 3D 打印件的强度较低，也缺乏电、磁等功能特性，限制了其实际应用。树脂基复合材料的力学性能、功能特性等优于单纯的高分子材料，因此，发展树脂基复合材料的 3D 打印技术是非常有吸引力的。

FDM 是应用于树脂基复合材料的最经济的 3D 打印技术。利用 FDM 3D 打印树脂基复合材料主要有以下两种技术途径。

第一种技术途径是从材料入手，采用含有短纤维的热塑性树脂线材代替纯树脂线材，即可利用 FDM 方法打印纤维增强热塑性复合材料。

第二种技术途径是从 FDM 设备的改进入手，通过双打印头的配置，来实现连续纤维（玻璃纤维或碳纤维）增强的树脂基复合材料的 3D 打印，一般分为实时浸渍法和预浸丝法两类，其工艺原理如图 12-17 所示。图 12-17(a) 为利用实时浸渍法的单喷嘴 3D 打印原理示意图，将熔融树脂与连续纤维在熔腔内实时浸渍后，通过挤出的方式进行逐层打印，进而获得连续纤维增强复合材料制品。图 12-17(b) 是基于预浸丝法进行 3D 打印的原理示意图，采用独立进料的双喷嘴 3D 打印设备可将含有连续纤维的预浸丝和树脂分别在两个打印喷嘴中熔融并挤出，冷却后获得连续纤维增强复合材料制品。由于商业化的预浸丝质量稳定，其质量控制比实时浸渍方法更容易实现。

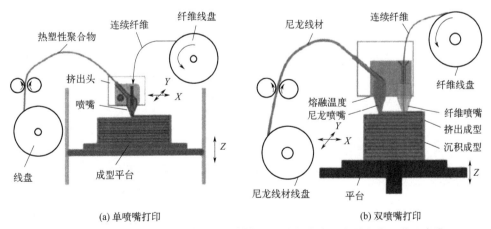

(a) 单喷嘴打印　　　　　　　　(b) 双喷嘴打印

图 12-17　基于 FDM 工艺制备连续纤维增强热塑性复合材料的打印工艺示意图

任务二 光固化成型

光固化 3D 打印是采用特定波长和强度的紫外光将液态光敏树脂固化从而实现复杂结构成型的一种 3D 打印技术，又被称为立体光固化（SLA）法。光固化成型的树脂构件，具有尺寸精度高、表面粗糙度低、表面光洁度好等优点，且光固化设备和打印工艺成熟稳定，价格也相对较低，是广受市场欢迎的主流 3D 打印技术。在树脂中添加纤维材料，采用紫外光照固化成型，即可得到纤维增强树脂基复合材料。

在传统制造工艺中，碳纤维是增强树脂的优异材料。然而，在光固化 3D 打印中，添加碳纤维却有很大难度，这是因为碳纤维会阻碍紫外光的传播，导致被它挡住区域的树脂不能按设定的要求固化，并且还存在纤维沉降、树脂黏度高等问题。有研究指出，用玻璃纤维代替碳纤维有利于降低对紫外光的阻挡，通过对玻璃纤维进行表面改性处理，可以有效降低纤维树脂混合液体的黏度，可实现添加体积分数为 20% 的短玻璃纤维（长度 1.6mm，直径 15.8μm）增强树脂基复合材料的光固化 3D 打印。理论上，添加连续纤维对树脂的增强作用更理想，但在光固化设备中实现连续纤维的添加和打印的难度相当大。近年来，有研究报道了利用紫外光固化 3D 打印技术制备连续玻璃纤维和碳纤维增强的复合材料机翼结构。

任务三　激光烧结选区成型

激光选区烧结（SLS）是一种基于粉末床的 3D 打印技术，可打印的树脂材料主要有聚酰胺（PA）、聚乙烯（PE）、聚醚醚酮（PEEK）和聚己内酯（PCL）等。SLS 要求所使用的粉末具有高流动性，以便顺利完成一层粉末的平铺。因此，SLS 所使用的粉末在形态上为细小的球形颗粒。显然，在 3D 打印中使用连续纤维是难以实现的。添加短纤维的体积分数也不能太高，否则会影响粉末的流动性。

任务四　挤出成型

基于挤出成型的 3D 打印技术，具有优异的通用性和低成本优势。目前，挤出成型 3D 打印技术在树脂基复合材料的制造中也取得了良好进展。轻质多孔碳纤维（直径 10μm，平均长度 220μm）、SiC 晶须增强树脂基复合材料已通过挤出成型 3D 打印的验证实验。如图 12-18 所示，将 SiC 纤维分散在环氧树脂中形成打印用的复合材料油墨，经测试，该油墨具备理想的黏弹性和较长的使用寿命（30 天）。如图 12-18(a) 所示，采用挤出成型，可 3D 打印出高精度的三角蜂窝结构。在打印中，油墨在挤压力的作用下从锥形喷嘴中挤出，挤出过程中，在剪切力的作用下 SiC 纤维将沿挤出方向近平行排列 [图 12-18(b)]。经过结构和力学性能测试，与纯树脂相比，SiC 填充和 SiC-C 填充的 3D 打印复合材料的强度均有显著提升。

(a) 挤出成型3D打印碳纤维　　　　　　(b) 3D打印SiC纤维增强树脂基复合材料

图 12-18　挤出成型 3D 打印蜂窝件和 3D 打印 SiC 纤维增强树脂基复合材料示意图

拓展知识

自动铺丝成型——战斗机批量生产的神器

随着科技的不断发展，树脂基复合材料在航空飞机领域的应用突飞猛进，应用范围越来越广，用量越来越大。以波音 787 和空客 A350 为代表的大型客机，整个机身、机翼结构几乎全部采用了碳纤维复合材料。飞机上之所以能这么大面积地使用复合材料，离不开自动铺带（ATL）和自动铺丝（AFP）技术的支撑。合理选择铺放设备也是一门复杂的学问，自动铺带机在铺放曲率较小的构件时效率较高，而且废料率低；而自动铺丝机适用于铺放过程中存在弯曲路径的构件或大曲率构件。根据所铺工件的类型选取正确的铺放设备，可以节约成本、提高生产效率。

我国在之前很长一段时间里一直采用传统的手工铺放方式，在生产大尺寸结构件时，人工铺叠难度相应增大、成型效率低、产品质量也难以保障。自动铺放设备能够替代人工进行自动、准确铺放，提高了大尺寸构件的生产速率、精准度和质量，但是国外针对我国自动铺丝技术进行了封锁和垄断，这也是我国飞机难量产的重要原因之一。

经过国内科研人员的努力，目前我国已经成功打破了国外封锁，研制成功了七轴同步联动的龙门式自动铺丝机，可实现铺丝过程的连续性，最大铺放速度可以达到 30m/min。国产龙门式自动铺丝机机床 X 向行程 30m，Y 向行程 6.5m，能实现最多 32 束预浸丝束的高效铺叠，在铺放的稳定性和精度上，做到了与国外同类产品相当的水平，也开发了相应的国产纤维铺放软件，实现了飞机翼梁、翼身融合体、S 形进气道和飞机尾锥壁板等多种构件的自动铺丝（图 1），实现了自动铺丝工程应用，为我国大型飞机的研制提供了强有力的技术保障。

(a) 翼梁铺丝   (b) 翼身融合体铺丝   (c) S形进气道铺丝   (d) 尾锥壁板铺丝

图 1　飞机翼梁、翼身融合体、S 形进气道和飞机尾锥壁板的自动铺丝

 思考题

1. 什么是 3D 打印？如何进行分类？
2. FDM 3D 打印的工艺步骤有哪些？
3. 3D 打印对复合材料的原料要求有哪些？
4. 简述光固化 3D 打印技术和选区激光烧结 3D 打印技术的区别。

参考文献

[1] 潘利剑. 先进复合材料成型工艺图解 [M]. 北京：化学工业出版社，2015.

[2] 杜宇雷. 3D打印材料 [M]. 北京：化学工业出版社，2020.

[3] 祖磊，张桂明，张骞. 先进复合材料成型技术 [M]. 北京：科学出版社，2021.

[4] 黄家康，岳红军，董永祺. 复合材料成型技术 [M]. 北京：化学工业出版社，1999.

[5] 黄家康. 复合材料成型技术及应用 [M]. 北京：化学工业出版社，2011.

[6] 益小苏，杜善义，张立同. 复合材料手册 [M]. 北京：化学工业出版社，2009.

[7] 肖翠蓉，唐羽章. 复合材料工艺学 [M]. 长沙：国防科技大学出版社，1991.

[8] 刘雄亚，谢怀勤. 复合材料工艺及设备 [M]. 武汉：武汉理工大学出版社，1994.

[9] 徐竹. 复合材料成型工艺及应用 [M]. 北京：国防工业出版社，2017.

[10] 方国治，藤一峰. FRTP复合材料成型及应用 [M]. 北京：化学工业出版社，2017.

[11] 汪泽霖. 玻璃钢原材料及选用 [M]. 北京：化学工业出版社，2009.

[12] 胡保全. 先进复合材料 [M]. 北京：国防工业出版社，2006.

[13] 王禹阶. 有机无机玻璃钢技术问答 [M]. 北京：化学工业出版社，2001.

[14] 李玲. 不饱和聚酯树脂及其应用 [M]. 北京：化学工业出版社，2012.

[15] 陈平. 环氧树脂及其应用 [M]. 北京：化学工业出版社，2011.

[16] 坎贝尔 F C. 先进复合材料的制造工艺 [M]. 上海：上海交通大学出版社，2016.

[17] 张玉龙. 先进复合材料制造技术手册 [M]. 北京：机械工业出版社，2003.

[18] 陈祥宝. 聚合物基复合材料手册 [M]. 北京：化学工业出版社，2004.

[19] 文立伟，肖军，王显峰，等. 中国复合材料自动铺放技术研究进展 [J]. 南京航空航天大学学报，2015，47(5)：637-649.

[20] 龙昱，李岩，付昆昆. 3D打印纤维增强复合材料工艺和力学性能研究进展 [J/OL]. 复合材料学报，2002，39(9)：4196-4212.

[21] INVERNIZZI M，NATALE G，LEVI M，et al. UV-Assisted 3D printing of glass and carbon fiber-reinforced dualcure polymer composites [J]. Materials，2016，9(7)：538.

[22] 范玉青. 波音787复材机身段的制造技术 [J]. 航空制造技术，2011(15)：26-29.

[23] SINGH S，SINGH G，PRAKASH C，et al. Current status and future directions of fused filament fabrication [J]. Journal of Manufacturing Processes，2020，55：288-306.

[24] MATSUZAKI R，UEDA M，NAMIKI M，et al. Threedimensional printing of continuous-fiber composites by innozzle impregnation [J]. Scientific Reports，2016，6：1-7.

[25] MEI H，ALI Z，YAN Y K，et al. Influence of mixed isotropic fiber angles and hot press on the mechanical properties of 3D printed composites [J]. Additive Manufacturing，2019，27：150-158.

[26] 陈博. 国内外复合材料工艺设备发展述评之十——玻璃钢连续板材生产线 [J]. 复合材料科学与工程，2022：1-13.

[27] 陈博. 国内外复合材料工艺设备发展述评之六——模压成型 [J/OL]. 复合材料科学与工程，2022：1-28.

[28] 陈博. 国内外复合材料工艺设备发展述评之五——拉挤成型 [J/OL]. 复合材料科学与工程，2022：1-19.

[29] 陈博. 国内外复合材料工艺设备发展述评之二——纤维缠绕成型 [J/OL]. 复合材料科学与工程，2022：1-38.

[30] 陈博. 国内外复合材料工艺设备发展述评之一——接触成型（手糊和喷射成型） [J/OL]. 复合材料科学与工程，2022：1-5.